U0938116

职业教育机械类专业系列教材
机械工业出版社精品教材

# AutoCAD 机械图绘制项目教程

## 第 2 版

主　编　周大勇
副主编　岳继红　袁秋芹　戴小妹　王成就
参　编　周　雯　柯于辉　孙怀海　熊　勇
杨　朋　李桂霞　刘　飞　端木祥慧
彭彬林
主　审　邓　斌　陈小敏

机 械 工 业 出 版 社

本书是在第1版的基础上修订而成的，主要针对AutoCAD 2014版本。本书是根据国家职业技能鉴定中、高级制图员考试及AutoCAD软件应用能力认证一级考试的大纲要求，结合编者多年的教学和企业实践经验，精心提炼、转化和设计了大量学习任务编写而成的。

本书中任务的选取和设计贴近工作岗位和生产一线，贴近学生兴趣和教学实际，做到理论学习有载体、技能训练有实体，有利于激发学生的学习兴趣，让学生在掌握知识和技能的同时，获得学习的成就感，实现学校所教、学生所学与企业所用无缝对接。根据工学一体化教学的指导思想，本书的编写采用了项目教学和任务驱动教学的理念，共设7个项目、37个任务，涵盖了AutoCAD 2014基础知识、简单平面图形的绘制、复杂平面图形的绘制、文字创建与平面图形的标注、机械图样的绘制、实体建模、三维产品设计内容。学习任务分学习目标、任务描述、知识链接、任务实施、拓展提高、实战演练等环节。

本书适合职业院校数控、模具等现代加工制造类专业使用，同时也可作为国家职业技能鉴定中、高级制图员考试，AutoCAD软件应用能力认证一级考试及高技能人才培训教材，以及机械类工人岗位培训或初学者的自学用书。


**图书在版编目（CIP）数据**

AutoCAD机械图绘制项目教程/周大勇主编. —2版. —北京：机械工业出版社，2015.12（2022.1重印）

职业教育机械类专业系列教材　机械工业出版社精品教材

ISBN 978-7-111-52599-8

Ⅰ.①A…　Ⅱ.①周…　Ⅲ.①机械制图-AutoCAD软件-高等职业教育-教材　Ⅳ.①TH126

中国版本图书馆CIP数据核字（2015）第308215号

机械工业出版社（北京市百万庄大街22号　邮政编码100037）

策划编辑：王佳玮　责任编辑：韩　冰　崔宇菲　责任校对：闫玥红

封面设计：张　静　责任印制：常天培

北京机工印刷厂印刷

2022年1月第2版第7次印刷

184mm×260mm · 13.75印张 · 337千字

标准书号：ISBN 978-7-111-52599-8

定价：43.00元

| 电话服务 | 网络服务 |
|---|---|
| 客服电话：010-88361066 | 机　工　官　网：www.cmpbook.com |
| 010-88379833 | 机　工　官　博：weibo.com/cmp1952 |
| 010-68326294 | 金　　书　　网：www.golden-book.com |
| **封底无防伪标均为盗版** | 机工教育服务网：www.cmpedu.com |

# 前　言

Autodesk 公司推出的 AutoCAD 软件是迄今为止最为流行、应用最广的计算机辅助设计软件之一，已广泛应用于机械、建筑、汽车、造船、服装等多个领域，并且已成为工程技术人员必备的工具之一。

为适应各地职业院校教学改革和高技能人才培训的需要，我们按照“以综合职业能力培养为目标，以典型工作任务为载体，以学生为中心”的工学一体化课程教学的指导思想，根据国家职业技能鉴定中、高级制图员考试和 AutoCAD 软件应用能力认证一级考试的大纲，以及中、高级技能人才培养目标和专业相关要求，结合编者多年的教学、培训和企业实践经验，组织部分国家级高技能人才培训基地的专家、国家示范校的骨干教师、企业技术技能人员，精心提炼、转化并设计了大量学习任务，编写了本书。

本书的编写采用了项目教学和任务驱动教学的理念，共设 7 个项目，37 个任务。在每个任务中，首先明确学习目标，以图形的形式直观描述所要学习和解决的任务，根据任务分解 AutoCAD 的理论知识，与实践相结合。在实例中没有直接涉及但又十分重要的理论知识，放在“拓展提高”中讲解。在“任务实施”环节，通过准备工作、任务分析、操作步骤、操作提示、结束任务等详细讲解完成该任务的方法、步骤和注意事项。最后通过“实战演练”让学生小试牛刀，体验到成功的快乐。同时本书精选了上机操作训练题，丰富学生上机操作内容，也便于教师检查教学情况。

本书学习任务的选取和设计贴近工作岗位和生产一线，贴近学生兴趣和教学实际，根据“学以致用”的原则，将相关理论知识和技能恰当地安排到各个任务中，用生动具体的典型实例吸引学生，做到理论学习有载体、技能训练有实体，有利于激发学生的学习兴趣，变被动学习为主动学习，让学生在掌握知识和技能的同时，获得学习成就感，逐步积累知识，提高技能水平和解决实际问题的能力。本书注重满足职业院校及企业的要求，实现学校所教、学生所学与企业所用无缝对接。

本书在内容安排上充分考虑了职业院校学生的学习特点，按照由易到难、由浅入深的原则进行编排，保证了各学习任务之间技能和知识的有效衔接，同时充实了新知识、新技术和新工艺，体现了教材的先进性。在编写形式上力求图文并茂，在内容讲解上力求简单明了、通俗易懂。

本书由周大勇（荆门技师学院）担任主编，岳继红（荆门技师学院）、袁秋芹（荆门技师学院）、戴小妹（江苏省金坛中等专业学校）、王成就（广州市花都区技工学校）担任副主编，邓斌（荆门技师学院）、陈小敏（湖北省纺织工业技工学校）担任主审。参加编写的人员还有：周雯（武汉铁路桥梁高级技工学校）、柯于辉（咸宁技师学院）、孙怀海（杭州恒瑞教学设备有限公司）、熊勇（浙江省长兴技师学院）、杨朋（荆门技师学院）、李桂霞（盘江技校）、刘飞（随州技师学院）、端木祥慧（荆门技师学院）、彭彬林（荆门技师学院）。

在本书编写过程中，参阅和借鉴了部分专家、老师的宝贵经验和网络上的部分资料，在此一并向这些专家、老师及资料的作者表示诚挚的谢意。

由于编者水平有限，书中缺点和错误在所难免，恳请各位同仁、专家及读者不吝指教，提出宝贵意见（E-Mail:jmzdy@163.com）。

编 者

# 目录

# 项目一

# AutoCAD 2014基础知识

## 任务一　操作界面

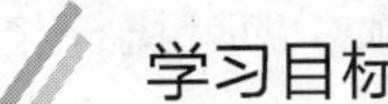

### 学习目标

❖认识 AutoCAD 2014 的工作界面。

❖掌握 AutoCAD 2014 各种面板的调用。

❖掌握设置绘图窗口背景颜色。

❖掌握 AutoCAD 2014 界面风格的转换。

### 任务描述

本任务是认识 AutoCAD 2014 的工作界面，如图 1-1 所示，对工具栏、背景颜色、界面风格进行设置，为今后的学习做好准备。

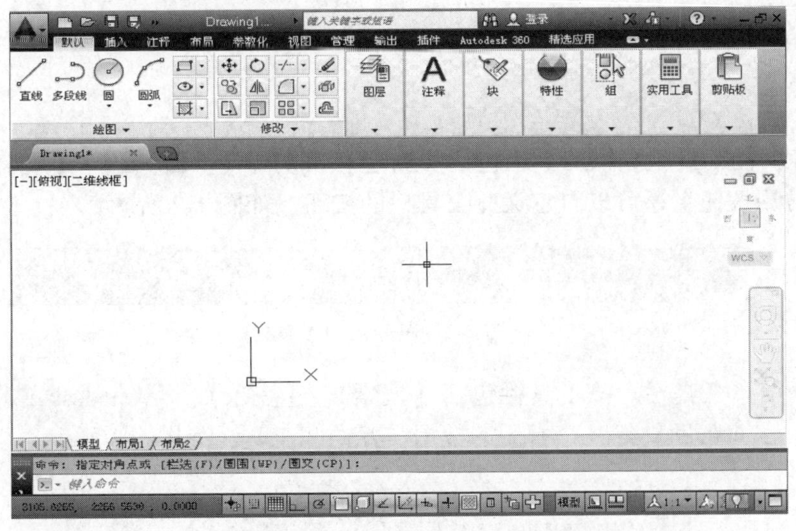


图 1-1　AutoCAD 2014 的工作界面

## 知识链接

双击桌面上 AutoCAD 2014 图标，启动后进入工作界面。工作界面主要由标题栏、菜单栏、菜单浏览器按钮、功能区选项板、工具栏、绘图区、导航栏、命令行窗口、状态栏、滚动条等组成。

**1. 标题栏**

标题栏位于应用程序窗口的最上方，用于显示当前正在运行的程序名及用户正在操作的文件名等信息，如果是 AutoCAD 2014 默认的图形文件，其名称为 DrawingN. dwg（N 为数字）。单击标题栏右端的按钮，可以最小化、最大化或关闭应用程序窗口。

**2. 菜单栏**

菜单栏位于标题栏的下方，包括文件、编辑、视图、插入、格式、工具、绘图、标注、修改、参数、窗口和帮助 12 个菜单项。单击某一菜单项，在弹出的下拉菜单中选择所需的命令，即可执行相应的操作。

1）带有三角标记“▶”的菜单项。它表示该菜单还有子菜单，当鼠标停留在这样的菜单项时，菜单项的旁边将会显示其下一级子菜单，单击子菜单中的菜单项，即可执行相应操作。

2）带有省略号“…”的菜单项。当执行该项操作时会弹出一个对话框，要求用户在对话框内输入相关信息。

3）带有快捷键的菜单项。按下快捷键即执行该菜单项相应的操作。

**小技巧**

单击快速访问工具栏中的【草图与注释】右边的小三角，打开子菜单，单击【显示菜单栏】或【隐藏菜单栏】，可以将菜单栏显示或隐藏，如图 1-2 所示。

**3. 菜单浏览器按钮**

单击工作界面最左上角的菜单浏览器按钮，弹出的菜单中包括【新建】、【打开】、【保存】、【另存为】、【输出】、【发布】、【打印】、【图形实用工具】及【关闭】9 个命令。

**4. 工具栏**

1）快速访问工具栏。该工具栏包括【新建】、【打开】、【保存】、【放弃】、【重做】和【打印】等常用按钮，还可以自定义此工具栏的按钮，如图 1-2 所示。

图 1-2　快速访问工具栏

2）交互信息工具栏。该工具栏包括【搜索】、【登录】、【Autodesk Exchange】应用程序、【链接】和【帮助】等几个常用的数据交互访问工具，如图 1-3 所示。

图 1-3　交互信息工具栏

5. 功能区选项板

功能区是按钮工具的集合。把光标移到某个按钮上，稍停片刻即在该按钮的一侧显示相对应的提示及说明，单击按钮可以启动相应的命令。默认状态下，在二维草图与注释工作界面中，功能区选项板包括【默认】、【插入】、【注释】、【布局】、【参数化】、【三维工具】、【渲染】、【视图】、【管理】、【输出】、【插件】、【Autodesk 360】和【精选应用】13 个选项卡，每个选项卡包含若干个面板，每个面板中又包含许多命令按钮，使用这些命令可以绘制或编辑图形，如图 1-4 所示。

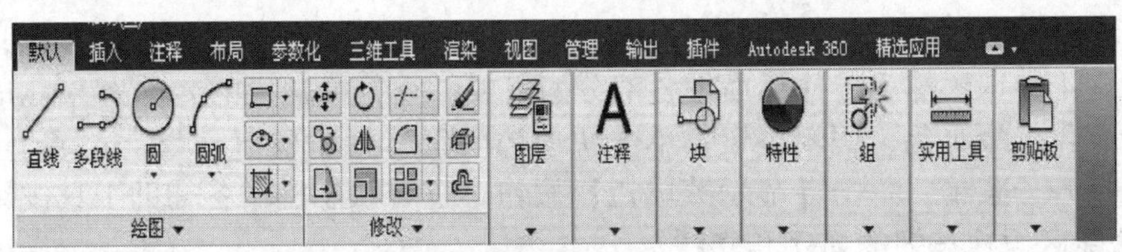


图 1-4　功能区选项板

6. 绘图区

在 AutoCAD 2014 的工作界面中，最大的空白区域就是绘图区，也称为绘图窗口，所有的绘图结果都显示在这个窗口中。如果图样比较大，需要查看未显示部分时，可以单击窗口右边与下边滚动条上的箭头，或拖动滚动条上的滑块来移动图样。绘图区右上角也有最大化、最小化和关闭按钮。在 AutoCAD 中同时打开多个文件时，可以通过这些按钮进行图形文件的切换和关闭。另外，绘图区中还有一个方向图标用于显示当前图形方向。

7. 导航栏

导航栏是一种用户界面元素，用户可以从中访问通用导航工具和特定于产品的导航工具。打开导航栏时可单击【视图】选项卡【显示】选项组【导航栏】，或者单击【视图】面板，再单击用户界面右边的小三角，选择【导航栏】命令。

8. 命令行窗口

命令行窗口位于绘图窗口的底部，用于输入命令，并显示操作过程中的有关提示信息。在绘图时，用户要注意命令行的各种提示，以便准确、快捷地绘图。命令行窗口的大小可以由用户自己确定。单击【视图】→【显示】→【文本窗口】按钮，执行 TEXTSCR 命令，或按<F2>键可以打开文本窗口，它可以显示当前进程中命令的输入和执行过程，记录对文档进行的所有操作。

9. 状态栏

状态栏位于工作界面的最底部，用于显示 AutoCAD 当前的状态，如当前光标的坐标、命令和按钮的说明等。状态栏包括坐标值区、绘图辅助工具、快速查看工具、注释工具、工作空间工具等区域，如图 1-5 所示。

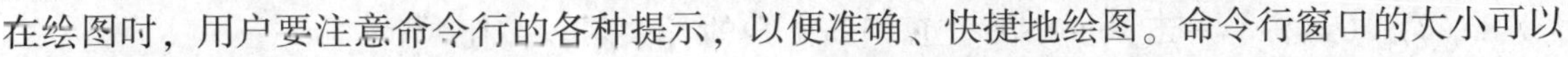

图 1-5　状态栏

10. 滚动条

在 AutoCAD 绘图窗口的下方和右侧有用来浏览图形的水平和竖直方向的滚动条，在滚动条中单击或拖动滚动条中的滚动滑块，可以在绘图区窗口中按水平或竖直两个方向平移图形。

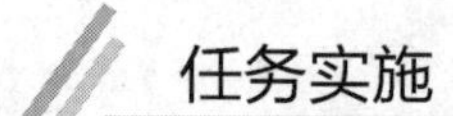

## 任务实施

### 一、操作步骤

**1. 启动 AutoCAD 2014**

双击桌面上的 AutoCAD 2014 图标，或者选择【开始】→【程序】→【Autodesk】→【AutoCAD 2014 简体中文】，即可启动 AutoCAD 2014 工作界面。

**2. 工作界面的组成**

根据理论知识，熟悉工作界面中各部分的组成，查看标题栏的名称为 Drawing1. dwg。分别单击最大化、最小化、关闭按钮。单击快速访问工具栏中的【草图与注释】右边的小三角按钮，打开子菜单，单击【显示菜单栏】按钮，查看状态栏中各辅助工具按钮的名称。

**3. 功能区面板按钮的显示和隐藏**

单击功能区右边的小三角按钮，可以在最小化为选项卡、最小化为面板标题、最小化为面板按钮之间进行切换来折叠或展开面板。

**4. 设置绘图窗口背景颜色**

第一步：单击【工具】菜单中的【选项】按钮，或者在绘图区空白处单击鼠标右键，在弹出的快捷菜单中选择【选项】命令，弹出【选项】对话框。第二步：单击【显示】选项卡，在其下面的窗口元素中单击【颜色】按钮，弹出【图形窗口颜色】对话框，在右上角的颜色框中选取颜色。第三步：单击【应用并关闭】按钮返回【选项】对话框，单击【确定】即可。

**5. AutoCAD 2014 界面风格的转换**

单击设置工作空间按钮，打开工作空间下拉列表框选择【AutoCAD 经典】选项，即可以转换到 AutoCAD 经典界面。除此之外，还可以进行三维基础选择三维建模等工作空间转换。

**6. 退出 AutoCAD 2014**

（1）菜单栏　选择【文件】→【退出】命令。

（2）工具栏　单击 AutoCAD 主窗口右上角的【关闭】按钮 X。

（3）命令行　QUIT。

如果退出 AutoCAD 时当前的图形文件没有被保存，则系统将弹出提示对话框，提示用户在退出 AutoCAD 前保存或放弃对图形的修改。

### 二、操作提示

在 AutoCAD 2014 中，首次启动应用程序将弹出欢迎界面，取消选中【启动时显示】复选框，以后启动时将不再显示该界面。如果要扩大绘图区域，可将功能区选项卡中的面板最小化，将面板中的命令区域折叠。

**小技巧**

AutoCAD 2014 包含了四种工作界面，它们分别是草图与注释、三维基础、三维建模和 AutoCAD 经典，每一个工作界面都有它相应的特点。它功能强大，易于掌握，能够绘制平面图形与三维图形，可以标注尺寸、渲染图形及打印输出图样。

## 拓展提高

**1. 打开或关闭功能区选项卡的方法**

（1）菜单栏 选择【工具】→【选项板】→【功能区】命令。

（2）命令行 RIBBON。

关闭功能区可以右击功能区面板标题处的空白区域，弹出菜单，单击关闭即可。

**2. 打开或关闭 ViewCube**

单击绘图区左上角的视口控件按钮［-］，单击 ViewCube 将其打开，再次单击将其关闭。

用相同方法打开和关闭导航栏。

**3. 隐藏菜单栏**

右击菜单栏的空白处，弹出菜单，单击显示菜单栏，将菜单栏隐藏。

## 实战演练

启动 AutoCAD 2014，取消栅格显示，调出菜单栏，将功能区面板最小化为面板标题，同时将导航栏隐藏。分别在【草图与注释】和【AutoCAD 经典】两个工作空间中用【圆】命令绘制圆心为任意点、半径为 100mm（AutoCAD 软件默认长度单位为 mm，若要更改单位，可在 AutoCAD 中另行设置）的圆。任务完成后退出 AutoCAD 2014。

# 任务二 设置绘图环境

## 学习目标

❖掌握正确设置绘图单位和图形界限并掌握辅助绘图功能的应用。

❖掌握图层的创建和设置图层颜色、线型、线宽的方法。

❖掌握文件的基本操作，如新建、打开、保存等。

## 任务描述

本任务主要是掌握使用【格式】菜单中的【单位】、【图形界限】命令来设置绘图环境。掌握设置图层，可以将图形中包含的轮廓线、虚线、剖面线、尺寸标注等元素放在不同的图层上，以便将图形信息归类管理。绘图时要新建或者打开图形文件，并要保存文件，以便更好地学习以后的绘图操作，如图 1-6 所示。

## 知识链接

### 一、设置绘图单位

**1. 绘图单位的设置方法**

（1）菜单栏 选择【格式】→【单位】命令。

（2）工具栏 单击窗口左上角的菜单浏览器按钮▲，在弹出的下拉菜单中选择【图形

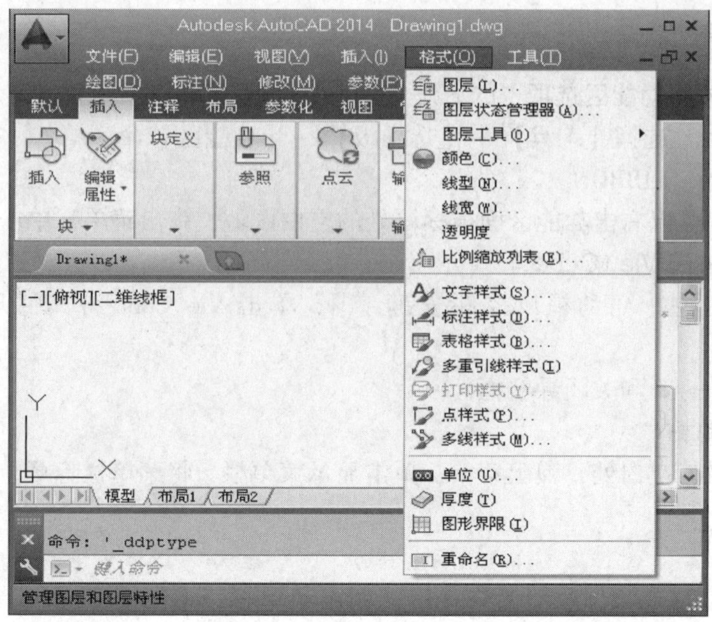


图 1-6　设置绘图环境

实用工具】→【单位】命令。

（3）命令行　DDUNITS 或 UNITS（或缩写：UN）。

**2. 操作说明**

执行上述命令后打开图形单位对话框，在长度框中，单击下拉列表可以改变长度类型和精度；在角度框中，单击下拉列表可以改变角度类型和精度。顺时针复选框被选中时表示角度以顺时针方向为正，顺时针复选框未选中时，表示角度以逆时针为正。单击【方向】按钮，在弹出的对话框中可以设置角度的方向。

## 二、图形界限设置

**1. 图形界限设置方法**

（1）菜单栏　选择【格式】→【图形界限】命令。

（2）命令行　LIMITS。

**2. 操作步骤**

*命令：_ limits*

*重新设置模型空间界限：*

*指定左下角点或[开(ON)/关(OFF)] <0.0000,0.0000>：*（输入图形边界左下角的坐标后按<Enter>键）

*指定右上角点 <420.0000，297.0000>：*（输入图形右上角的坐标后按<Enter>键）

**小技巧**

命令行中的“ON”选项，用于控制打开绘图界限，用户只能在设定的绘图范围内绘图，如果用户绘制的图形超出了绘图界限，系统将拒绝执行；命令行中的“OFF”选项是用于控制关闭图形界限，用户所绘图形不再受绘图界限的限制。

## 三、平移和缩放视图

### 1. 实时平移视图的方法

（1）菜单栏　选择【视图】→【平移】→【实时】命令。

（2）工具栏　单击功能区的【视图】选项卡→【二维导航】面板中的【平移】按钮。

（3）导航栏　单击绘图区右侧导航栏面板中的【平移】按钮。

（4）命令行　PAN。

（5）快捷菜单　右击绘图区，弹出快捷菜单，选择【平移】命令。

平移是指在不改变缩放系数的情况下，观察当前窗口中图形的不同部位，它相当于移动图纸。执行该命令后，屏幕上的光标呈一小手标记。按住鼠标左键向上下左右移动，则图形将跟着上下左右移动。除了上述实时平移以外还有定点平移，是指当前图形按指定的位移和方向进行平移。

### 2. 范围缩放视图的方法

（1）菜单栏　依次选择【视图】→【缩放】→【范围】命令或者依次选择【工具】→【工具栏】→【AutoCAD】→【缩放】命令，打开缩放工具栏，单击【范围缩放】按钮。

（2）工具栏　单击功能区的【视图】选项卡，然后单击【二维导航】面板中【范围】按钮。

（3）导航栏　单击绘图区右侧导航栏面板中的【范围缩放】按钮。

（4）命令行　ZOOM（Z）→输入“E”后按<Enter>键。

除范围缩放外，AutoCAD 2014 中还有很多缩放视图方式，其操作方法同范围缩放。

## 四、辅助绘图工具的应用

在绘制未知坐标的点时，要想精确地指定这些点就要用到辅助定位工具，以便快速、精确地绘图。

### 1. 启用捕捉和栅格

（1）菜单栏　选择【工具】→【绘图设置】命令。

（2）状态栏　单击状态栏中的【捕捉模式】按钮和【栅格显示】按钮。

（3）快捷键　按<F9>键或按<Ctrl+B>组合键可打开或关闭捕捉模式（按<F7>键或按<Ctrl+G>组合键可打开或关闭栅格显示）。

（4）命令行　DSETTINGS（或缩写：DS）。

### 2. 启用正交

（1）状态栏　单击状态栏中的【正交】模式按钮。

（2）按<F8>键或按<Ctrl+L>组合键。

（3）命令行　ORTHO。

当要绘制的图形完全由平行或垂直于坐标轴的直线组成时，可用此命令绘制水平线和垂直线非常方便。

**3. 启用对象捕捉和对象捕捉追踪**

（1）快捷键　按<F3>键可开启或关闭对象捕捉模式（按<F11>键，可开启或关闭对象捕捉追踪模式）。

（2）状态栏　单击状态栏中的【对象捕捉】按钮及【对象捕捉追踪】按钮。

**4. 启用极轴追踪功能**

（1）快捷键　按<F10>键可开启或关闭极轴追踪。

（2）状态栏　单击状态栏中的【极轴追踪】按钮。

极轴追踪是按一定增量角的倍数定位捕捉方向，可以在系统要求指定一个点时，按预先设置的角度增量显示一条无限延伸的辅助线，用户可以直接拾取或输入距离值定点。

**小技巧**

如果两个或几个图形的特殊点距离非常近，捕捉对象可能会互相干扰，此时可以按下<Shift>键或者<Ctrl>键，右击打开对象捕捉快捷菜单，选择需要特殊点的相应命令，把光标移到要捕捉对象的特殊点附近，即可捕捉到所需的特殊点。

## 五、图层及其相关设置

**1. 图层的概念**

图层就相当于完全重合在一起的透明纸，用户可以任意地选择其中一个图层绘制图形，而不受其他图层上图形的影响。图层可以是由系统生成的默认图层，也可以是由用户自己创建的图层。每一个图层都是相对独立的，用户可以对任意层的图形进行自由编辑。

**2. 图层的创建**

在默认情况下，AutoCAD将自动创建一个名称为0的特例图层，在绘图过程中，如果用户要使用更多的图层来组织图形，就要先创建新图层。以下是创建图层的方法。

（1）菜单栏　选择【格式】菜单→【图层】命令。

（2）工具栏　单击功能区中的【默认】选项卡，之后单击【图层】面板中的【图层特性】按钮或者单击【视图】选项卡，单击【选项板】面板中的【图层特性】按钮。

（3）命令行　LAYER。

执行上述命令后，弹出【图层特性管理器】对话框，单击【新建图层】按钮，在对话框右侧的选项板中，将新建一个默认名为【图层1】的图层。在名称框中的【图层1】上右击，在弹出的快捷菜单中单击【重命名图层】或者按<F2>键均可重命名图层。

**3. 设置图层的颜色、线型、线宽**

1）图层的颜色。新建图层后，要改变图层的颜色，可在【图层特性管理器】对话框中，单击图层的【颜色】列对应的图标，打开【选择颜色】对话框，用户可利用该对话框为图层选择相应的颜色。

2）图层的线型。默认情况下，图层的线型为Continuous。要改变线型，可在图层列表中单击【线型】列的Continuous，打开【选择线型】对话框。单击所需的线型，如果没有所需的线型，可以单击【加载】按钮，打开对话框，选择相应的线型后，单击【确定】按钮，回到【选择线型】对话框，选中所需线型后，单击【确定】。

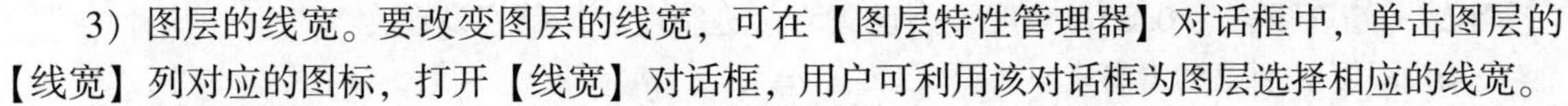


3）图层的线宽。要改变图层的线宽，可在【图层特性管理器】对话框中，单击图层的【线宽】列对应的图标，打开【线宽】对话框，用户可利用该对话框为图层选择相应的线宽。

**4. 图层的管理**

1）显示、锁定图层。打开【图层特性管理器】对话框，单击图层的【开】列对应的小灯泡图标，小灯泡为黄色时，图层处于显示状态；小灯泡为灰色时，图层处于隐藏状态。单击图层的【锁定】列对应的小锁图标，可以锁定和解锁图层。

2）删除图层。打开【图层特性管理器】对话框，选定要删除的图层，使其亮显，单击【删除图层】按钮，将选定的图层删除。

3）设置当前图层。由于绘图时只能在当前图层上进行，所以用户要经常改变当前图层。在【图层特性管理器】对话框中，首先选中某个图层，单击【置为当前】按钮，或者在功能区选项板中单击【默认】选项卡中的【图层】面板 图层1 ，单击右边的小黑三角，选择相应的图层。

## 六、文件的基本操作

文件的基本操作包括新建、打开、另存为、关闭图形文件。

在启动 AutoCAD 2014 后，系统会自动新建一个名称为 Drawing1. dwg 的图形文件，该图形文件默认以 acadiso. dwt 为模板。

（1）菜单栏　选择【文件】→【新建】(【打开】、【另存为】、【关闭】）命令。

（2）工具栏　单击【快速访问】工具栏中的【新建】、【打开】和【另存为】按钮。单击标题栏的最右上角的【关闭】按钮，可以关闭图形文件。

（3）程序菜单　单击【菜单浏览器】按钮，在弹出的下拉菜单中选择相应的命令。

## 任务实施

操作步骤如下：

**1. 创建新文件，并进行相关设置**

创建新文件，建立图形范围为12mm×9mm，左下角为（0，0）。栅格距离为0. 5mm，光标移动间距为0. 5mm，将显示范围设置和图形范围相同。

1）启动 AutoCAD 2014，选择【格式】菜单中的【图形界限】命令。

*命令：_ limits*

*重新设置模型空间界限：*

*指定左下角点或[开(ON)/关(OFF)] <0. 0000,0. 0000>：*（左下角与默认值相同可直接按<Enter>键）

*指定右上角点 <420. 0000，297. 0000>：12，9*

2）右击状态栏的【对象捕捉】按钮，在弹出的快捷菜单中选择【设置】命令。打开【草图设置】对话框，选择【捕捉和栅格】选项卡，将栅格间距和捕捉间距都设为 0. 5mm，最后，单击【导航】工具栏中的【范围缩放】按钮，或选择【视图】菜单→【缩放】→【范围】命令。

**2. 设置单位和精度**

选择【格式】菜单中的【单位】命令，在长度和角度框中进行设置，将长度类型设置

为小数，精度设置为0.00，角度类型设置为十进制度数，精度设置为0。

**3. 图层的创建和设置**

新建图层1，并将其命名为A，其线型为Center，颜色为红色，0层为默认线型，颜色为蓝色。

1）选择【格式】菜单中的【图层】命令，打开图层特性管理器对话框，单击【新建图层】按钮，新建图层1，选中图层1，按<F2>键，输入新名称A。

2）单击颜色方块，打开对话框，选择红色后确定，单击Continuous，单击【加载】按钮，选择Center。将0层颜色设为蓝色。

**4. 绘制圆及中心线**

在A层上绘制中心线，在0层上绘制圆。

1）单击【默认】选项卡，在图层面板中选择A层，在状态栏中打开【正交】按钮。

2）在绘图面板中选择【直线】命令，绘制两条相互垂直的直线。

3）在图层面板中选择0层，单击状态栏中的【对象捕捉】按钮，打开对象捕捉。

4）在绘图面板中选择【圆】命令，捕捉两条垂直线的交点，单击作为圆的圆心，绘制半径为5mm的圆。

**5. 保存图形**

以CAD1-1.dwg为文件名，将其保存在E：\CAD文件夹中。

选择【文件】→【保存】命令，文件名框中输入文件名，在保存类型中选择*.dwg后单击【保存】。

## 拓展提高

### 一、鼠标滚轮缩放

使用鼠标滚轮来控制图形的缩放是一种非常简便的方法，它可以在任何状态下使用，滚轮前转为放大图形，滚轮后转为缩小图形，放大与缩小的基点在光标处。按住鼠标滚轮不松手，移动鼠标可平移该图形。

### 二、使用临时追踪点和捕捉自功能

1）临时追踪点工具。可在一次操作中创建多条追踪线，并根据这些追踪线确定所需定位的点。

2）捕捉自工具。在使用相对坐标指定下一个应用时，捕捉自工具可以提示输入基点，并将该点作为临时参照点，这与通过输入前缀@使用最后一个点作为参照点相类似。它不是对象捕捉模式，但经常与对象捕捉一起使用。

## 实战演练

新建图形文件，设立图形范围36mm×27mm，左下角（0，0），新建图层A和B，A层线型为Dashed，颜色为蓝色，线宽为0.25mm。B层线型为Center，颜色为红色。之后调整线型比例以便显示出合适的线型。在B层上绘制相互垂直的中心线，在A层上绘制半径为2mm的圆，在0层上绘制半径为3mm的圆，如图1-7所示。设置完成后将该文件保存在E：\ CAD文件夹下。

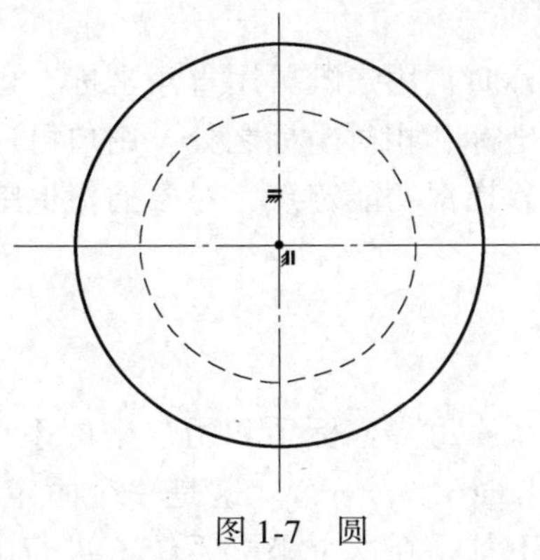

图 1-7 圆

# 任务三 坐标与坐标系

## 学习目标

❖掌握定点方式。
❖正确理解几种坐标的表达方式。
❖掌握选择图形对象。

## 任务描述

在绘图过程中常常需要用某个坐标系作为参照拾取点的位置，来精确定位某个对象，用来精确设计和绘制图形，坐标表达方式有直角坐标、相对极坐标、相对直角坐标等，如图1-8 所示。

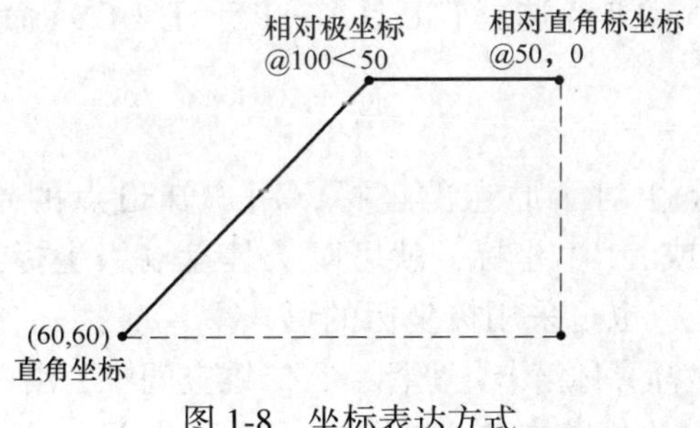


图 1-8 坐标表达方式

## 知识链接

### 一、定点方式

绘图时，经常要输入一些点，如线段的端点、圆的圆心、圆弧的圆心及其端点等。

**1. 光标定点**

将光标移动到所需要的位置，然后直接单击，这种定点方法非常方便快捷，但不能用来精确定位。

### 2. 坐标定点

当通过键盘输入点的坐标时，用户既可用直角坐标，也可用极坐标的方式输入，而且每一种坐标方式中，又有绝对坐标和相对坐标之分，用户可通过输入点的坐标精确定点。

其他定点方式还包括对象捕捉功能定点、对象捕捉追踪定点、极轴追踪定点等。

## 二、坐标系与坐标

### 1. 坐标系

AutoCAD 采用两种坐标系：世界坐标系和用户坐标系，在 AutoCAD 2014 中默认的是世界坐标系 WCS（World Coordinated System）。这是一个固定的坐标系统，也是坐标系统中的基准，绘制图形时多数情况下都是在这个坐标系统下进行的。用户也可定义自己的坐标系，即用户坐标系 UCS（User Coordinated System），用于建立图形和建模的 *XY* 平面（工作平面）和 *Z* 轴方向。在默认的情况下，UCS 和 WCS 重合，*X* 轴与 *Y* 轴相交处如果出现“+”，则表示此交点是坐标原点。

（1）世界坐标系 WCS　在 AutoCAD 2014 中打开图形时默认采用世界坐标系，这个坐标系存在于任何一个图形之中，并且不可更改，但可以从任意角度、任意方向来观察或旋转。它是最基本的坐标系，由 *X*、*Y*、*Z* 三个轴组成，其中水平方向上的坐标轴为 *X* 轴，以向右为正方向；垂直方向的坐标轴为 *Y* 轴，以向上为正方向；垂直于 *XY* 平面的坐标轴为 *Z* 轴，以垂直于屏幕向外为正方向。WCS 坐标系的交汇处有“□”标记。

（2）用户坐标系 UCS　在 AutoCAD 2014 中，为了更好地辅助绘图，经常需要修改坐标系原点和方向，这时可将世界坐标系变为用户坐标系，即 UCS。UCS 的原点以及 *X* 轴、*Y* 轴、*Z* 轴方向都可以移动及旋转，甚至可以依赖于图形中某个特定的对象。尽管 UCS 中三个轴之间仍然相互垂直，但是在方向上及位置上却更加灵活。UCS 没有“□”标记。设置用户坐标系的方法是：选择【工具】→【工具栏】→【AutoCAD】→【UCS】命令，并打开 UCS 工具栏；或者选择【工具】→【新建 UCS】命令；或者在命令行中输入 UCS 后按<Enter>键。

### 2. 坐标

（1）绝对坐标　它是相对于原点的坐标，用户知道点的绝对坐标，即某一点到原点（0，0）的角度和距离，或 *X*、*Y* 坐标，就可以从键盘输入坐标来确定点的位置。输入坐标既可采用直角坐标的形式，也可采用极坐标的形式。

1）直角坐标。直角坐标又称笛卡儿坐标，在二维空间中，由一个原点坐标为（0，0）和两个通过原点的、相互垂直的坐标轴构成，如图 1-9 所示。平面上任何一点 *P* 都可以由 *X* 轴和 *Y* 轴的坐标所定义，即用一对坐标值（$x$，$y$）来定义一个点。例如，某点的直角坐标为（5，6）。

2）极坐标。极坐标由一个极点和一个极轴构成，如图 1-10 所示，极轴的方向为水平向右，规定 *X* 轴正方向为 0°，*Y* 轴正方向为 90°。平面上任何一点 *P* 都可以由该点到极点的连线长度 *L*（$L>0$）和连线与极轴的交角 $\alpha$（极角，逆时针方向为正）所定义，极坐标的格式为（长度 *L*<角度 $\alpha$）。例如，某点与 *X* 轴正方向的夹角为 60°，与极点之间的距离为 20mm，则其极坐标为（20<60）。

（2）相对坐标　如果用户知道一个点相对于另一个已知点的 *X* 和 *Y* 方向的位移，或距离和角度，可以直接使用相对坐标进行输入。相对坐标就是某点与相对已知点的位移值。使

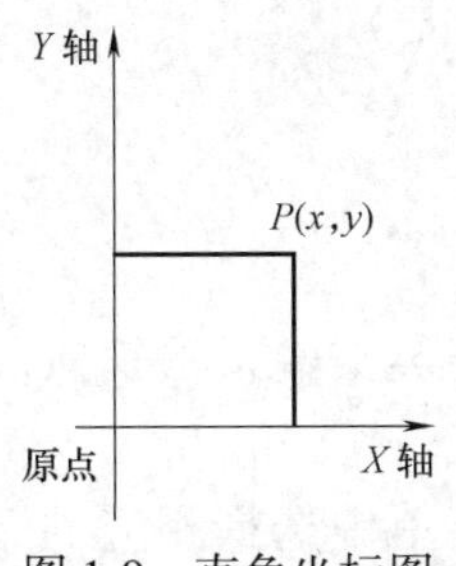


图 1-9　直角坐标图

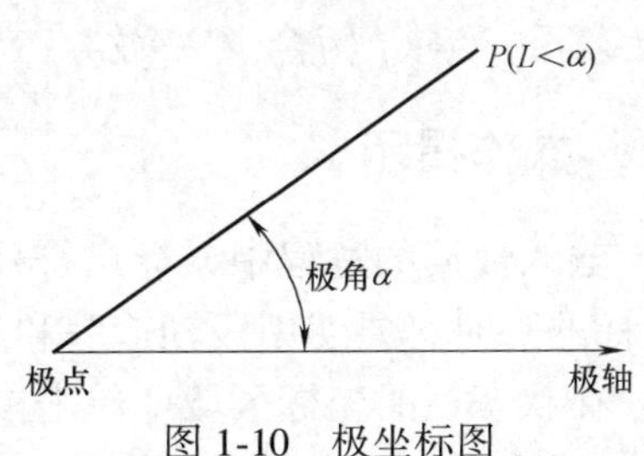


图 1-10　极坐标图

用相对坐标时可以使用直角坐标，也可以使用极坐标，可根据具体情况而定。相对坐标的表示方法是在绝对坐标表达式的前面加一个“@”符号。

1）相对直角坐标。相对直角坐标是用相对于上一已知点之间的绝对坐标值的增量来确定输入点的位置。例如，如果 $A$ 点坐标为（3，4），$B$ 点相对于 $A$ 点 $X$ 方向上位移为 160mm，$Y$ 方向位移为 200mm，那么 $B$ 点相对于 $A$ 点的相对直角坐标为（@160，200）。

2）相对极坐标。相对极坐标是用相对上一已知点的距离和与上一已知点的连线与 $X$ 轴正方向之间的夹角来确定输入点的位置。例如，$A$ 点坐标为（3，4），从 $A$ 点画一条角度为 60°，长度为 100mm 的斜线，端点为 $B$ 点，则 $B$ 点的相对极坐标为（@100<60）。

### 三、图形对象的选择

在对图形对象进行编辑修改操作时，必须要选择图形对象。一种是先启动命令，再选择对象，这时光标将变成拾取小方框，单击对象即可选择，被选中的对象将显示为虚线；另一种是先选择对象再启动命令，被选择的对象上将显示蓝色的夹点。

（1）直接选择　在想要选择的图形上直接单击即可，若要同时选择几个对象，继续单击要选择的对象，就会有多个对象被选中，这种方法也称为拾取对象。

（2）框选　当要选择的对象较多并且在同一个区域内时，可单击图形区域内拉出一方框把对象框住，称为框选。框选方式分两种，一是从左向右框选，无论是左上到右下，还是左下到右上，此时只能选择完全被包含在选框中的图形对象，这种方法又叫窗口选择方式；二是从右向左框选，无论是右上到左下，还是右下到左上，这时选框内图形对象以及与选框边界相交的图形对象都将全部被选中，这种方法又叫窗交选择方式。

## 任务实施

### 一、操作步骤

用直线命令绘制图形，单击功能区【默认】选项卡→【绘图】面板中的直线按钮 。

*命令：_ line*

*指定第一个点：60，60*

*指定下一点或[放弃(U)]：@100<50*

*指定下一点或[放弃(U)]：@50，0*

*指定下一点或[闭合(C)/放弃(U)]：*（捕捉第一点向右拖鼠标有一条虚线与第三点所在垂线相交后单击）

*指定下一点或[闭合(C)/放弃(U)]*:(光标捕捉第一点后单击)

*指定下一点或[闭合(C)/放弃(U)]*:(按<Enter>键结束)

## 二、操作提示

1）输入数据的过程中，标点符号、小于号、大于号等要用英文输入法输入。捕捉没有给出坐标的点时，要使用极轴追踪和对象追踪等方法。

2）在状态栏的坐标区域中单击鼠标右键，在弹出的快捷菜单中选择相应的选项，可以切换相对、绝对、地理式坐标 3 种。

3）在默认情况下，【视图】选项卡中的【坐标】面板是隐藏的，右击功能区空白处，在弹出的快捷菜单中选择【显示面板】→【坐标】即可显示坐标面板。

4）正交模式将光标限制在水平或垂直（正交）轴上，因为不能同时打开正交模式和极轴追踪，所以正交模式打开时，AutoCAD 会自动关闭极轴追踪，如果再次打开极轴追踪，AutoCAD 将关闭正交模式。正交模式下用户在绘图区使用十字光标只能在水平方向上绘制水平线和垂直方向上绘制竖直直线。

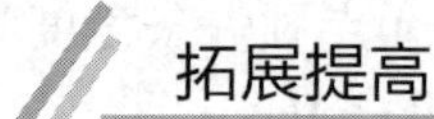

# 拓展提高

## 一、动态输入数据

单击状态栏上的【动态输入】按钮，或者按<F12>键，打开动态输入的功能，可以在屏幕上动态地输入某些参数数据。例如，在绘制直线时，在光标附近会动态地显示【指定第一点】提示，其后坐标框中显示的是当前光标所在位置。用户可以根据需要在其中输入数据，两个数据之间以逗号隔开，指定第一点后，系统会动态显示直线的角度，同时要求输入线段长度值，其输入效果与“@长度<角度”方式相同。

## 二、命令的重复、撤销和重做

### 1. 命令的重复

在命令行中直接按<Enter>键，可重复调用上一个命令。

### 2. 命令的撤销

在命令执行的任何时刻都可以取消或终止命令的执行。单击【编辑】菜单中的【放弃】，或者是在命令行中输入 UNDO，也可以按<Ctrl+Z>组合键完成操作。

### 3. 命令的重做

已经被撤销的命令还可以恢复重做（通常是恢复撤销的最后一个命令）。单击【编辑】菜单中的【重做】按钮。在快速访问工具栏中也有【撤销】和【恢复】按钮。

# 实战演练

图 1-11 所示是一个比较简单的一笔画图形，想一想你能一笔将它画出吗？请采用绝对坐标或相对坐标等方式，在 AutoCAD 2014 中用直线命令绘制下列图形。两个三角形为同等大小的等腰三角形。

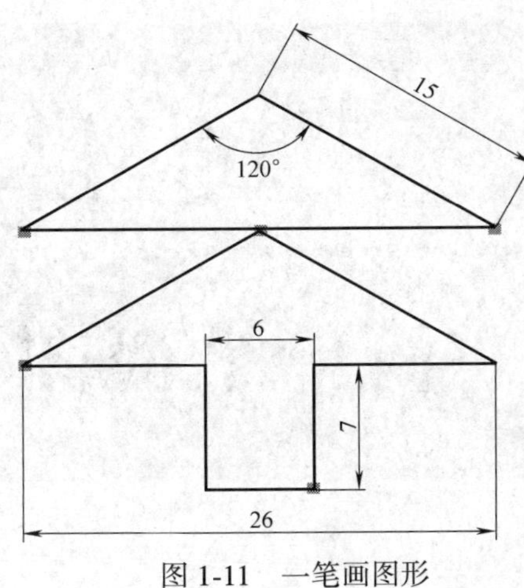

图 1-11　一笔画图形

## 综合训练一

1. 启动 AutoCAD 2014，将工作空间设置为“三维建模”方式，并调出菜单栏。将工作空间设置为“草图与注释”，并调出【三维工具】和【渲染】选项卡。

2. 如何显示和隐藏命令行？如何全屏显示？如何调出工具选项板？

3. 如何显示和隐藏功能区面板？如何设置窗口背景颜色？

4. AutoCAD 中的坐标系分为哪两种？点的坐标的表示方法有哪几种？

5. 新建图形文件，完成下列设置并绘制图 1-12 所示图形。

（1）设置图形范围为 36mm×27mm，左下角坐标为（2，4），栅格距离和光标移动间距为 1.5mm，显示范围设置和图形范围相同。

（2）长度单位设为小数，角度单位设为十进制，精度都为小数点后四位。

（3）新建图层 A 和 B，A 层线型为 Center，颜色为红色，B 层线型为 Dot2，颜色为蓝色。

（4）在 A 层上绘制中心线，在 B 层上绘制圆，调整线型比例，使线型有合适的显示效果。

6. 从 *A* 点开始绘制图 1-13 所示图形，分别用相对直角坐标和相对极坐标表示 *B*、*C*、*D*、*E* 四点的坐标。

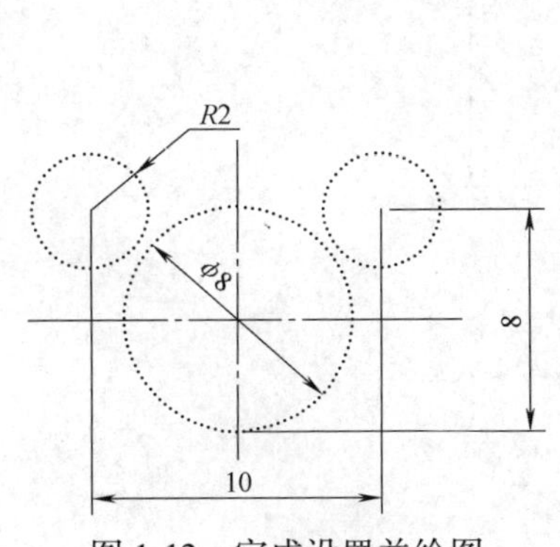


图 1-12　完成设置并绘图

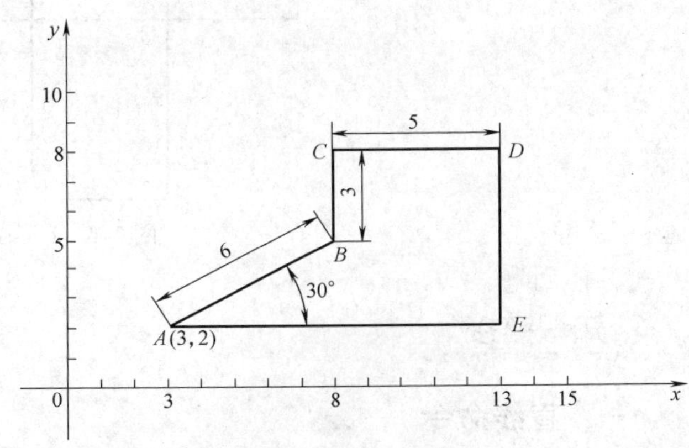


图 1-13　坐标图

# 项目二 简单平面图形的绘制

## 任务一　T 形的绘制

### 学习目标

❖掌握直线命令的使用方法。

❖正确使用各种坐标方式来确定点。

### 任务描述

绘制 T 形图，如图 2-1 所示，不要求标注尺寸和图中字母。该 T 形由 8 条直线构成，绘制过程主要由直线命令来完成。直线命令使用非常简单，关键是要搞清楚点的坐标表达方法。

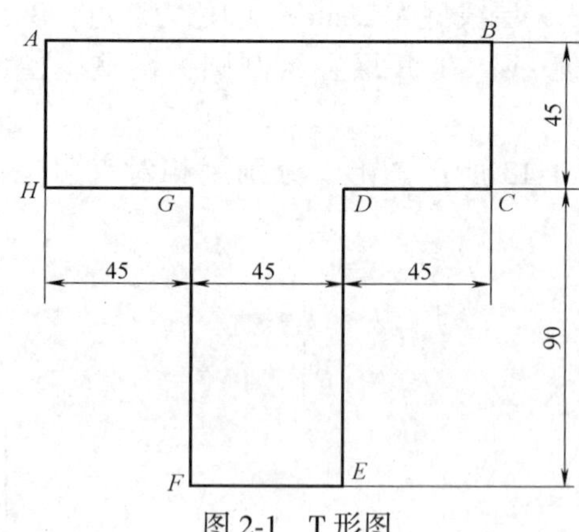


图 2-1　T 形图

### 知识链接

#### 一、直线命令

直线命令可用于绘制直线段或折线段或闭合多边形。

**1. 操作方法**

（1）菜单栏　选择【绘图】→【直线】命令。

（2）工具栏　单击【绘图】工具栏中的【直线】按钮。

（3）命令行　LINE（或缩写：L）。

**2. 操作步骤**

*命令：_ line*

*指定第一个点：*　　　　　　（指定第一点的坐标）

*指定下一点或[放弃(U)]：*　（指定第二点的坐标）

*指定下一点或[放弃(U)]：*　（指定下一点的坐标或按<Enter>键结束）

**3. 选项说明**

直线是各种绘图中最常用、最简单的一类图形对象，在 AutoCAD 中，直线的概念相当于数学中的线段，即两点之间的连线。因此可以使用“line”命令绘制直线，绘制时只需要依次确定直线的两个端点即可。确定端点的方法有两种：一是直接在提示行输入点的坐标；二是使用鼠标在绘图区内选择某一点。

**二、确定第二点的方法**

1）输入绝对坐标值，如直角坐标（100，100）、极坐标（100<45）。

2）输入相对坐标，如相对直角坐标（@100，100）、相对极坐标（@100<45）。

3）打开【动态输入】模式，移动鼠标指示直线方向，输入直线长度值，如 100mm。

4）如果要绘制垂直或水平的直线，可以按<F8>键打开正交模式。

## 任务实施

### 一、准备工作

1）上课前仔细阅读本任务的内容。

2）复习项目一坐标的表示方法。

### 二、任务分析

1）本任务是用直线绘制图形，在绘制过程中要确定下一点的位置，用到了项目一所述坐标的知识。

2）绘制水平、垂直直线时，还可用正交的方法来绘制。

### 三、操作步骤

方法一：利用相对直角坐标绘制。

1）设置绘图幅面为 210mm×297mm。

2）使设置的绘图幅面充满屏幕。

3）利用相对直角坐标绘制 T 形。

*命令：_ line 指定第一点：*（单击绘图工具栏中按钮，然后在屏幕任意位置拾取 *A* 点）

*指定下一点或[放弃(U)]：@135,0* （输入 *B* 点相对于 *A* 点的相对直角坐标）

*指定下一点或[放弃(U)]:@0,-45* （输入 *C* 点相对于 *B* 点的相对直角坐标）

*指定下一点或[闭合(C)/放弃(U)]:@-45，0* （输入 *D* 点相对于 *C* 点的相对直角坐标）

*指定下一点或[闭合(C)/放弃(U)]：@0，-90* （输入 *E* 点相对于 *D* 点的相对直角坐标）

*指定下一点或[闭合(C)/放弃(U)]：@-45，0* （输入 *F* 点相对于 *E* 点的相对直角坐标）

*指定下一点或[闭合(C)/放弃(U)]：@0，90* （输入 *G* 点相对于 *F* 点的相对直角坐标）

*指定下一点或[闭合(C)/放弃(U)]：@-45，0* （输入 *H* 点相对于 *G* 点的相对直角坐标）

*指定下一点或[闭合(C)/放弃(U)]：C* （连接 *H* 点、*A* 点，闭合 T 形）

方法二：利用相对极坐标绘制。

步骤 1)、2）与方法一相同，步骤 3）不同，应为利用相对极坐标绘制 T 形。

3）利用相对极坐标绘制 T 形。

*命令：_ line 指定第一点：*（单击绘图工具栏中 按钮，然后在屏幕任意位置拾取 *A* 点）

*指定下一点或[放弃(U)]：@135<0* （输入 *B* 点相对于 *A* 点的相对极坐标）

*指定下一点或[放弃(U)]：@-45<90* （输入 *C* 点相对于 *B* 点的相对极坐标）

*指定下一点或[闭合(C)/放弃(U)]:@-45<0* （输入 *D* 点相对于 *C* 点的相对极坐标）

*指定下一点或[闭合(C)/放弃(U)]:@-90<90* （输入 *E* 点相对于 *D* 点的相对极坐标）

*指定下一点或[闭合(C)/放弃(U)]:@-45<0* （输入 *F* 点相对于 *E* 点的相对极坐标）

*指定下一点或[闭合(C)/放弃(U)]:@90<90* （输入 *G* 点相对于 *F* 点的相对极坐标）

*指定下一点或[闭合(C)/放弃(U)]:@-45<0* （输入 *H* 点相对于 *G* 点的相对极坐标）

*指定下一点或[闭合(C)/放弃(U)]:C* （连接 *H* 点、*A* 点，闭合 T 形）

## 四、操作提示

1）绘制直线是最基本也是最简单的操作。绘制直线的关键是确定端点的位置（坐标），可以直接用鼠标拾取点，也可以用相对坐标或绝对坐标确定点，还可以用动态输入功能确定点。

2）这几种定点的方法可根据绘制的实际选择使用，既可只使用一种定点方法，也可混合使用，用户可根据自己的习惯或熟练程度自由选择。

## 五、结束任务

T 形绘制完成后，检查自己绘制的图形是否符合要求，并对自己的绘图练习进行评价。

## 拓展提高

### 一、动态输入

AutoCAD 中绘图方法十分灵活。例如，在绘制 T 形时，上面使用了相对直角坐标和相对极坐标，也可使用绝对坐标，只是使用绝对坐标时要进行坐标换算，显得繁琐一些。使用动态输入功能可以在工具栏提示中输入坐标值，而不必在命令行中输入，光标旁边显示的工具栏提示信息将随着光标的移动而动态更新。当某个命令处于活动状态时，可以在工具栏提示中输入值。

#### 1. 启用指针输入

在【草图设置】对话框的【动态输入】选项卡中，选中【启用指针输入】复选框可以启用指针输入功能。可以在【指针输入】选项组中单击【设置】按钮，使用打开的【指针输入设置】对话框设置指针的格式和可见性。

#### 2. 启用标注输入

在【草图设置】对话框的【动态输入】选项卡中，选中【可能时启用标注输入】复选框可以启用标注输入功能。在【标注输入】选项组中单击【设置】按钮，使用打开的【标注输入的设置】对话框可以设置标注的可见性。

#### 3. 显示动态提示

在【草图设置】对话框的【动态输入】选项卡中，选中【动态提示】选项组中的【在十字光标附近显示命令提示和命令输入】复选框，可以在光标附近显示命令提示。

动态输入可以完全取代 AutoCAD 传统的命令行，为用户提供了一种全新的操作体验，它通过辅助工具栏上的按钮控制。动态输入特性也体现了面向图元对象的概念，用动态输入代替命令行，可以使用户的注意力不必下移到绘图区的下面，直接在图元的位置就可以输入、显示、回应在执行 AutoCAD 命令过程中的交互要求，利用好这一特性对提高绘图效率有很大帮助。

### 二、用动态输入功能绘制 T 形

首先，单击状态栏上的【动态输入】按钮，或按<F12>键；然后，使用直线命令绘制 T 形，在绘制中一定要将橡皮筋线沿直线绘制方向拉伸。详细操作步骤如图 2-2 所示。

*命令：_ line 指定第一点：*  
*指定下一点或[放弃(U)]:135*  
*指定下一点或[放弃(U)]:45*  
*指定下一点或[闭合(C)/放弃(U)]:45*  
*指定下一点或[闭合(C)/放弃(U)]:90*  
*指定下一点或[闭合(C)/放弃(U)]:45*  
*指定下一点或[闭合(C)/放弃(U)]:90*  
*指定下一点或[闭合(C)/放弃(U)]:45*  
*指定下一点或[闭合(C)/放弃(U)]:C*

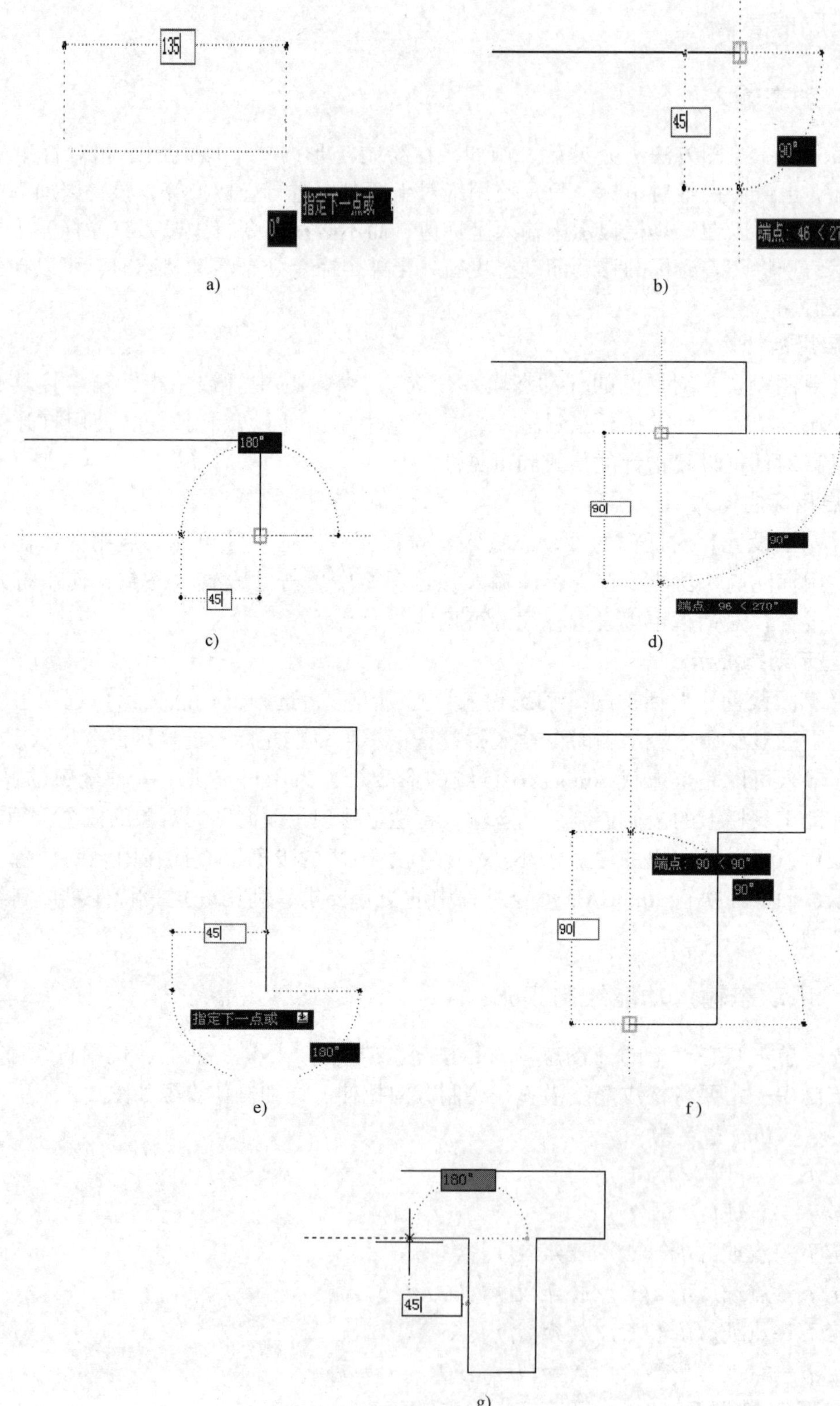


图 2-2　动态输入绘制 T 形

## 实战演练

如图 2-3 所示，用相对直角坐标法、相对极坐标法和动态输入法绘制该图形，不标注尺寸。

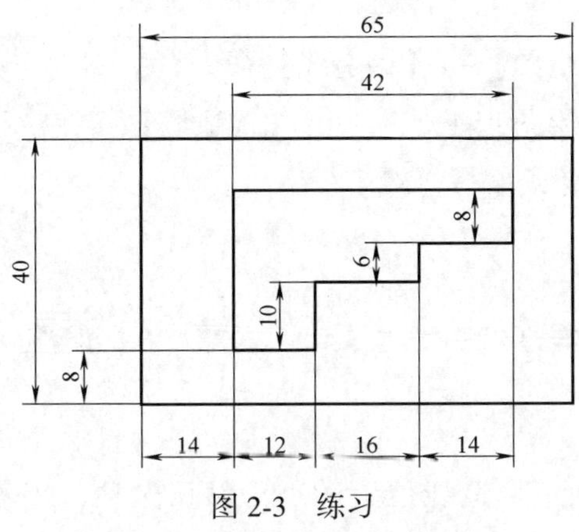

图 2-3　练习

# 任务二　三角形的绘制

## 学习目标

❖掌握使用直线命令绘制直线和使用极轴追踪绘制斜线。

❖掌握特殊点的捕捉方法。

❖了解构造线命令和查询工具的使用方法。

## 任务描述

如图 2-4 所示，$\angle BAC=60°$，$\angle ABC=45°$，$AB=100$mm，根据这些条件绘制出$\triangle ABC$，并作$\angle BAC$ 角平分线，作 $AC$ 边的垂线 $BE$，作 $AB$ 边上的中线 $CF$。根据条件，可辅助使用极轴追踪和对象捕捉追踪绘制$\triangle ABC$，使用构造线命令绘制角平分线，使用对象捕捉绘制中线和垂线。

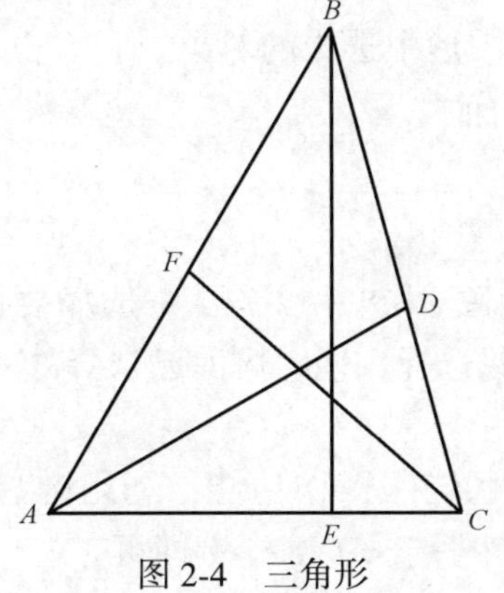


图 2-4　三角形

## 知识链接

### 一、构造线命令

**1. 操作方法**

（1）菜单栏　选择【绘图】→【构造线】命令。

（2）工具栏　单击【绘图】工具栏中的【构造线】按钮。

（3）命令行　XLINE（或缩写：XL）。

**2. 操作方法**

*命令：_ xline*

*指定点或[水平(H)/垂直(V)/角度(A)/二等分(B)/偏移(O)]：*(选择相关的选项)

*指定通过点：*

**3. 选项说明**

1）指定点：指定已确定构造线位置的点为默认选项，接着指定构造线的通过点，这时，系统将通过这两点创建构造线。

2）水平方式（H）：绘制通过指定点的水平构造线。

3）垂直方式（V）：绘制通过指定点的垂直构造线。

4）角度方式（A）：绘制与 *X* 轴正方向成指定角度的构造线。

5）二等分方式（B）：绘制角的平分线。执行该选项后，用户输入角的顶点、角的起点和角的终点。输入三点后，即可画出过角顶点的角平分线。

6）偏移方式（O）：绘制与指定直线平行的构造线。执行该选项后，给出偏移距离或指定通过点，即可画出与指定直线相平行的构造线。该选项的功能与【修改】中的【偏移】功能相同。

### 二、删除对象的常用方法

在 AutoCAD 中，对于图形不需要的对象，既可用 AutoCAD 删除功能删除，也可用 Windows 系统的删除功能进行删除，常用方法如下：

**1. 用删除命令或工具栏按钮删除**

（1）操作方法　选择【修改】→【删除】命令（ERASE），或者在修改工具栏中单击【删除】按钮，都可以删除图形中选中的对象。

（2）操作步骤　操作步骤如下：

*命令：_ erase*

*选择对象：*

（3）操作说明　当启动删除命令后，需要先选择要删除的一个或多个对象，然后按<Enter>键或<Space>键结束对象选择，同时删除已选择的对象。

**2. 用<Delete>键删除**

AutoCAD 还支持 Windows 系统的操作功能，利用键盘上<Delete>键也可以删除图形对象。首先选中要删除的对象，然后按<Delete>键即可。

### 3. 全部清除

若要全部清除 AutoCAD 绘图区的图形对象，可以同时按下<Ctrl+A>组合键全选图形，然后选择【编辑】→【清除】命令，或执行 ERASE 命令，也可按下<Delete>键。

## 任务实施

### 一、准备工作

1）上课前仔细阅读本任务的内容。

2）复习直线的绘制方法。

### 二、任务分析

1）本任务是用构造线帮助绘制三角形的角平分线、边的垂线和边的中线。在绘制过程中用到了前面所学的直线知识。

2）绘制中用到了构造线中的二等分命令、垂直命令等。

### 三、操作步骤

#### 1. 设置绘图单位

单击【格式】→【单位】。在弹出的【图形单位】对话框中设置长度、角度单位等。

#### 2. 设置绘图幅面为 210mm×297mm

*命令：' _ limits*　　（选择【格式】→【图形界限】命令）

*重新设置模型空间界限：*

*指定左下角点或[开(ON)/关(OFF)]<0,0>：*　　（输入图形界限左下角点的坐标按<Enter>键）

*指定右上角点 <420.0000，297.0000>：210，297*　　（输入图形界限右上角点的坐标）

#### 3. 设置绘图幅面充满屏幕

*命令：zoom*　　（启动缩放命令）

*指定窗口的角点，输入比例因子（nX 或 nXP），或者[全部(A)/中心(C)/动态(D)/范围(E)/上一个(P)/比例(S)/窗口(W)/对象(O)]<实时>：A*

（在当前视口中显示整个图形）

#### 4. 设置极轴追踪增量角和对象捕捉模式

右击状态栏上的【极轴追踪】按钮，在弹出的快捷菜单中选择【设置】命令，弹出【草图设置】对话框，在极轴追踪选项卡中设置增量角为 15°，并启用极轴追踪功能。在对象捕捉选项卡中选中【端点】模式，并启用对象捕捉和对象捕捉追踪，最后单击【确定】按钮。

#### 5. 绘制△ABC

*命令：_ line 指定第一点：*　　（启用直线命令，在绘图区指定任意一点为点 A）

*指定下一点或[放弃(U)]：100*　　（如图 2-5a 所示，调整光标位置，系统会出现一条 60°追踪的辅助虚线，输入 AB 长度为 100mm）

*指定下一点或[放弃(U)]:*　　(如图2-5b所示，先捕捉端点，然后把鼠标向右移动到图2-5c所示的位置，选取该点，注意角度)

*指定下一点或[闭合(C)/放弃(U)]:C*　　(闭合该三角形，如图2-5d所示)

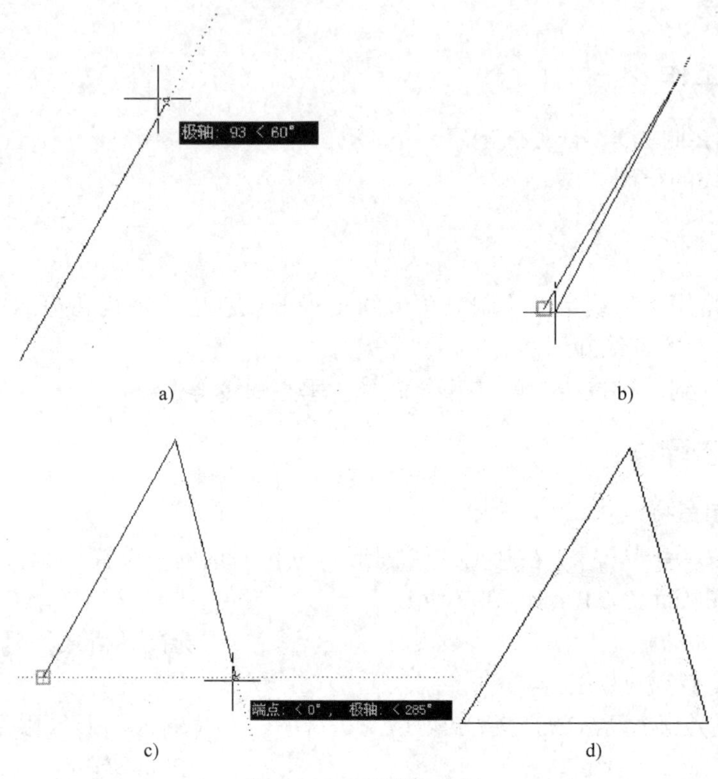


a)　b)　c)　d)

图2-5　三角形的绘制

**6. 绘制△ABC的∠BAC的角平分线AD**

*命令:_ xline 指定点或[水平(H)/垂直(V)/角度(A)/二等分(B)/偏移(O)]:B*

(选择二等分方式)

*指定角的顶点:*　(捕捉A点)

*指定角的起点:*　(捕捉B点)

*指定角的端点:*　(捕捉C点)

*指定角的端点:*　(回车完成构造线的绘制。也可再指定端点，连续等分若干角)

接下来，用对象捕捉功能和直线命令连接A点和构造线与BC边的交点D，方法如下：

*命令:_ line 指定第一点:*　　(捕捉A点)

*指定下一点或[放弃(U)]:_ int 于*　　(打开对象捕捉快捷菜单，选择交点命令，捕捉构造线与BC的交点，拾取捕捉到的交点)

*指定下一点或[放弃(U)]:*　　(按<Enter>键结束直线命令)。

再删除刚才绘制的构造线，即可完成角平分线AD的绘制。

*命令:_ erase*　　(启用【删除】命令)

*选择对象:找到1个*　　(选择构造线)

*选择对象：*　　　　　　　　　　　　（按<Enter>键删除构造线）

**7. 绘制高 *BE* 和中线 *CF***

分别捕捉端点、垂足和中点，再用直线命令绘制高 *BE* 和中线 *CF*。

## 四、操作提示

1）在 AutoCAD 2014 中，单击状态栏的【动态输入】按钮追踪相应角度来画直线，单击状态栏中的【正交】按钮可以画水平线和垂直线。

2）使用极轴追踪是绘制斜线最常用的方法，其关键在于设置一个合适的增量角。

3）使用对象捕捉可以迅速定位对象上一些特殊点的精确位置，而不必知道其坐标或绘制构造线作辅助线。同时使用对象捕捉和对象追踪（即对象捕捉追踪功能），可以确定由两个特殊点的延长线而定位的点的位置。

## 五、结束任务

本任务是利用构造线的知识来绘制角平分线、垂直线和中线等，绘制完成后对自己的学习进行评价。在绘制直线时也可用输入坐标的方式来绘制，特别是相对坐标的方法。

# 拓展提高

## 一、查询工具

在 AutoCAD 中，查询工具是进行计算机辅助设计的重要工具。利用查询工具可以获取相应的信息，如点的坐标、距离、面积等。用户也可以通过列表命令获取图形对象详尽的数据库信息。

查询工具的调用既可通过菜单命令，也可通过查询工具栏上的工具按钮，如图 2-6 所示。

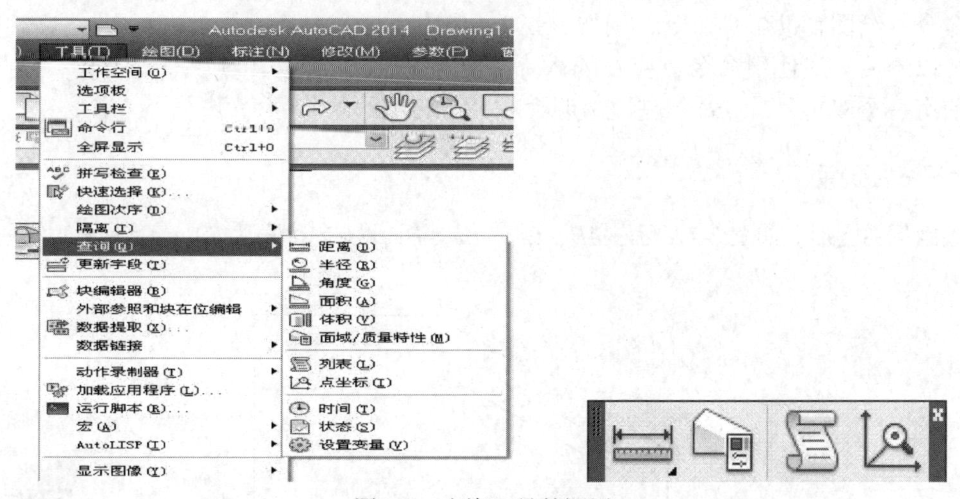


图 2-6　查询工具的调用

**1. 获取点坐标**

点坐标（ID）命令用来测量点的绝对坐标，并将该坐标点显示在命令文本窗口中。

*命令：'_ id*　　　　（调用点坐标命令）

*指定点:*　　　　　(拾取要查询坐标的点)

**2. 测量距离和角度**

距离命令用来测量任意两点间的距离和角度，操作步骤如下：

*命令: _ MEASUREGEOM*　　　　(调用距离命令)

*输入选项［距离(D)/半径(R)/角度(A)/面积(AR)/体积(V)］<距离>:*

(输入距离或者角度)

拾取点的顺序不同，将直接导致测量结果的不同。

**3. 计算面积和周长**

面积（AREA）命令可以计算一系列指定点之间的面积和周长，或计算多种对象的面积和周长。此外，该命令还可使用加模式和减模式来计算组合面积。在计算某对象的面积和周长时，如果该对象不是封闭的，则系统在计算面积时认为该对象的第一点和最后一点间通过直线进行封闭；在计算周长时则为对象的实际长度，而不考虑对象的第一点和最后一点间的距离。

*命令: _ MEASUREGEOM*

*输入选项［距离(D)/半径(R)/角度(A)/面积(AR)/体积(V)］<距离>:*(输入面积)

**4. 列出对象的图形信息**

列表显示（LIST）命令用来显示对象的数据库信息，如图层（Layer）、句柄（Handle）等。此外，根据选定对象的不同，该命令还将给出相关的附加信息。

*命令: _ list*　　　　(调用列表显示命令)

*选择对象:*　　　　(选择要查询的图形对象，也可以选择多个对象)

## 二、透明命令

透明命令是指在执行其他命令的过程中可以执行的命令。常使用的透明命令多为环境的设置命令、绘图辅助工具命令，例如SNAP、GRID、ZOOM等。

要以透明方式使用命令，应在输入命令之前输入单引号（'）。命令行中，透明命令的提示前有一个双折号（>>）。完成透明命令后，将继续执行原命令。

## 实战演练

绘制下面图形，如图2-7所示，*AB*、*CD*、*EF*与水平方向夹角为30°，*BC*、*ED*均垂直于*CD*。

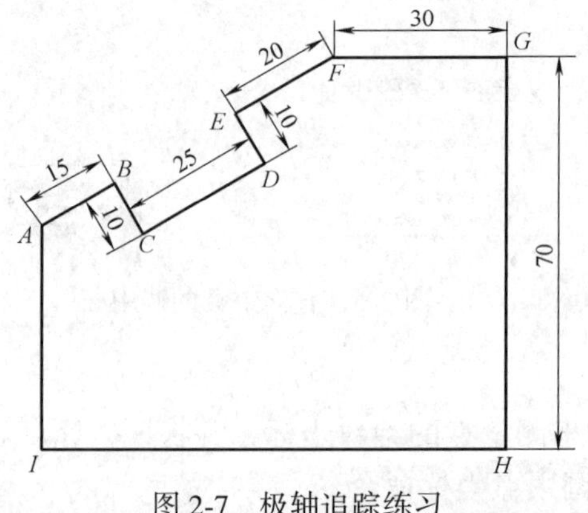


图2-7　极轴追踪练习

# 任务三 矩形的绘制

## 学习目标

❖掌握矩形命令的使用方法，学会绘制倒角矩形、圆角矩形等。

❖掌握追踪辅助命令 From 在具体绘图中的运用。

❖了解分解命令的功能和使用方法。

## 任务描述

如图 2-8 所示，绘制一个 120mm×90mm 的矩形，其角点 *A* 的坐标为（20，40）；再绘制一个 80mm×50mm 的矩形，其位置如图所示。两个矩形均可用矩形命令绘制，小矩形与大矩形的位置关系用 From 命令来确定。

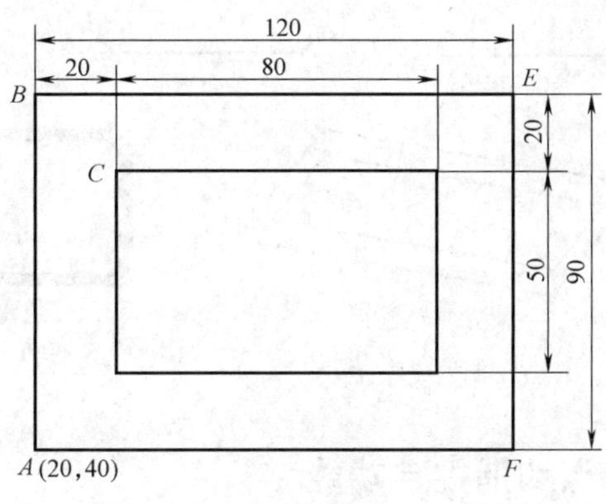


图 2-8 矩形

## 知识链接

### 一、矩形命令

**1. 操作方法**

（1）菜单栏 选择【绘图】→【矩形】命令。

（2）工具栏 单击【绘图】工具栏中的【矩形】按钮。

（3）命令行 RECTANG（或缩写：REC）。

**2. 操作步骤**

*命令：_ rectang*

*指定第一个角点或[倒角(C)/标高(E)/圆角(F)/厚度(T)/宽度(W)]：*

*指定另一个角点或[面积(A)/尺寸(D)/旋转(R)]：*

**3. 选项说明**

在绘制矩形时仅需要提供对角线的两个端点坐标即可。选择对角端点时，没有方向的限制，可以从左到右，也可以从右到左。使用矩形命令可绘制出倒角矩形、圆角矩形、有厚度的矩形等多种矩形，如图 2-9 所示。这些矩形可通过设置以下选项来绘制：

1）倒角（C）：该选项用于确定矩形的倒角。

2）圆角（F）：该选项用于确定矩形的圆角。

3）宽度（W）：该选项用于确定矩形的线宽。

4）标高（E）：该选项用于指定矩形所在平面的高度。

5）厚度（T）：该选项用于指定矩形的厚度。

在指定了第一角点后，还可以设置以下选项：

6）面积（A）：指定矩形的面积和一条边。

7）尺寸（D）：指定矩形的长度和宽度。

8）旋转（R）：输入旋转角度或指定两点绘制一个旋转矩形。

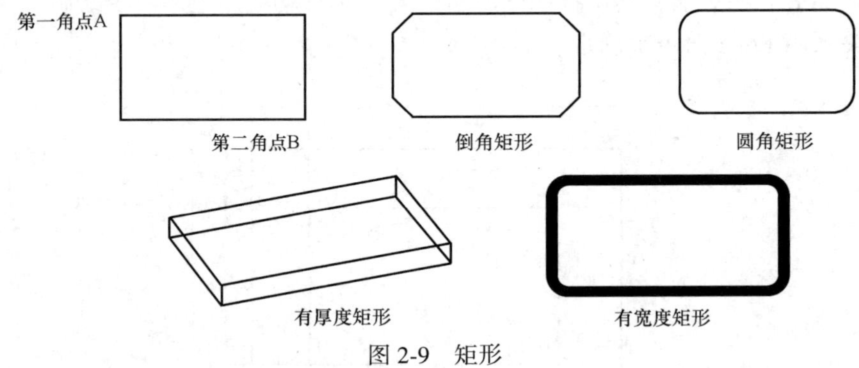


图 2-9　矩形

## 二、使用临时追踪点和捕捉自功能

在对象捕捉工具栏中，还有两个非常有用的对象捕捉工具，即临时追踪点和捕捉自功能。

**1. 临时追踪点工具**

可在一次操作中创建多条追踪线，并根据这些追踪线确定所要定位的点。

**2. 捕捉自工具**（From）

在利用相对位置指定下一个应用点时，使用捕捉自工具可以提示输入基点，并将该点作为临时参照点，这与通过输入前缀@，使用最后一个点作为参照点类似。它虽然不是对象捕捉模式，但经常与对象捕捉一起使用。

自临时参照点偏移（From）的使用方法：在指定点提示下，输入 From 命令，然后输入临时参照或基点（可以指定自该基点的偏移以定位下一点）。输入自该基点的偏移位置作为相对坐标，或使用直接距离输入定位目标点。

**小技巧**

RECTANG 命令具有继承性。当用户绘制矩形时设置的各项参数始终起作用，直至修改某个参数或重新启动 AutoCAD。

## 任务实施

### 一、准备工作

1）上课前仔细阅读本任务的内容。

2）复习绝对坐标和相对坐标的知识。

### 二、任务分析

1）本任务是用矩形命令绘制图形，在绘制过程中用到了坐标的知识。

2）在绘制小矩形时，利用 From 命令来确定第一角点。

### 三、操作步骤

**1. 设置绘图单位、绘图幅面**

**2. 通过二角点坐标绘制 120mm×90mm 的矩形**

*命令：_ rectang*　（启动矩形命令）

*指定第一个角点或［倒角(C)/标高(E)/圆角(F)/厚度(T)/宽度(W)］：20，40*

（输入 *A* 点坐标）

*指定另一个角点或[面积(A)/尺寸(D)/旋转(R)]：@120，90*

（输入 *E* 点相对于 *A* 点的相对直角坐标）

**3. 通过尺寸绘制 80mm×50mm 的矩形**

*命令：_ rectang*　（启动矩形命令）

*指定第一个角点或［倒角(C)/标高(E)/圆角(F)/厚度(T)/宽度(W)］：from*

（输入捕捉自命令 From）

*基点：*　（选择 *B* 点为基点）

*<偏移>：@20，-20*　（输入偏移坐标）

*指定另一个角点或［面积(A)/尺寸(D)/旋转(R)］：d*　（选择尺寸选项）

*指定矩形的长度 <10.0000>：80*　（输入矩形的长度为 80mm）

*指定矩形的宽度 <10.0000>：50*　（输入矩形的宽度为 50mm）

*指定另一个角点或［面积(A)/尺寸(D)/旋转(R)］：*　（移动光标，指定右下角点）

### 四、操作提示

1）用矩形命令除了可绘制一般的矩形外，还可绘制带倒角、圆角的矩形。

2）利用相对位置指定下一个应用点时，使用 From 命令很方便。但应注意的是，它要在命令提示定点时才可使用，单独使用不起作用。

3）当要对组合对象的单个元素进行编辑时，应先使用分解命令进行分解。

### 五、结束任务

通过这次学习，检查自己是否掌握了本任务要求学习的内容，重点是 From 命令的使用，并对自己的绘图学习进行评价，以便更好地掌握所学的知识。

## 拓展提高

### 一、用直线命令绘制长方形

用直线命令绘制图2-8中的大矩形，操作步骤如下：

*命令：_ line*　　　　　　　　　　　　　（选择直线命令）

*指定第一点：20，40*　　　　　　　　　（输入*A*点坐标）

*指定下一点或[放弃(U)]：@0，90*　　　（输入*B*点相对于*A*点相对直角坐标）

*指定下一点或[放弃(U)]：@120，0*　　　（输入*E*点相对于*B*点相对直角坐标）

*指定下一点或［闭合(C)/放弃(U)］：@0，-90*（输入*F*点相对于*E*点相对直角坐标）

*指定下一点或［闭合(C)/放弃(U)］：C*　　（闭合图形）

### 二、分解命令

分别选中用直线命令和矩形命令绘制的矩形，可以看到其对象的组成情况不同。用直线命令绘制的矩形是由四条直线（即四个对象）组成的，而用矩形命令绘制的矩形是一个对象，在AutoCAD中矩形是一种封闭的多段线对象。

用矩形命令绘制的矩形是一个对象，如果需要对其中某一条直线进行编辑，就需要用分解命令将它分解开。下面介绍分解命令的调用方法、功能及操作：

**1. 命令的调用方法**

（1）菜单栏　选择【修改】→【分解】命令。

（2）工具栏　单击【修改】工具栏中 的【分解】按钮 。

（3）命令行　EXPLODE（或缩写：X）。

**2. 功能**

将组合对象如多段线、尺寸、填充图案及块等，分解为单个元素，以便对这些元素进行编辑操作。

### 三、绘制带倒角、圆角的矩形（图2-10）

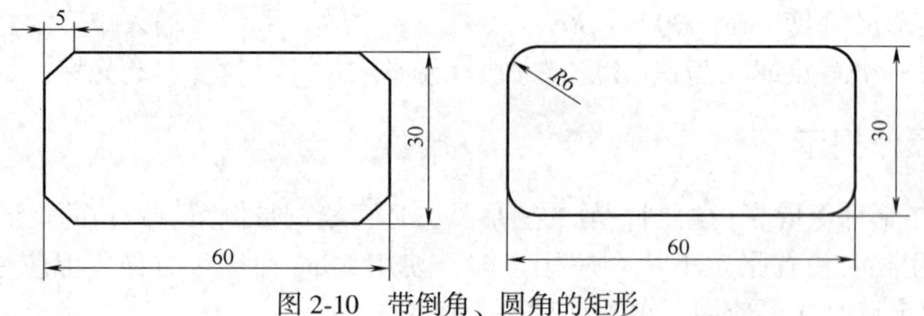


图2-10　带倒角、圆角的矩形

**1. 绘制带倒角的矩形**

*命令：_ rectang*　　　　　　　　　　（启动矩形命令）

*指定第一个角点或［倒角(C)/标高(E)/圆角(F)/厚度(T)/宽度(W)］：C*

（选择倒角选项）

*指定矩形的第一个倒角距离 <0>：5*（输入矩形的第一个倒角距离为5mm）

*指定矩形的第二个倒角距离 <5>:*　　（按回车，确认矩形的第二个倒角距离也为 5mm）
*指定第一个角点或［倒角(C)/标高(E)/圆角(F)/厚度(T)/宽度(W)］:*
（移动光标，在合适位置拾取一点，作为左下角点）
*指定另一个角点或［面积(A)/尺寸(D)/旋转(R)］: @60, 30*
（输入右上角点的相对坐标）

**2. 绘制带圆角的矩形**

*命令: _ rectang*　　（启动矩形命令）
*当前矩形模式: 倒角=5×5*　　（延续前面的倒角设置）
*指定第一个角点或［倒角(C)/标高(E)/圆角(F)/厚度(T)/宽度(W)］: F*
（选择圆角选项）
*指定矩形的圆角半径 <5>: 6*　　（输入矩形的圆角半径为 6mm）
*指定第一个角点或［倒角(C)/标高(E)/圆角(F)/厚度(T)/宽度(W)］:*
（移动光标，在合适位置拾取一点，作为左下角点）
*指定另一个角点或［面积(A)/尺寸(D)/旋转(R)］: @60, 30*
（输入右上角点的相对坐标）

## 实战演练

绘制床平面简图，如图 2-11 所示。用 1500mm×2000mm 的矩形表示床平面图的外框，用 500mm×500mm 的矩形表示床头柜，床头柜距床左上角端点、右上角端点均为 100mm。

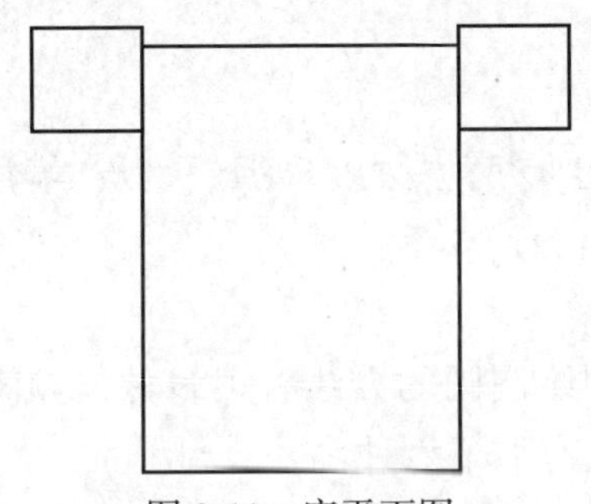

图 2-11　床平面图

# 任务四　压盖的绘制

## 学习目标

- ❖掌握绘制圆的方法。
- ❖掌握使用图层管理图形对象的方法。
- ❖掌握绘制圆的切线的方法。

## 任务描述

压盖的绘制主要使用直线命令和圆命令。为方便图形的管理，可对中心线和轮廓线分别

建立不同的图层，压盖的样式及尺寸如图 2-12 所示。

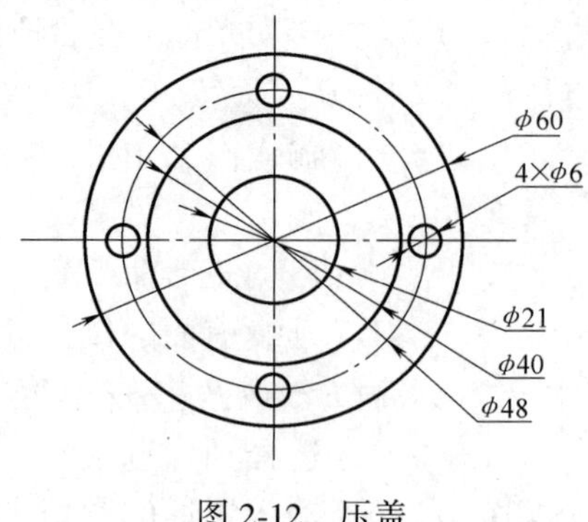


图 2-12　压盖

## 知识链接

圆命令的相关内容如下：

**1. 操作方法**

（1）菜单栏　选择【绘图】→【圆】命令。

（2）工具栏　单击【绘图】工具栏中【圆】按钮 。

（3）命令行　CIRCLE（或缩写：C）。

**2. 操作步骤**

*命令：_ circle*

*指定圆的圆心或[三点(3P)/两点(2P)/切点、切点、半径(T)]：*

*指定圆的半径或［直径（D）］：*

**3. 选项说明**

从命令行的提示可以看到绘制圆的方法有很多种，如图 2-13 所示。默认的是给出圆心和半径绘制圆。绘制圆的方法有如下六种：

1）圆心、半径（R）：圆心配合半径决定圆，如图 2-13a 所示。AutoCAD 提示给定圆心和半径。

2）圆心、直径（D）：圆心配合直径决定圆，如图 2-13b 所示。AutoCAD 提示给定圆心和直径。

3）三点（3P）：三点决定圆，如图 2-13c 所示。AutoCAD 提示输入三点，创建通过三个点的圆。

4）两点（2P）：用直径的两个端点决定圆，如图 2-13d 所示。AutoCAD 提示输入直径的两个端点。

5）相切、相切、半径（T）：与两对象相切配合半径决定圆，如图 2-13e 所示。AutoCAD 提示选择两物体，并要求输入半径。

6）相切、相切、相切：是 3 点绘圆的扩展，通过依次指定与圆相切的 3 个对象来绘制圆，在绘图菜单下的绘制圆的级联菜单有此选项，如图 2-13f 所示。

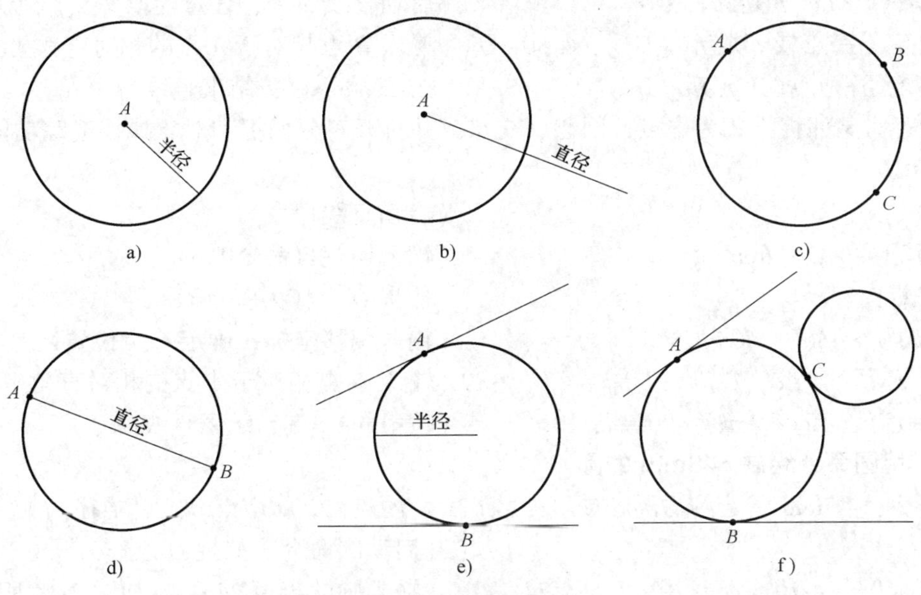


图 2-13　绘制圆的方法

a）已知圆心和半径画圆　b）已知圆心和直径画圆　c）已知圆上三点画圆

d）已知直径的两端点画圆　e）已知两切点和半径画圆　f）已知三相切点画圆

## 任务实施

### 一、准备工作

1）上课前仔细阅读本任务的内容。

2）复习图层、线型等操作。

### 二、任务分析

1）压盖图形由几个圆组成，各个圆以不同的线型显示。

2）同心圆的绘制，只需改变半径即可。

### 三、操作步骤

#### 1. 创建新图层

1）创建点画线图层，设置颜色为红色，线型为 Center。

单击图层工具栏上的【图形特性管理器】按钮，启动图层命令，打开【图形特性管理】器对话框，单击对话框中的【新建图层】按钮，选择该图层颜色为红色，加载线型为 Center。

2）创建粗实线图层，设置颜色为蓝色，线型为 Continuous，线宽为 0. 3mm。

#### 2. 将点画线图层设置为当前层

单击图层管理器列表框右侧的按钮，从中选择“点画线”选项即可。

#### 3. 绘制中心线

用直线命令绘制压盖的中心线 $AB$、$CD$。

*命令：_line 指定第一点：* （启动直线命令，任意拾取一点作为 *A* 点）
*指定下一点或［放弃（U）］：@80，0* （输入 *B* 点相对于 *A* 点的相对直角坐标）
*指定下一点或［放弃（U）］：* （按<Enter>键，结束直线命令）

设置对象捕捉模式为中点、圆心、交点，并打开对象捕捉和对象捕捉追踪功能，画垂直中心线 *CD*。

*命令：_line* （启动直线命令）
*指定第一点：from* （输入捕捉自命令 From）
*基点：* （捕捉 *O* 点作为基点）
*<偏移>：@0，40* （输入偏移坐标，确定 *C* 点位置）
*指定下一点或［放弃（U）］：@0，-80* （输入 *D* 点相对于 *C* 点的相对直角坐标）
*指定下一点或［放弃（U）］：* （按<Enter>键，结束直线命令）

**4. 用圆命令绘制 $\phi$48mm 的圆**

*命令：_circle 指定圆的圆心或［三点(3P)/两点(2P)/切点、切点、半径(T)］：*
（启动圆命令，捕捉 *O* 点作为圆心）
*指定圆的半径或［直径（D）］：24* （输入圆的半径 24mm，如图 2-14 所示）

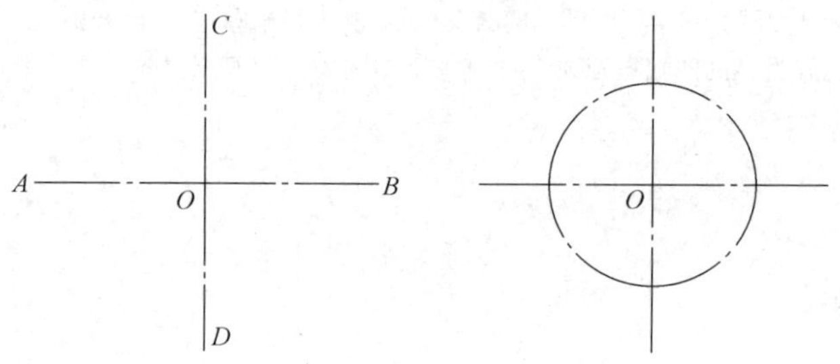


图 2-14 绘制 $\phi$48mm 的圆

**5. 将粗实线图层设为当前图层**

**6. 绘制同心圆**

用圆命令依次绘制 $\phi$21mm、$\phi$40mm、$\phi$60mm 的同心圆，如图 2-15 所示。

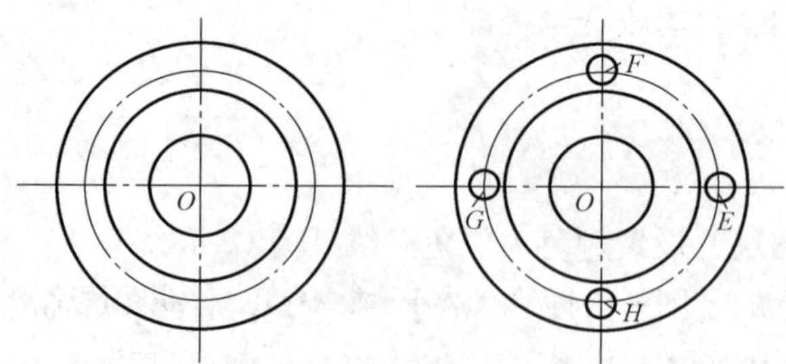


图 2-15 同心圆

*命令：_ circle 指定圆的圆心或［三点(3P)/两点(2P)/切点、切点、半径(T)］：*
（启动圆命令，捕捉 *O* 点作为圆心）
*指定圆的半径或［直径(D)］<24.0000>：30*（输入圆的半径 30mm，绘制 $\phi$60mm 的圆）
*命令：* （按<Enter>键，重复执行圆命令）

*CIRCLE 指定圆的圆心或[三点(3P)/两点(2P)/切点、切点、半径(T)]:*
（捕捉 *O* 点作为圆心）

*指定圆的半径或 [直径(D)] <30.0000>: 20*
（输入圆的半径 20mm，绘制 $\phi$40mm 的圆）

*命令:* （按<Enter>键，重复执行圆命令）

*CIRCLE 指定圆的圆心或 [三点(3P)/两点(2P)/切点、切点、半径(T)]:*
（捕捉 *O* 点作为圆心）

*指定圆的半径或[直径(D)] <20.0000>: 10.5*
（输入圆的半径 10.5mm，绘制 $\phi$21mm 的圆）

**7. 用圆命令分别绘制 4 个 $\phi$6mm 的小圆**（完成图形）

## 四、操作提示

1）相切对象可以是直线、圆、圆弧、椭圆等图线，利用相切绘制圆的方式在圆弧连接中经常使用。

2）使用“相切、相切、半径”命令时，系统总是在距拾取点最近的部位绘制相切的圆。因此，拾取相切对象时，所拾取的位置不同，最后得到的结果可能也不相同。

## 五、结束任务

通过这次学习，检查自己是否掌握了本任务的内容。对自己的绘图学习进行评价，以便更好地掌握所学的知识。

## 拓展提高

当 AutoCAD 图形需要圆弧与直线连接时，就要使用到切线。AutoCAD 绘制图形切线需要使用切点辅助命令进行捕捉。即在系统提示指定点时，按下<Ctrl>键，同时按住鼠标右键，AutoCAD 系统自动弹出捕捉特殊点快捷菜单，在该菜单中选择切点命令，然后把鼠标靠近圆形，系统就能自动捕捉直线与圆的切点位置。

## 实战演练

绘制如图 2-16 所示的图形。新建两个图层，分别绘制中心线和轮廓线，利用捕捉切点方式绘制两外圆的公切线，不要求标注尺寸。

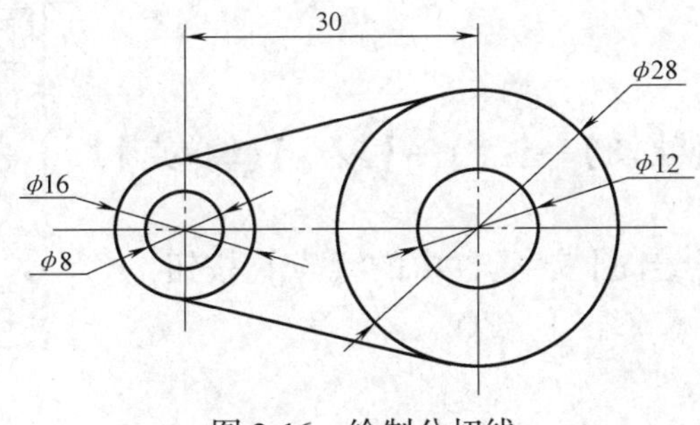

图 2-16　绘制公切线

# 任务五 五角星的绘制

## 学习目标

❖掌握点样式的设置方法。

❖掌握使用定数等分命令绘制图形。

## 任务描述

先使用定数等分命令五等分一个辅助圆，然后使用直线命令捕捉节点，连接五角星的五个角，最后删除辅助圆，就得到了五角星，如图 2-17 所示。

图 2-17 五角星

## 知识链接

### 一、点样式设置命令

**1. 操作方法**

(1) 菜单栏 选择【格式】→【点样式】命令。

(2) 命令行 DDPTYPE。

**2. 操作步骤**

*命令:'_ ddptype 正在重生成模型*

**3. 选项说明**

在执行命令后，弹出点样式对话框，如图 2-18 所示。

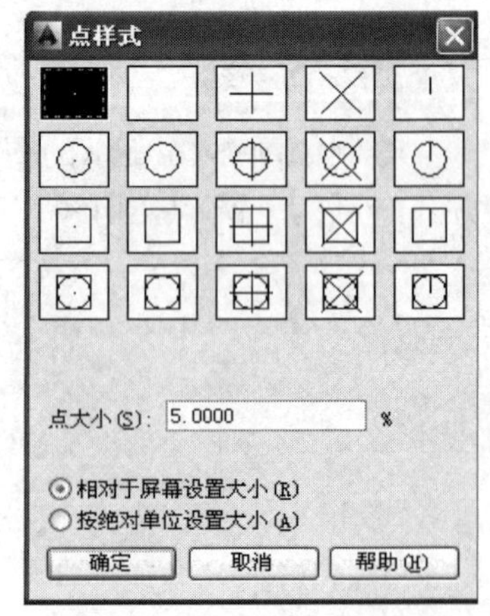


图 2-18 点样式对话框

### 二、点命令

**1. 操作方法**

(1) 菜单栏 选择【绘图】→【点】→【多点】(【单点】)命令。

(2) 工具栏 单击【绘图】工具栏中的【点】按钮·。

(3) 命令行 POINT（或缩写：PO）。

**2. 操作步骤**

*命令:_ point*

*当前点模式：　PDMODE = 34　PDSIZE = 10.0000*

*指定点：*

**3. 选项说明**

1）当前点模式：显示当前点模式及大小。

2）指定点：直接在绘图区单击或输入点坐标确定其位置。

## 三、定数等分命令

**1. 操作方法**

（1）菜单栏　选择【绘图】→【点】→【定数等分】命令。

（2）命令行　DIVIDE（或缩写：DIV）。

**2. 操作步骤**

*命令：_ divide*

*选择要定数等分的对象：*

*输入线段数目或［块（B）］：*

**3. 选项说明**

1）选择要定数等分的对象：定数等分的对象可以是直线、圆弧、样条曲线、圆、椭圆。

2）输入线段数目：指定等分数目（2~32767 之间的整数）。

3）块（B）：以块作为标记来定数等分对象。

# 任务实施

## 一、准备工作

1）上课前仔细阅读本任务的内容。

2）复习直线、捕捉等操作。

## 二、任务分析

绘制五角星是通过绘制圆，再将圆五等分，得到五个点之后，用直线连接五个点即得五角星。

## 三、操作步骤

**1. 设置点样式**

选择【格式】→【点样式】命令，在弹出的点样式对话框中选择一种点样式。

**2. 任意绘制一个圆**

*命令：_ circle 指定圆的圆心或［三点(3P)/两点(2P)/切点、切点、半径(T)］：*

（启动圆命令，任意拾取一点作为圆心）

*指定圆的半径或［直径（D）］：*　（任意指定圆的半径）

**3. 把圆周长 5 等分**

*命令：_ divide*　（选择【绘图】→【点】→【定数等分】命令）

*选择要定数等分的对象：*　（选择刚才绘制的圆）

*输入线段数目或［块（B）］：5*　（输入要等分的数目5）

**4. 设置对象捕捉为圆心和节点两种模式**

**5. 绘制五角星直线**

使用直线命令，通过捕捉节点，在5个等分点之间绘制直线。

*命令：_ line 指定第一点：*　（启动直线命令，捕捉节点A）
*指定下一点或［放弃（U）］：*　（捕捉节点B，绘制直线AB）
*指定下一点或［放弃（U）］：*　（捕捉节点C，绘制直线BC）
*指定下一点或［闭合（C）/放弃（U）］：*　（捕捉节点D，绘制直线CD）
*指定下一点或［闭合（C）/放弃（U）］：*　（捕捉节点E，绘制直线DE）
*指定下一点或［闭合（C）/放弃（U）］：*　（捕捉节点A，绘制直线EA）
*指定下一点或［闭合（C）/放弃（U）］：*　（按<Enter>键，结束直线命令）

**6. 把所有对象逆时针旋转90°**

*命令：_ rotate*　（启动旋转命令）
*UCS当前的正角方向：　ANGDIR=逆时针　ANGBASE=0*　（系统提示当前用户坐标系的角度测量方向和测量基点）
*选择对象：指定对角点：找到11个*　（用框选法选择所有的对象）
*选择对象：*　（按<Enter>键，结束对象选择）
*指定基点：*　（捕捉圆心）
*指定旋转角度，或［复制（C）/参照（R）］<90>：　90*　（指定旋转角度为90°）

**7. 将点样式改为默认**

选择【格式】→【点样式】命令，在弹出的点样式对话框中选择默认。

**8. 删除辅助圆**（图2-19）

*命令：_ erase*　（启动删除命令）
*选择对象：找到1个*　（选择圆）
*选择对象：*　（按<Enter>键，结束删除命令）

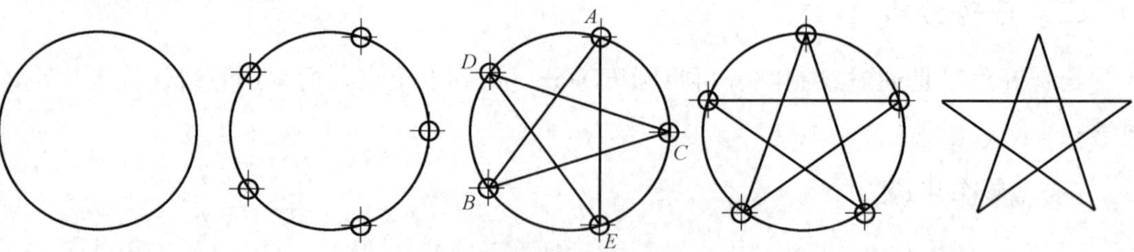


图2-19　等分圆绘制五角星

## 四、操作提示

1）使用定数等分命令和直线命令绘制五角星，并使用旋转命令调整五角星的方向。

2）学习正多边形命令后，可以通过正五边形绘制五角星。

## 五、结束任务

五角星图形绘制完成后，检查自己绘制的图形是否符合要求，对自己的绘图练习进行评价。同时，自我评价本任务中“定数等分”的掌握程度。

## 拓展提高

### 一、定距等分命令

除了上面介绍的定数等分外，有些时候用户需要对某个对象进行等距的划分，并在等分点上进行标记，如道路上的路灯、边界上的界限符号等。

**1. 操作方法**

(1) 菜单栏　选择【绘图】→【点】→【定距等分】命令。

(2) 命令行　MEASURE（或缩写：ME）。

**2. 操作分析**

将指定的对象按指定距离分为若干段，并利用点或块对象进行标识。该命令要求用户提供每段的长度，然后计算机会根据对象总长度自动计算分段数，如图 2-20 所示。

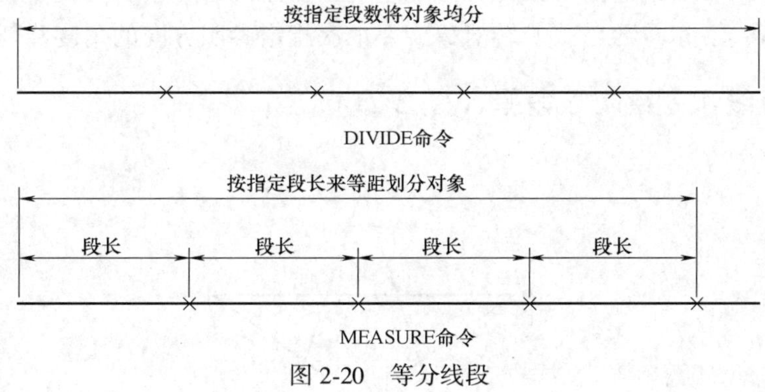


图 2-20　等分线段

**3. 操作步骤**

*命令：_ measure*

*选择要定距等分的对象：*

*指定线段长度或［块（B）］：*

**4. 选项说明**

1）选择要定距等分的对象：该对象可以是直线、圆弧、样条曲线、圆、椭圆。

2）指定线段长度：输入等分距离的长度值。

3）块（B）：以块作为标记来定距等分对象。

AutoCAD 中的等分命令并不是真的将对象等分成独立的对象，它仅仅是通过点或块来标明等分的位置。等分对象的类型不同，则定距等分或定数等分的起点也不同。直线或多段线，分段开始于距离选择点最近的端点。闭合多段线的分段开始于多段线的起点。而圆的分段起点是：以圆心为起点，当前捕捉角度为方向的捕捉路径与圆的交点。

### 二、旋转命令

**1. 命令的调用方法**

(1) 菜单栏　选择【修改】→【旋转】命令。

（2）工具栏　单击【修改】工具栏中的【旋转】按钮。

（3）命令行　ROTATE（或缩写：RO）。

**2. 操作步骤**

*命令：_ rotate*

*UCS 当前的正角方向：　ANGDIR=逆时针　ANGBASE=0*

*选择对象：*

*指定基点：*

*指定旋转角度，或[复制(C)/参照(R)]：*

**3. 选项说明**

1）选择对象：选择要旋转的对象时，可以依次选择多个对象。

2）指定旋转角度，如果直接输入角度值，则可以将对象绕基点转动该角度，角度为正时逆时针旋转，角度为负时顺时针旋转。

3）复制（C）：将选定的对象旋转指定角度，并保留原对象。

4）参照（R）：以参照方式旋转对象，要依次指定参照方向的角度和新角度。

## 三、用直线命令绘制五角星（图2-21）。

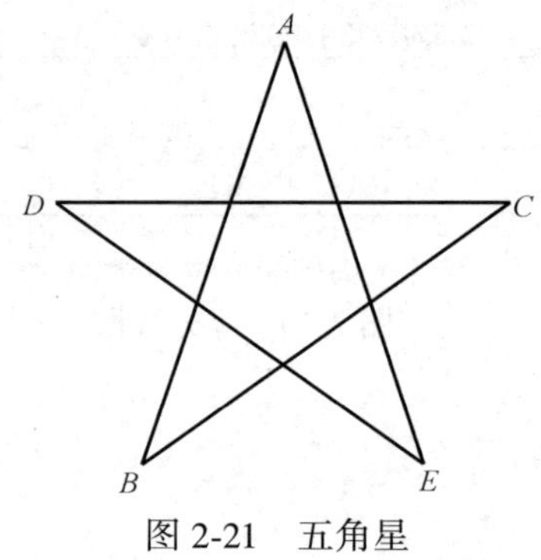


图2-21　五角星

| | |
|---|---|
| *命令：_ line 指定第一点：200，200* | （输入 A 点绝对坐标） |
| *指定下一点或［放弃（U）］：@95<252* | （输入 B 点相对于 A 点的相对极坐标） |
| *指定下一点或［放弃（U）］：247.553，165.451* | （输入 C 点绝对坐标） |
| *指定下一点或［闭合(C)/放弃(U)］：@-95<0* | （输入 D 点相对于 C 点的相对极坐标） |
| *指定下一点或［闭合(C)/放弃(U)］：229.389，109.549* | （输入 E 点绝对坐标） |
| *指定下一点或［闭合(C)/放弃(U)］：C* | （封闭五角星，结束直线命令） |

### 实战演练

如图2-22所示，将任意已知角三等分。

提示：以角的顶点为圆心任意绘制一个辅助圆弧，然后对圆弧进行三等分。

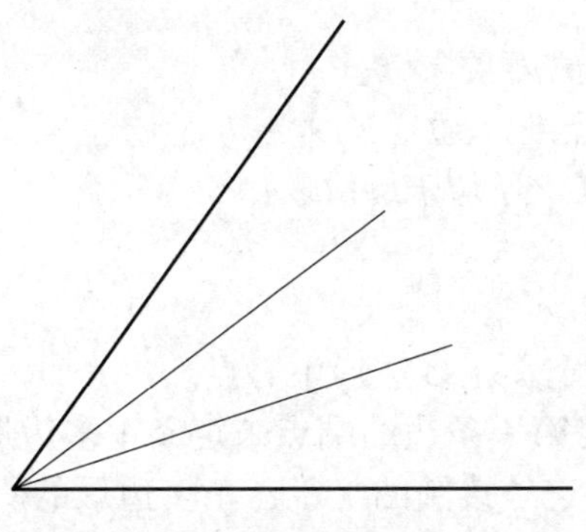

图 2-22　任意已知角三等分

## 任务六　六角螺母俯视图的绘制

### 学习目标

❖掌握圆和正多边形命令的使用方法。

❖正确理解并使用圆和正多边形命令的各个选项。

### 任务描述

六角螺母俯视图由正六边形、圆及一个 3/4 圆组成，如图 2-23 所示。

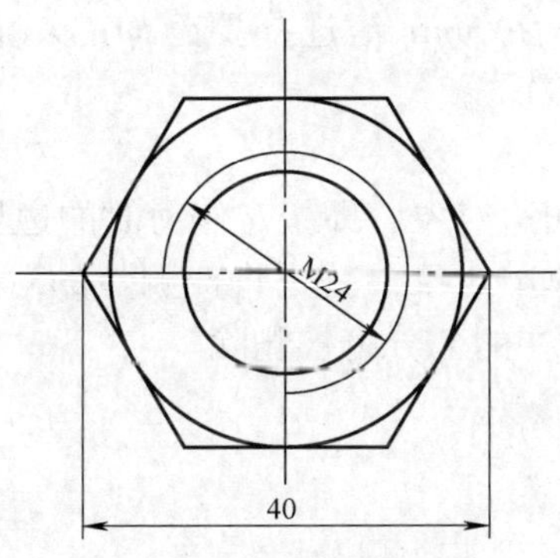


图 2-23　六角螺母俯视图

### 知识链接

#### 一、正多边形命令

**1. 操作方法**

（1）菜单栏　选择【绘图】→【多边形】命令。

（2）工具栏　单击【绘图】工具栏中的【多边形】按钮⬠。

（3）命令行　POLYGON（或缩写：POL）。

**2. 操作步骤**

*命令：_ polygon 输入侧面数 <4>：*

*指定正多边形的中心点或［边（E）］：*

*输入选项［内接于圆(I)/外切于圆(C)］<I>：*

*指定圆的半径：*

**3. 选项说明**

1）正多边形中心点：定义正多边形中心点。

2）边（E）：通过指定第一条边的端点来定义正多边形。

3）内接于圆（I）：指定外接圆的半径，正多边形的所有顶点都在此圆周上。

4）外切于圆（C）：指定内切圆的半径（从正多边形中心点到各边中点的距离）。

## 二、修剪命令

**1. 操作方法**

（1）菜单栏　选择【修改】→【修剪】命令。

（2）工具栏　单击【修改】工具栏中的【修剪】按钮。

（3）命令行　TRIM（或缩写：TR）。

**2. 操作步骤**

*命令：_ trim*

*当前设置：投影=UCS，边=延伸*

*选择剪切边...*

*选择对象或 <全部选择>：*

*选择要修剪的对象，或按住 Shift 键选择要延伸的对象，或［栏选(F)/窗交(C)/投影(P)/边(E)/删除(R)/放弃(U)*

**3. 选项说明**

1）选择剪切边：指定剪切边对象，即指定修剪时的边界。

2）要修剪的对象：指定修剪对象，就是将被删除的对象。注意对象被剪切边对象分为若干段，选择对象时拾取点所在的部分将被删除。

# 任务实施

## 一、准备工作

1）上课前仔细阅读本任务的内容。

2）复习直线、圆形、图层等操作。

## 二、任务分析

六角螺母图形由正六边形和圆以相切的方式组合而成，并以 3/4 圆表示牙底圆。

## 三、操作步骤

**1. 设置绘图环境**

过程同前。

2. **绘制中心线**

设置图层、线型、颜色、线宽以及绘制相应的中心线。

3. **绘制正六边形**（图 2-24）

*命令：_ polygon 输入侧面数 <4>：　<对象捕捉 开> 6*　（指定正多边形的边数）

*指定正多边形的中心点或[边(E)]：*　（捕捉中心线的交点）

*输入选项[内接于圆(I)/外切于圆(C)]<I>：*　（指定等分圆绘制正多边形的方式为内接于圆）

*指定圆的半径：20*　（指定圆的半径）

4. **绘制大圆**

*命令：_ circle*　（启动圆命令）

*指定圆的圆心或[三点(3P)/两点(2P)/切点、切点、半径(T)]：*

（捕捉中心线的交点作为圆心）

*指定圆的半径或［直径（D)]：*　（捕捉正六边形边的中点，圆心到中点的距离为圆的半径）

5. **绘制牙底圆和牙顶圆**

*命令：_ circle*　（启动圆命令）

*指定圆的圆心或[三点(3P)/两点(2P)/切点、切点、半径(T)]：*

（中心线的交点为圆心）

*指定圆的半径或[直径(D)] <1>:12*　（指定圆的半径）

*命令：CIRCLE*　（启动圆命令）

*指定圆的圆心或[三点(3P)/两点(2P)/相切、相切、半径(T)]：*

（捕捉中心线的交点作为圆心）

*指定圆的半径或[直径(D)] <12.0000>:10*　（指定圆的半径）

6. **修剪牙底圆**

*命令：_ trim*　（启动修剪命令）

*当前设置：投影=UCS，边=无*

*选择剪切边...*

*选择对象或 <全部选择>：*　（选择水平中心线）

*选择对象或 <全部选择>：*　（选择垂直中心线）

*选择要修剪的对象，或按住 Shift 键选择要延伸的对象，或[栏选(F)/窗交(C)/投影(P)/边(E)/删除(R)/放弃(U)]：*　（选择要剪切的螺纹牙底左下方 1/4 圆）

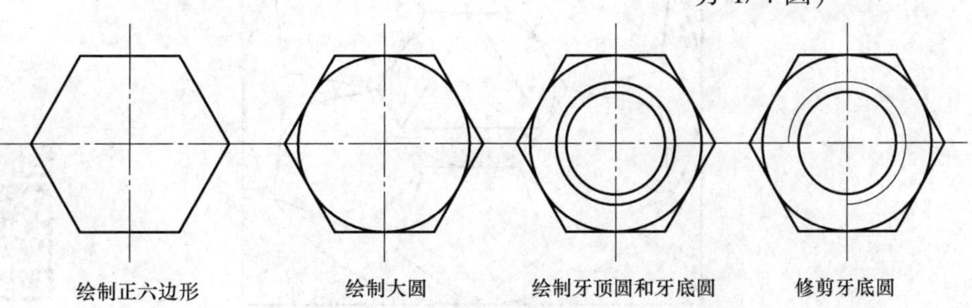


图 2-24　绘制螺母俯视图

## 四、操作提示

圆有六种绘制方法：圆心、半径；圆心、直径；两点；三点；相切、相切、半径；相切、相切、相切。一定要根据条件灵活使用。正多边形有等分圆和给定边长两种绘制方法。使用等分圆的方法时，一定要正确区分正多边形与圆的关系。

## 五、结束任务

本次任务主要是正多边形的绘制，任务完成后对自己的学习过程进行评价，找出不足之处，争取圆满完成本次任务的学习。

## 拓展提高

绘制正多边形时，如采用等分圆的方法，一定要弄清正多边形与圆的关系。正多边形与圆的关系有以下两种，如图 2-25 所示。

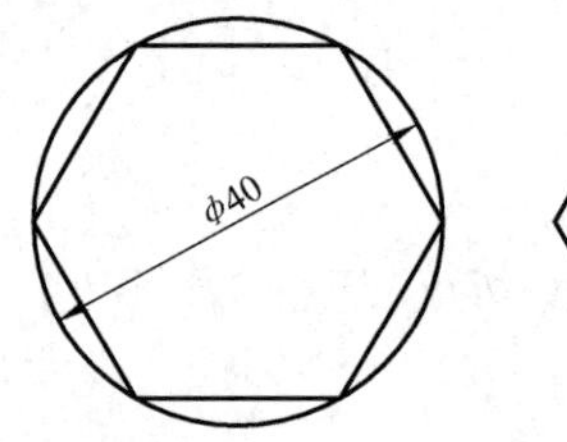

正多边形内接于圆

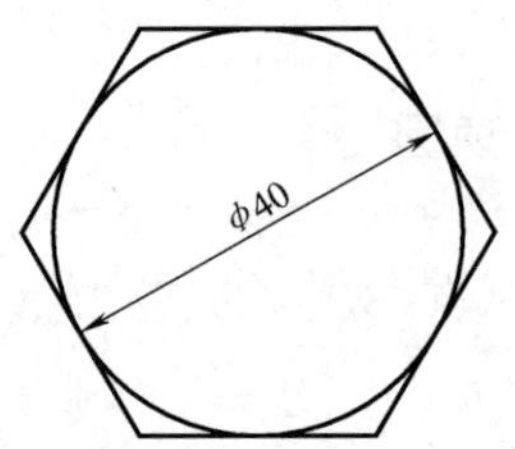

正多边形外切于圆

图 2-25　正多边形与圆的关系

正多边形内接于圆实际就是圆外接于正多边形，圆的半径就是正多边形的中心到正多边形各顶点的距离，多用于已知偶数边正多边形对顶点距离绘制正多边形。

正多边形外切于圆实际就是圆内切于正多边形，圆的半径就是正多边形的中心到正多边形各边中点的距离，多用于已知偶数边正多边形对边距离绘制正多边形。

同样大小的圆，使用不同的正多边形与圆的关系，绘出的圆的大小也不一样。

## 实战演练

如图 2-26 所示，绘制图形，不标注尺寸。

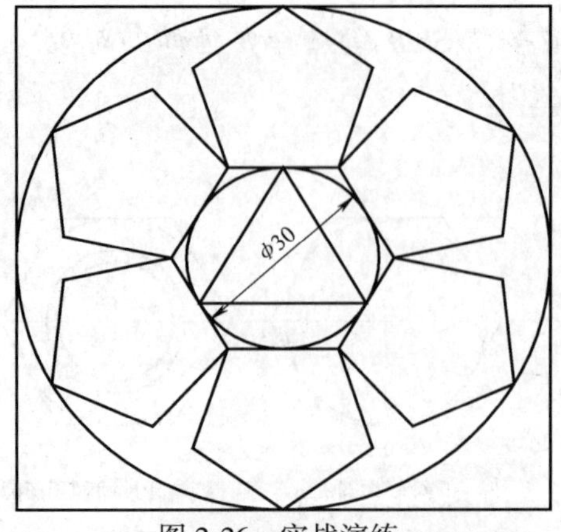

图 2-26　实战演练

# 任务七　梅花的绘制

## 学习目标

❖掌握圆弧命令的使用方法。

❖根据当前绘制条件正确选择绘制圆弧的方法。

## 任务描述

如图 2-27 所示，梅花图案由五条圆弧组成，可以用圆弧绘图工具绘制图形。

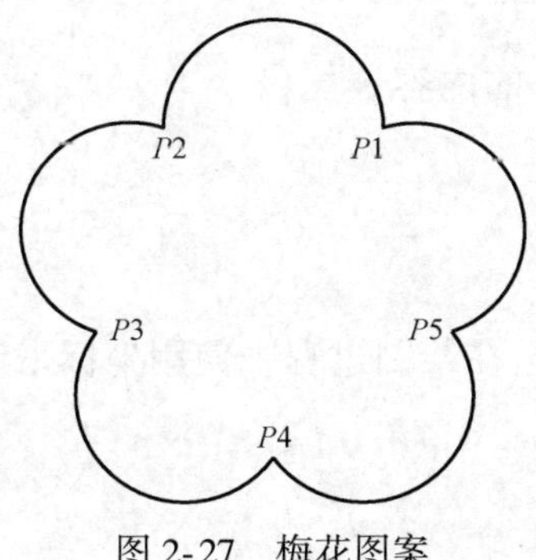


图 2-27　梅花图案

## 知识链接

圆弧的绘制方法如下：

**1. 操作方法**

(1) 菜单栏　选择【绘图】→【圆弧】子菜单下的命令。

(2) 工具栏　单击【绘图】工具栏中的【圆弧】按钮。

(3) 命令行　ARC（或缩写：A）。

**2. 操作步骤**

*命令：_arc*

*圆弧创建方向：*　　逆时针(按住<Ctrl>键可切换方向)

*指定圆弧的起点或［圆心(C)］：*

*指定圆弧的第二个点或［圆心(C)/端点(E)］：*

*指定圆弧的端点：*

圆弧的绘制有多种方法，所以圆弧命令在绘制过程中，命令行显示一些选项供用户选用。

**3. 选项说明**

1）起点：指定圆弧的起点。

2）第二个点：三点画圆弧时，指定的圆弧周线上的一个点。

3）圆心：指定圆弧所在圆的圆心。

4）端点：指定圆弧的结束点。

5）半径：指定圆弧的半径。当半径为正时，将逆时针绘制一条劣弧；当半径为负时，将逆时针绘制一条优弧。按<Ctrl>键并拖动鼠标可控制方向绘制圆弧。

6）角度：指定圆弧包含角绘制圆弧。逆时针为正，顺时针为负。

7）长度：指定圆弧所对应的弦长。如果弦长为正值，将从起点逆时针绘制劣弧；如果弦长为负值，将逆时针绘制优弧。

8）方向：指定绘制圆弧在起点处的切线方向。该方向用于指定圆弧的方向。

## 任务实施

### 一、准备工作

1）上课前仔细阅读本任务的内容。

2）复习坐标、圆等操作。

### 二、任务分析

梅花图案由五段圆弧组成，在绘制过程中使用坐标来定点。

### 三、操作步骤

**1. 设置绘图环境**

过程同前。

**2. 绘制 $P_1P_2$ 弧**（起点、端点、半径）

*命令：_arc 指定圆弧的起点或［圆心(C)］：140,110*　　（指定 $P_1$ 点）

*指定圆弧的第二个点或［圆心(C)/端点(E)］：E*

*指定圆弧的端点：@40<180*　　（指定 $P_2$ 点）

*指定圆弧的圆心或［角度(A)/方向(D)/半径(R)］：R*

*指定圆弧的半径：20*　　（指定圆弧半径）

**3. 绘制 $P_2P_3$ 弧**（起点、端点、角度）

*命令：_arc 指定圆弧的起点或［圆心(C)］：*　　（指定 $P_2$ 点）

*指定圆弧的第二个点或［圆心(C)/端点(E)］：E*

*指定圆弧的端点：@40<252*　　（指定 $P_3$ 点）

*指定圆弧的圆心或［角度(A)/方向(D)/半径(R)］：A*

*指定包含角：180*　　（指定圆弧的包角）

**4. 绘制 $P_3P_4$ 弧**（起点、端点、角度）

*命令：_arc 指定圆弧的起点或［圆心(C)］：*　　（指定 $P_3$ 点）

*指定圆弧的第二个点或［圆心(C)/端点(E)］：E*

*指定圆弧的端点：@40<324*　　（指定 $P_4$ 点）

*指定圆弧的圆心或［角度(A)/方向(D)/半径(R)］：A*

*指定包含角：180*　　（指定圆弧的包角）

5. **绘制 $P_4P_5$ 弧**（起点、圆心、长度）

*命令：_arc 指定圆弧的起点或［圆心(C)］：* （指定 $P_4$ 点）

*指定圆弧的第二个点或［圆心(C)/端点(E)］：C*

*指定圆弧的圆心：@20<36* （指定 $P_4P_5$ 弧的圆心）

*指定圆弧的端点或［角度(A)/弦长(L)］：L*

*指定弦长：40* （指定 $P_4P_5$ 弧对应弦长）

6. **绘制 $P_5P_1$ 弧**（起点、端点、方向）

*命令：_arc 指定圆弧的起点或［圆心(C)］：* （指定 $P_5$ 点）

*指定圆弧的第二个点或［圆心(C)/端点(E)］：E* （指定 $P_5$ 点）

*指定圆弧的端点：* （捕捉指定 $P_1$ 点）

*指定圆弧的圆心或［角度(A)/方向(D)/半径(R)］：D*

*指定圆弧的起点切向：@20<20* （指定 $P_5P_1$ 弧在 $P_5$ 点的切线方向）

## 四、操作提示

1）绘制圆弧的方法有很多，AutoCAD 2014 在“绘图”菜单列出了 11 种圆弧绘制的方法，供用户选用。一定要将这 11 种方法牢记并掌握，这样在图形绘制中才能灵活地使用这些圆弧绘制方法绘制二维图形。

2）特别要注意的是在绘制圆弧时，选项圆弧包角的方向是逆时针方向为正，顺时针方向为负。选项方向是指圆弧起点处的切线方向。

## 五、结束任务

本次任务主要是圆弧的绘制，任务完成后对自己的学习过程进行评价，找出不足之处，争取圆满完成本次工作任务的学习。

## 拓展提高

在 AutoCAD 中，圆弧的绘制方法有 11 种，这在“绘图”菜单下的“圆弧”命令子菜单下已一一列出，用户可以根据条件灵活调用。

在第一个提示下按<Enter>键时，最后绘制的直线或圆弧的端点将会作为起点，并立即提示指定新圆弧的端点。这将创建一条与最后绘制的直线、圆弧或多段线相切的圆弧。

为方便圆弧端点定位，还可以先绘制正五边形，然后以正五边形的边为直径绘制圆，最后修剪掉正五边形内的圆弧并删除正五边形，这样也可以得到梅花图案，如图 2-28 所示，方法如下：

1. **绘制正五边形**

*命令：_polygon 输入侧面数 <4>：5* （指定正多边形的边数）

*指定正多边形的中心点或［边(E)］：* （指定正多边形的中心）

*输入选项［内接于圆(I)/外切于圆(C)］<I>：I* （指定等分圆绘制正多边形的方式）

*指定圆的半径：30* （指定圆的半径）

**2. 以正五边形的边为直径绘制圆**

*命令：_circle 指定圆的圆心或［三点(3P)/两点(2P)/切点、切点、半径(T)］：*

（捕捉正多边形边的中点）

*指定圆的半径或［直径(D)］：*　　　　　　（指定由中点到边的端点为半径）

**3. 修剪正五边形内的圆弧**

*命令：_trim*　　　　　　（启动修剪命令）

*当前设置：投影=UCS，边=无*

*选择剪切边...*

*选择对象或 <全部选择>：*　　　　　　（选择正五边形）

*选择要修剪的对象，或按住 Shift 键选择要延伸的对象，或［栏选(F)/窗交(C)/投影(P)/边(E)/删除(R)/放弃(U)］：*

（分别选择要修剪的圆弧）

**4. 删除正五边形**

*_erase 找到 1 个*

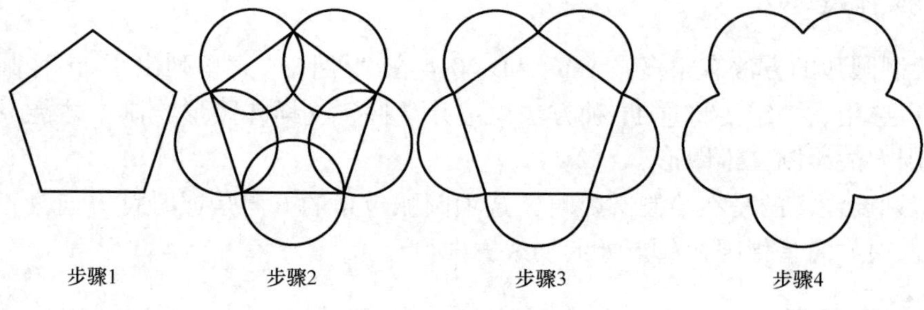


图 2-28　梅花

## 实战演练

绘制图形，如图 2-29 所示。两条直线长度均为 80mm，且相互垂直平分，圆弧半径均为 25mm。

图 2-29　实战演练

# 任务八　异形扳手的绘制

## 学习目标

❖掌握圆弧连接的绘制方法。

❖掌握切线的绘制方法。

## 任务描述

如图 2-30 所示，异形扳手由两个圆、两个正六边形、一条与两圆相切的切线和两圆间的一条过渡圆弧组成。使用圆、正多边形和直线命令等即可绘制出该异形扳手。

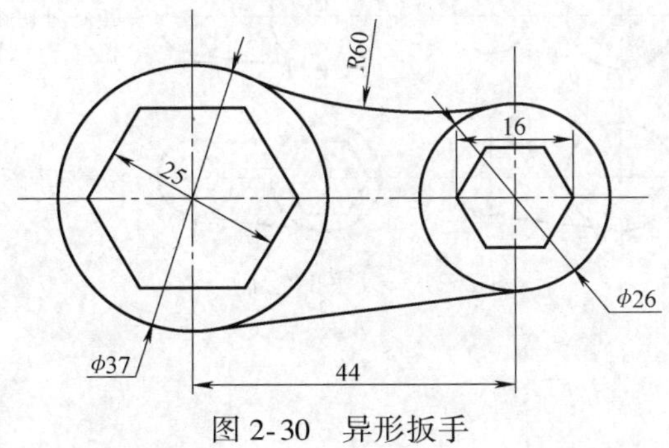


图 2-30　异形扳手

## 知识链接

### 一、绘制切线

**1. 操作方法**

当 AutoCAD 图形需要圆弧与直线连接时，就要使用到切线。AutoCAD 绘制图形切线需要使用切点辅助命令进行捕捉。

**2. 操作步骤**

启动直线命令后，要指定切点时，按下<Ctrl>键，同时按下鼠标右键，或者按下<Shift>键，同时按下鼠标右键，系统自动弹出捕捉特殊点菜单，在菜单中选择切点命令，然后把鼠标指针靠近圆，AutoCAD 系统自动捕捉直线与圆的切点位置。这里指定一个圆的切点为切线的起点，用对象捕捉来捕捉另一个圆的切点作为直线的端点。

### 二、绘制圆弧连接

**1. 操作方法**

当 AutoCAD 图形需要进行圆弧连接时，其绘制的方法是利用圆或圆弧命令绘制与之相切的图形，通常比较简单的方法是使用圆命令绘制。AutoCAD 的圆命令相切功能，能使圆形和所有的图形（无论是直线，还是曲线）相切。圆形之间的相切有两种方式，内切和外切。

2. 操作步骤

先启动圆命令，根据已知条件选用［相切、相切、半径（T）］方式或（相切、相切、相切）方式绘制与要连接图形对象相切的圆。然后，使用修剪命令，对圆形多余的圆弧进行修剪，如图 2-31 所示。

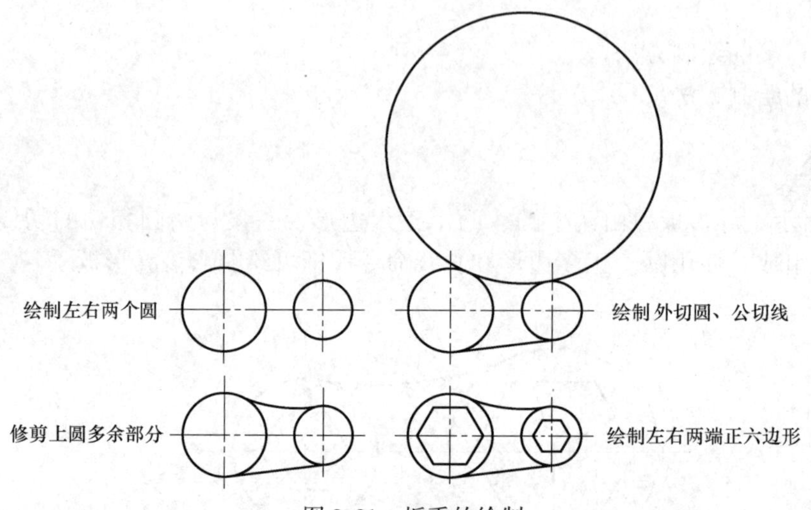

图 2-31 扳手的绘制

## 任务实施

### 一、准备工作

1）上课前仔细阅读本任务的内容。

2）复习正多边形、圆等操作。

### 二、任务分析

异形扳手由正多边形和圆通过圆弧、切线连接而成，在绘制过程中需使用修剪来完善圆弧。

### 三、操作步骤

1. 设置绘图环境

2. 绘制中心线

设置图层、线型、颜色、线宽并绘制相应的中心线。

3. 绘制左右两个圆

| | |
|---|---|
| *命令：_circle* | （启动圆命令） |
| *指定圆的圆心或［三点(3P)/两点(2P)/切点、切点、半径(T)］：* | （捕捉左边中心线交点） |
| *指定圆的半径或［直径(D)］：D* | （输入 D） |
| *指定圆的直径：37* | （输入圆的直径 37mm） |
| *命令：CIRCLE* | （启动圆命令） |

指定圆的圆心或［三点(3P)/两点(2P)/ 切点、切点、半径(T)］: （捕捉右边中心线交点）
指定圆的半径或［直径(D)］<18.5000>: D （输入 D）
指定圆的直径 <37.0000>: 26 （输入圆的直径 26mm）

4. 绘制圆弧连接

命令: _circle （启动圆命令）
指定圆的圆心或［三点(3P)/两点(2P)/ 切点、切点、半径(T)］: T （选择“切点、切点、半径”画圆选项）
指定对象与圆的第一个切点: （选择 $\phi$37mm 的圆的上半部）
指定对象与圆的第二个切点: （选择 $\phi$26mm 的圆的上半部）
指定圆的半径 <13.0000>: 60 （输入半径 60mm）
命令: _trim （启动修剪命令）
当前设置:投影=UCS,边=无 （系统显示信息）
选择剪切边... （系统显示信息）
选择对象或 <全部选择>: （选择 $\phi$37mm、$\phi$26mm 的圆）
选择要修剪的对象,或按住 Shift 键选择要延伸的对象或［栏选(F)/窗交(C)/投影(P)/边(E)/删除(R)/放弃(U)］: （选择 R120mm 的外切圆要修剪的圆弧,修剪不需要的圆弧）

5. 绘制两个圆的公切线

命令: _line （启动直线命令）
指定第一点: _tan 到 （按下<Ctrl>键,同时按鼠标右键,在弹出的捕捉特殊点菜单中选择切点命令,移动光标至 $\phi$37mm 圆上的适当位置,出现切点提示后单击）
指定下一点或［放弃(U)］: _tan 到 （按同样的方法捕捉 $\phi$26mm 圆上的切点）
指定下一点或［放弃(U)］: （按<Enter>键,结束直线命令）

6. 绘制左右两个正六边形

命令: _polygon （启动正多边形命令）
输入侧面数 <4>: 6 （侧面数为 6）
指定正多边形的中心点或［边(E)］ （捕捉左边中心线交点）
输入选项［内接于圆(I)/外切于圆(C)］<I>: C （选择外切于圆方式）
指定圆的半径: 12.5 （输入圆的半径 12.5mm）
命令:POLYGON 输入侧面数 <6>: （直接按<Enter>键,重复执行正多边形命令）
指定正多边形的中心点或［边(E)］: （捕捉右边中心线交点）
输入选项［内接于圆(I)/外切于圆(C)］<C>: I （选择内接于圆方式）
指定圆的半径: 8 （输入圆的半径 8mm）

## 四、操作提示

圆弧连接和公切线的绘制在绘图中是最常见的操作。圆弧连接多采用相切、相切、半径的方法绘制圆，然后通过修剪来获得，也可直接使用圆角命令来绘制。

## 五、结束任务

本任务主要是切线和圆弧连接，任务完成后对自己的学习过程进行评价。

# 拓展提高

## 一、内公切线和外公切线

两个圆的公切线包括外公切线和内公切线，共4条。系统在选择切点时，会选中最靠近捕捉靶框中心的那个切点，故捕捉切点时的位置应适当，否则绘制出来的切线有可能不符合要求。

在绘制两圆公切圆时，也同样要注意内公切圆和外公切圆的问题。

## 二、圆角命令连接圆弧

进行圆弧连接时，还可以使用圆角命令绘制，方法如下：

*命令：_fillet*

*当前设置：模式 = 修剪，半径 = 60.0000*

*选择第一个对象或［放弃(U)/多段线(P)/半径(R)/修剪(T)/多个(M)］：R*

*指定圆角半径 <60.0000>：60*　　　　（指定圆角半径）

*选择第一个对象或［放弃(U)/多段线(P)/半径(R)/修剪(T)/多个(M)］：*　　　　（单击选择第一个圆）

*选择第二个对象，或按住 Shift 键选择要应用角点的对象：*　　　　（单击选择第二个圆）

# 实战演练

如图2-32所示，绘制从动件。

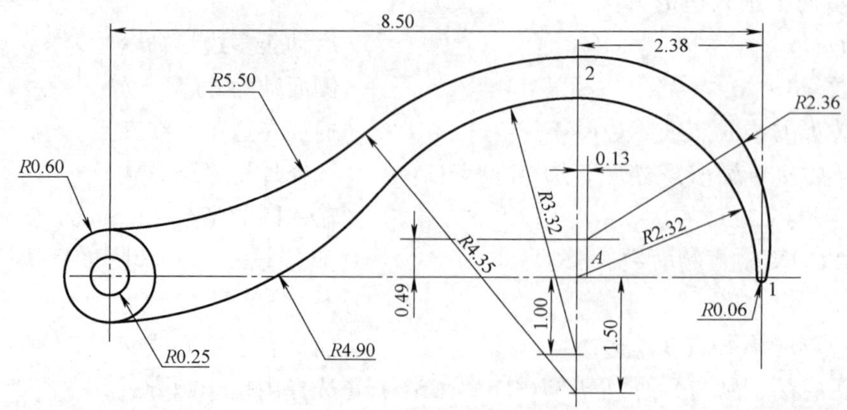

图2-32　从动件

# 任务九　仪表的绘制

## 学习目标

❖掌握多段线命令的使用方法。

❖正确理解多段线命令各选项的意义及使用方法。

## 任务描述

如图 2-33 所示，该仪表由表盘和指针组成，用多段线命令来绘制表盘和指针。

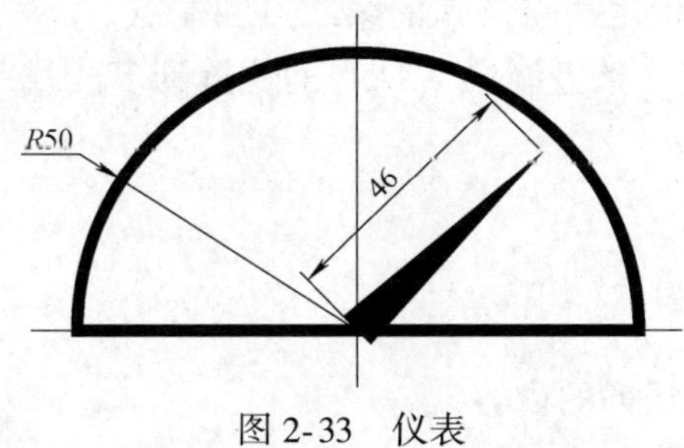


图 2-33　仪表

## 知识链接

### 一、多段线的绘制

**1. 操作方法**

(1) 菜单栏　选择【绘图】→【多段线】命令。

(2) 工具栏　单击【绘图】工具栏中的【多段线】按钮。

(3) 命令行　PLINE（或缩写：PL）。

**2. 操作步骤**

*命令：_pline*

*指定起点：*

*当前线宽为 0.0000*

*指定下一个点或［圆弧(A)/半宽(H)/长度(L)/放弃(U)/宽度(W)］:A*

*指定圆弧的端点或[角度(A)/圆心(CE)/方向(D)/半宽(H)/直线(L)/半径(R)/第二个点(S)/放弃(U)/宽度(W)]：*

**3. 选项说明**

1）圆弧（A）：将多段线命令由绘制直线段模式转换为绘制圆弧段模式，并向多段线中添加圆弧段。

2）半宽（H）：指定从宽多段线线段的中心到其一边的宽度。

3）长度（L）：在与前一线段相同的角度方向上绘制指定长度的直线段。如果前一线段是圆弧，程序将绘制与该弧线段相切的新直线段。

4）宽度（W）：指定下一条直线段的宽度。起点宽度将成为默认的端点宽度。端点宽度在再次修改宽度之前将作为所有后续线段的统一宽度。宽线线段的起点和端点位于宽线的中心。

5）放弃（U）：删除最近一次添加到多段线上的直线段。开始执行多段线命令时，默认的是绘制直线段模式。输入A切换到绘制圆弧段模式下时，系统又会给出新的选项。

6）角度（A）：指定弧线段的从起点开始的包含角。输入正数将按逆时针方向创建弧线段，输入负数将按顺时针方向创建弧线段。

7）圆心（CE）：指定弧线段的圆心。

8）方向（D）：指定弧线段的起始方向（起点处的切线方向）。

9）半径（R）：指定弧线段的半径。

10）第二个点（S）：指定三点圆弧的第二点和端点。

11）闭合（CL）：绘制一条直线段（从当前位置到多段线起点）以闭合多段线。

## 任务实施

### 一、准备工作

1）上课前仔细阅读本任务的内容。

2）复习直线、圆等操作。

### 二、任务分析

仪表图形由直线、圆弧组成，在绘制过程中不仅要改变线宽，还要在直线与圆弧间切换。

### 三、操作步骤

#### 1. 设置绘图环境

过程同前。

#### 2. 绘制中心线

设置图层、线型、颜色、线宽以及绘制相应的中心线。

#### 3. 绘制表盘（图2-32）

*命令：_pline*　　（启动多段线命令）

*指定起点：100,100*　　（输入起点坐标）

*当前线宽为0.0000*　　（系统提示信息）

*指定下一个点或［圆弧(A)/半宽(H)/长度(L)/放弃(U)/宽度(W)］：W*

（选择宽度选项）

*指定起点宽度 <0.0000>：3*　　（指定起点宽度为3mm）

*指定端点宽度 <3.0000>：3*　　（指定端点宽度为3mm）

*指定下一个点或［圆弧(A)/半宽(H)/长度(L)/放弃(U)/宽度(W)］：A*

（选择圆弧选项）

*指定圆弧的端点或［角度(A)/圆心(CE)/方向(D)/半宽(H)/直线(L)/半径(R)/第二*

*个点(S)/放弃(U)/宽度(W)]：A*　　（选择角度选项）

*指定包含角：-180*　　（指定包含角为180°）

*指定圆弧的端点或[圆心(CE)/半径(R)]：CE*　　（选择圆心选项）

*指定圆弧的圆心：*　　（捕捉中心线的交点为圆心）

*指定圆弧的端点或[角度(A)/圆心(CE)/闭合(CL)/方向(D)/半宽(H)/直线(L)/半径(R)/第二个点(S)/放弃(U)/宽度(W)]：L*　　（选择直线选项）

*指定下一点或[圆弧(A)/闭合(C)/半宽(H)/长度(L)/放弃(U)/宽度(W)]:C*
（闭合图形）

**4. 画指针**

*命令：_pline*　　（启动多段线命令）

*指定起点：*　　（捕捉表盘的圆心）

*当前线宽为3.0000*　　（选择宽度选项）

*指定下一个点或[圆弧(A)/半宽(H)/长度(L)/放弃(U)/宽度(W)]：W*
（选择宽度选项）

*指定起点宽度 <3.0000>：7*　　（指定起点宽度为7mm）

*指定端点宽度 <7.0000>：0*　　（指定端点宽度为0）

*指定下一个点或[圆弧(A)/半宽(H)/长度(L)/放弃(U)/宽度(W)]：L*
（选择直线选项）

*指定直线的长度：46*　　（输入直线长度）

## 四、操作提示

多段线是AutoCAD中绘制线类对象的重要工具，它功能强大，不仅能绘制线段、圆弧段，还能绘制直线段和圆弧段组成的独立对象，并且能设置线宽。

## 五、结束任务

本任务主要是切线和圆弧连接，任务完成后对自己的学习过程进行评价。

## 拓展提高

**1. 设置线宽**

AutoCAD中对象线宽的设置一般在对象特性中，但对象特性中的线宽设置是提供一个线宽序列（0.00、0.05、0.09、0.13）供用户选用。而在多段线命令中设置线宽，可以不受线宽序列的限制，从而自由地设置线宽（如0.04、0.10……）。

已设定线宽的多段线在打印输出时，如果设定宽度大于打印输出中该颜色线条设定的宽度，则以图面设定的宽度为准，并不受打印输出中不同颜色线条的宽度限制；如果多段线的图面宽度小于打印输出中该颜色线条的设定宽度，则根据其颜色按打印输出中设定的进行打印。

**2. 圆弧、直线段和多段线的区别**

圆弧命令只能绘制单个的圆弧。直线命令可以绘制直线段和连续直线段构成的图形，但图形中每个直线段都是独立的对象。多段线命令既可以绘制圆弧段，又可以绘制直线段，还可以绘制连续的直线段和圆弧段构成的图形。整个多段线命令绘制的图形是一个独立的对象。

PLINE 命令绘制的多段线用 EXPLODE 命令分解后将失去宽度意义并变为一段段的直线或圆弧。而用 PEDIT 命令的“合并”选项则可把首尾相连的直线或圆弧组合成多段线。当系统变量 FILL 设为“关”时，所作的多段线为空心线，设为“开”时，所作的多段线为实心线。

**3. 样条曲线的绘制**

选择【绘图】→【样条曲线】命令下的子命令，命令行提示如下信息：

*命令：_SPLINE*

*当前设置：方式=拟合　节点=弦*

*指定第一个点或［方式(M)/节点(K)/对象(O)］：_M*

*输入样条曲线创建方式［拟合(F)/控制点(CV)］<拟合>：_FIT*

*当前设置：方式=拟合　节点=弦*

*指定第一个点或［方式(M)/节点(K)/对象(O)］：*　（指定样条曲线的第一拟合点）

*输入下一个点或［起点切向(T)/公差(L)］：*　（指定样条曲线的下一个拟合点）

*输入下一个点或［端点相切(T)/公差(L)/放弃(U)］：*（指定样条曲线的下一个拟合点）

依次确定样条曲线的各个拟合点（或控制点），直到按<Enter>键结束命令。

## 实战演练

已知凸轮的基圆直径为430mm，凸轮运动规律图如图 2-34 所示，绘制凸轮。

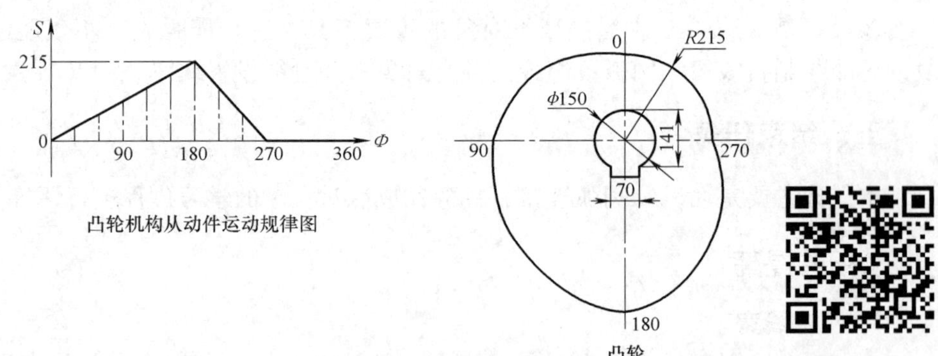


图 2-34　凸轮

# 任务十　连杆的绘制

## 学习目标

❖掌握椭圆和椭圆弧命令的使用方法。

❖根据条件正确选择绘制椭圆的方法。

## 任务描述

如图 2-35 所示，连杆左边由一个圆和一个同心的正八边形组成，右边是两个同心圆，左右两边由一个 1/4 椭圆弧和一个 1/2 椭圆弧连接。提示：可以先绘制左边的圆和正八边形，再绘制右边的同心圆，最后用椭圆弧将左右两边连接起来。

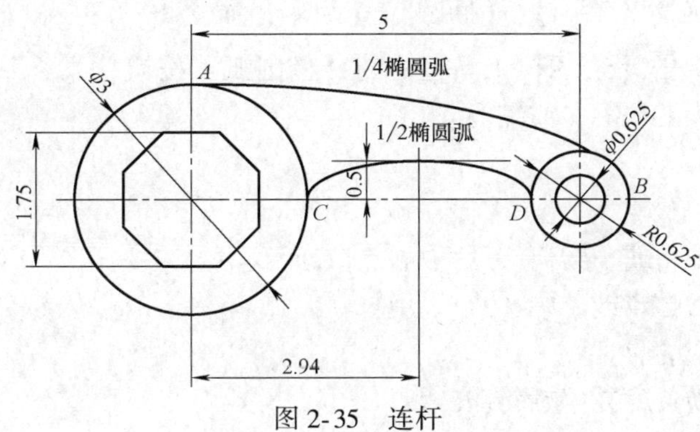

图 2-35　连杆

## 知识链接

### 一、椭圆的绘制

#### 1. 操作方法

(1) 菜单栏　选择【绘图】→【椭圆】子菜单下的命令。

(2) 工具栏　单击【绘图】工具栏中的【椭圆】按钮。

(3) 命令行　ELLIPSE（或缩写：EL）。

#### 2. 操作步骤

*命令：_ellipse*

*指定椭圆的轴端点或［圆弧(A)/中心点(C)］：*

*指定轴的另一个端点：*

*指定另一条半轴长度或［旋转(R)］：*

#### 3. 选项说明

(1) 第一种椭圆绘制的方法

1) 轴端点：根据两个端点定义椭圆的第一条轴。

2) 另一条半轴长度：使用从第一条轴的中点到第二条轴的端点的距离定义第二条轴。

(2) 第二种椭圆绘制的方法

1) 轴端点：根据两个端点定义椭圆的第一条轴。

2) 旋转：通过绕第一条轴旋转圆来创建椭圆。

(3) 第三种椭圆绘制的方法

1) 中心：通过指定的中心点来创建椭圆。

2) 轴端点：指定椭圆一条轴的一个端点。

3）另一条半轴长度：使用从第一条轴的中点到第二条轴的端点的距离定义第二条轴。

## 二、椭圆弧的绘制

绘制椭圆弧是在绘制椭圆的基础上通过指定起始角度和终止角度来确定椭圆弧度。

**1. 操作方法**

（1）菜单栏　选择【绘图】→【椭圆】→【圆弧】命令。

（2）工具栏　单击【绘图】工具栏中的【椭圆弧】按钮。

（3）命令行　ELLIPSE（或缩写：EL）。

**2. 操作步骤**

*命令：_ellipse*
*指定椭圆的轴端点或［圆弧(A)/中心点(C)］：_A*
*指定椭圆弧的轴端点或［中心点(C)］：*
*指定轴的另一个端点：*
*指定另一条半轴长度或［旋转(R)］：*
*指定起始角度或［参数(P)］：*
*指定终止角度或［参数(P)/包含角度(I)］：*

**3. 选项说明**

启动椭圆弧命令后，命令行上提示的选项与椭圆选项大同小异，不同的各项含义如下：

1）起始角度：定义椭圆弧的第一端点。起始角度选项用于从参数模式切换到角度模式。

2）参数（P）：输入参数作为起始角度。通过矢量参数方程创建椭圆弧：

$P(u)=c+a\cos u+b\sin u$，其中，$c$ 为椭圆中心点的坐标（包含横坐标和纵坐标），$a$ 和 $b$ 分别是椭圆的长半轴和短半轴的长度。

3）终止角度：定义椭圆弧的第二端点。

4）包含角度：定义椭圆弧包含的角度。

## 任务实施

### 一、准备工作

1）上课前仔细阅读本任务的内容。

2）复习直线、圆、正多边形等操作。

### 二、任务分析

连杆图形由直线、椭圆、正八边形和椭圆弧组成，在绘制过程中不仅要注意椭圆的绘制，还要掌握椭圆弧的绘制方法。

### 三、操作步骤

**1. 设置绘图环境**

**2. 绘制中心线**

设置图层、线型、颜色、线宽并绘制相应的中心线，如图 2-36 所示。

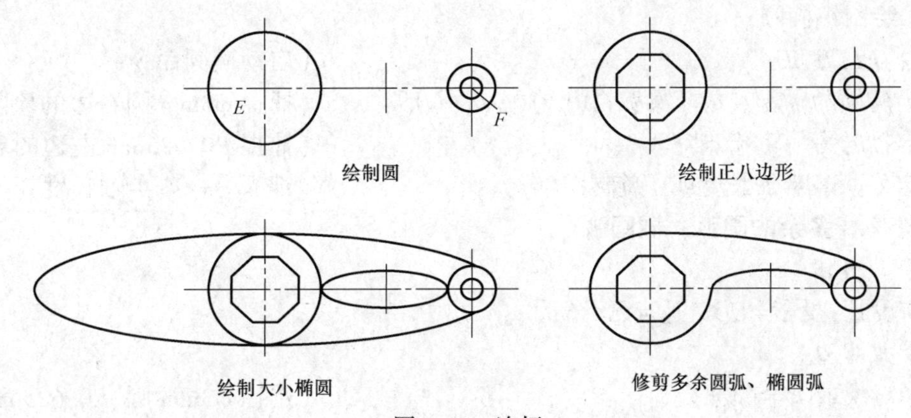


图 2-36　连杆

**3. 绘制圆**

(1) 绘制 $\phi$3mm 圆

*命令：_circle* (启动圆命令)

*指定圆的圆心或[三点(3P)/两点(2P)/切点、切点、半径(T)]* (捕捉 *E* 点为圆心)

*指定圆的半径或[直径(D)]：D* (选择直径选项)

*指定圆的直径：3* (输入直径)

(2) 绘制 *R*0. 625mm 圆

*命令：_circle* (启动圆命令)

*指定圆的圆心或[三点(3P)/两点(2P)/ 切点、切点、半径(T)]：* (捕捉 *F* 点为圆心)

*指定圆的半径或[直径(D)] <1. 5000>：0. 625* (输入半径)

(3) 绘制 $\phi$0. 625mm 的小圆

*命令：_circle* (启动圆命令)

*指定圆的圆心或[三点(3P)/两点(2P)/ 切点、切点、半径(T)]：* (捕捉 *F* 点为圆心)

*指定圆的半径或[直径(D)] <0. 6250>：D* (选择直径选项)

*指定圆的直径 <1. 2500>：0. 625* (输入直径)

**4. 绘制正八边形**

*命令：_polygon* (启动正多边形命令)

*输入侧面 <4>：8* (输入边数 8)

*指定正多边形的中心点或[边(E)]：* (捕捉 *E* 点为中心点)

*输入选项[内接于圆(I)/外切于圆(C)] <I>：C* (选择外切于圆选项)

*指定圆的半径：0. 875* (输入半径)

**5. 绘制大小两个椭圆**

(1) 绘制大椭圆

*命令：_ellipse* (启动椭圆命令)

*指定椭圆的轴端点或[圆弧(A)/中心点(C)]：C* (选择中心点选项)

*指定椭圆的中心点：* (捕捉 $\phi$3mm 圆的圆心 *E* 点)

*指定轴的端点：* (捕捉 *R*0. 625mm 右边的象限点)

*指定另一条半轴长度或[旋转(R)]：* (捕捉 $\phi$3mm 圆上边的象限点)

（2）绘制小椭圆

*命令：ELLIPSE*　（启动椭圆命令）

*指定椭圆的轴端点或［圆弧(A)/中心点(C)］：*　（捕捉 $\phi$3mm 圆右边的象限点）

*指定轴的另一个端点：*　（捕捉 *R*0.625mm 左边的象限点）

*指定另一条半轴长度或［旋转(R)］：*　（键入另一条半轴长度 0.5mm）

**6. 修剪掉多余的圆弧、椭圆弧**

*命令：_trim*

*当前设置：投影=UCS，边=无*

*选择剪切边...*

*选择对象或 <全部选择>：*　（选择 $\phi$3mm 圆、*R*0.625mm 圆）

*选择对象：*　（按<Enter>键结束对象选择）

*选择要修剪的对象，或按住 Shift 键选择要延伸的对象，或［栏选(F)/窗交(C)/投影(P)/边(E)/删除(R)/放弃(U)］：*　（选择要修剪掉的椭圆弧）

*选择要修剪的对象，或按住 Shift 键选择要延伸的对象，或［栏选(F)/窗交(C)/投影(P)/边(E)/删除(R)/放弃(U)］：*　（选择要修剪掉的椭圆弧）

## 四、操作提示

椭圆和椭圆弧是常见的图形，在使用椭圆和椭圆弧命令时，一定要根据已知条件选择绘制方法和选项。绘制椭圆时一定要注意角度的起始参照方向和角度的旋转方向。

## 五、结束任务

本任务主要是椭圆和椭圆弧的绘制，任务完成后对自己的学习过程进行评价。

## 拓展提高

如图 2-37 所示，绘制椭圆弧时，角度的方向与 AutoCAD 绘图环境初始化时指定的参照方向不一样。绘图环境初始化时指定的参照方向为水平向右。而绘制椭圆时，起始角度和终止角度参照方向为角度的“0 点”位置位于椭圆水平轴的左端点（或垂直轴的下端点），且逆时针方向为正，顺时针方向为负。

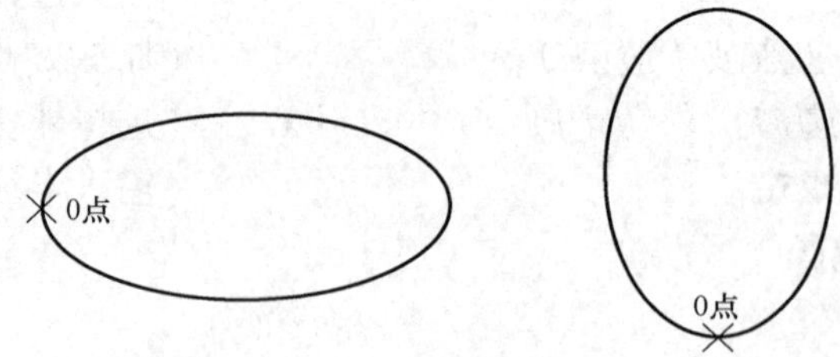


图 2-37　椭圆 0 点位置

## 实战演练

如图 2-38 所示，绘制连杆。

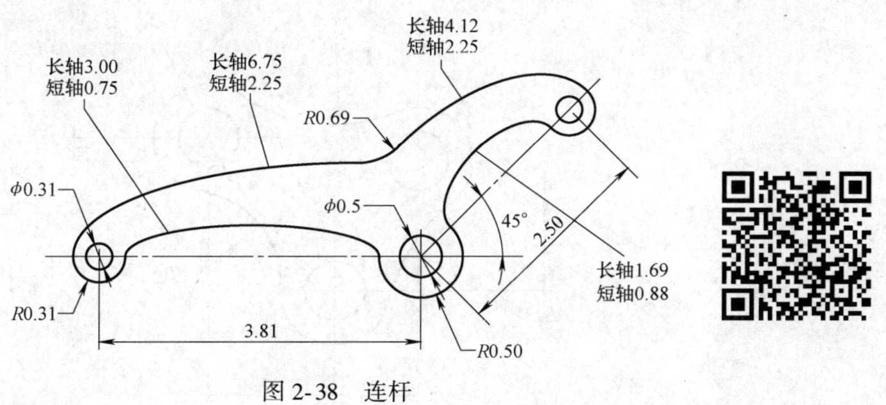

图 2-38　连杆

## 综合训练二

1. 如图 2-39 所示，绘制该图形。

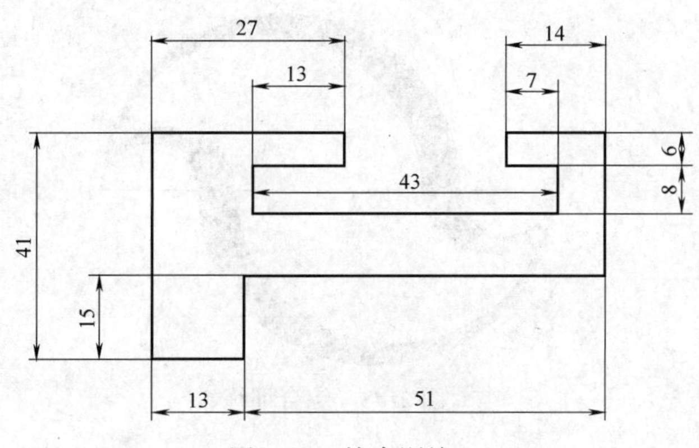

图 2-39　综合训练 1

2. 如图 2-40 所示，使用矩形命令和圆命令绘制该图形。

3. 设置图形范围 280mm×180mm，将显示范围设置得和图形范围相同，如图 2-41 所示，根据绘图要求设置粗实线、虚线、中心线、标注 4 个图层，将图形绘制在相应的图层上。

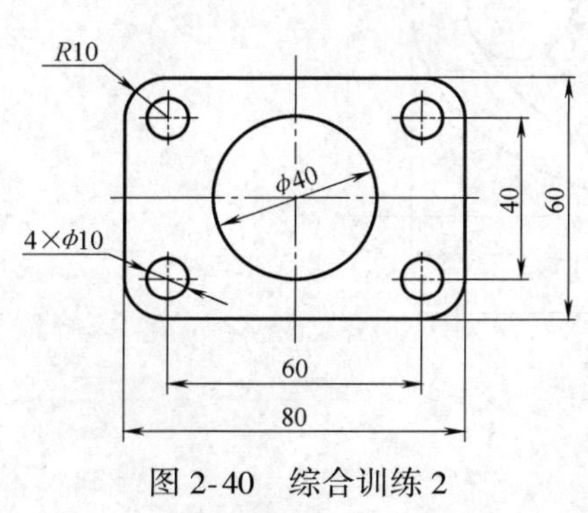

图 2-40　综合训练 2

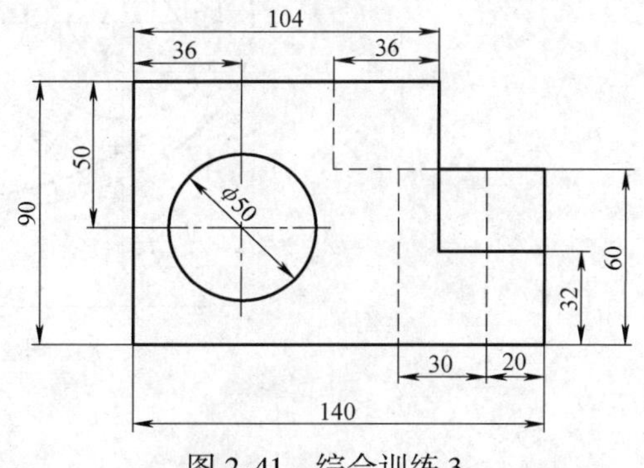

图 2-41　综合训练 3

4. 如图 2-42 所示，绘制该图形。

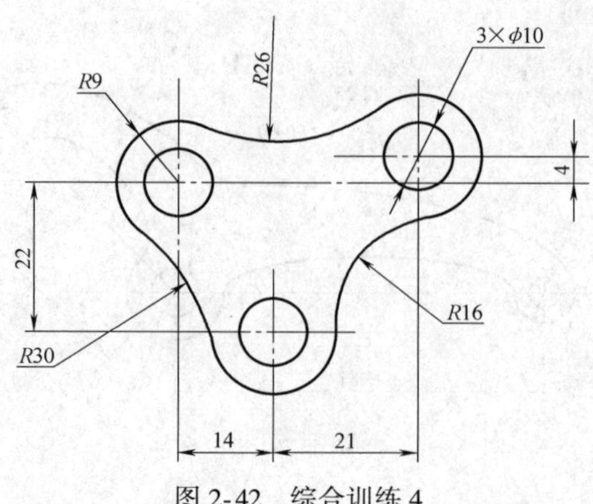

图 2-42 综合训练 4

5. 绘制一个 150mm 的水平线，并将线四等分；绘制多段线，线宽在 *B*、*C* 两点处最宽，宽度为 9mm，*A*、*D* 两点处宽度为 0，效果如图 2-43 所示。

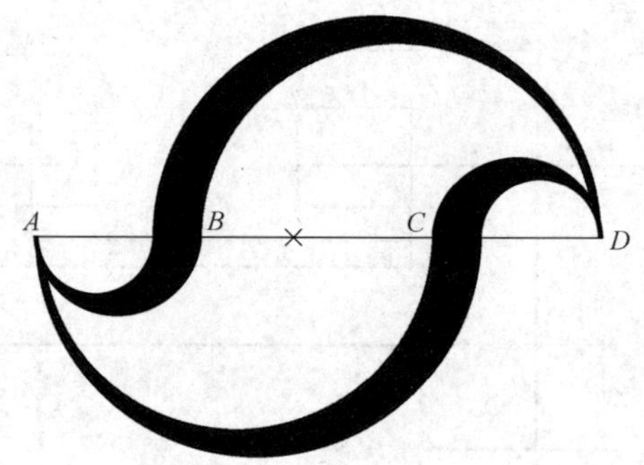

图 2-43 综合训练 5

6. 如图 2-44 所示，绘制该图形。

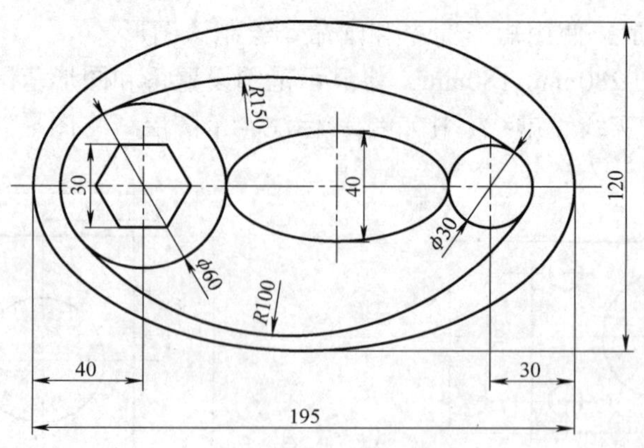

图 2-44 综合训练 6

# 项目三

# 复杂平面图形的绘制

## 任务一　莲花的绘制

### 学习目标

❖掌握复制、阵列、镜像命令的使用方法。

❖掌握莲花图形的绘制方法。

❖合理选择各种复制方法快速绘制相关图形。

### 任务描述

莲花图形是一个典型的由多个相同的图形按照一定规律排列组成的图形，是几种复制命令的综合运用。本任务是学会利用直线、圆形、复制、镜像、阵列等命令绘制出莲花图形，如图 3-1 所示。

图 3-1　莲花图形

### 知识链接

#### 一、复制命令

**1. 操作方法**

(1) 菜单栏　选择【修改】→【复制】命令。

(2) 工具栏　单击【修改】工具栏中的【复制】按钮 。

(3) 命令行　COPY（或缩写：CO）。

**2. 操作步骤**

*命令:COPY*

*选择对象:*　　(选定要复制的对象并按<Enter>键或右键确认)

*选择对象:*　　(按<Enter>键结束选择对象)

*当前设置　复制模式 = 多个*

*指定基点或［位移(D)/模式(O)］<位移>：* 指定复制操作的基点

（一般为对象上的点）

*指定第二个点或［阵列(A)］<使用第一个点作为位移>：*

（通过指定基点的新位置确定复制后副本的位置）

**3. 选项说明**

1）位移（D）：利用输入坐标值来确定复制的距离和方向。

2）模式（O）：选择复制模式（单个S、多个M）。

3）阵列（A）：通过指定阵列数目和阵列的第二点来确定复制后对象的个数和位置。

4）退出（E）：复制后退出命令。

5）放弃（U）：删除刚复制的图形。

## 二、阵列命令

阵列命令是采用一定的规律复制图形，AutoCAD 2014 包含三种阵列类型：矩形阵列、路径阵列、环形阵列。

### （一）矩形阵列

将对象副本分布到行、列和标高的任意组合。

**1. 操作方法**

（1）菜单栏　选择【修改】→【阵列】→【矩形】命令。

（2）工具栏　单击【修改】工具栏中的【矩形阵列】按钮。

（3）命令行　ARRAYRECT。

**2. 操作步骤**

*命令：ARRAYRECT*

*选择对象：* （选择要进行阵列操作的对象并确认）

*类型 = 矩形　关联 = 是*

*选择夹点以编辑阵列或［关联(AS)/基点(B)/计数(COU)/间距(S)/列数(COL)/行数(R)/层数(L)/退出(X)］<退出>：* （指定阵列夹点或输入选项，进入下一步操作）

**3. 选项说明**

1）选择对象：选择要在阵列中使用的对象。

2）关联（AS）：指定阵列中的对象是关联的还是独立的。

3）基点（B）：定义阵列基点和基点夹点的位置。

4）计数（COU）：指定行数和列数，并使用户在移动光标时可以动态观察结果（一种比“行和列”选项更快捷的方法）

5）间距（S）：指定行间距和列间距并使用户在移动光标时可以动态观察结果。

6）列数（COL）：编辑列数和列间距。

7）行数（R）：指定阵列中的行数、行数之间的距离以及行数之间的增量标高。

8）层数（L）：指定阵列中的层数。

### （二）路径阵列

路径阵列是指将选定的对象沿路径或部分路径均匀分布生成副本。路径可以是直线、多段线、三维多段线、样条曲线、螺旋、圆弧、圆或椭圆。

1. 操作方法

(1) 菜单栏　选择【修改】→【阵列】→【路径阵列】命令。

(2) 工具栏　单击【修改】工具栏中的【矩形阵列】按钮。

(3) 命令行　ARRAYPATH。

2. 操作步骤

*命令：_arraypath*

*选择对象：*　　(选择要进行路径阵列的对象并确认)

*类型 = 路径　关联 = 是*

*选择路径曲线：*　　(选择阵列路径)

*选择夹点以编辑阵列或［关联(AS)/方法(M)/基点(B)/切向(T)/项目(I)/行(R)/层(L)/对齐项目(A)/Z 方向(Z)/退出(X)］<退出>：*　　(选择阵列夹点或输入选项进入下一步操作)

3. 选项说明

1) 方法 (M)：控制如何沿路径分布项目 (定数等分 D、定距等分 M)。

2) 切向 (T)：指定阵列中的项目如何相对于路径的起始方向对齐。

3) 项目 (I)：根据“方法”设置，指定项目数或项目之间的距离。

4) 对齐项目 (A)：指定是否对齐每个项目以便与路径的方向相切。对齐相对于第一个项目的方向。

5) Z 方向 (Z)：控制是否保持项目的原始 *Z* 方向或沿三维路径自然倾斜项目。

(三) 环形阵列

围绕中心点或旋转轴在环形阵列中均匀分布对象副本。

1. 操作方法

(1) 菜单栏　选择【修改】→【阵列】→【环形阵列】命令。

(2) 工具栏　单击【修改】工具栏中的【环形阵列】按钮。

(3) 命令行　ARRAYPATH。

2. 操作步骤

*命令：_arraypolar*

*选择对象：*　　(选择阵列对象并确认)

*类型 = 极轴　关联 = 是*

*指定阵列的中心点或［基点(B)/旋转轴(A)］：*　　(指定阵列的中心点)

*选择夹点以编辑阵列或［关联(AS)/基点(B)/项目(I)/项目间角度(A)/填充角度(F)/行(ROW)/层(L)/旋转项目(ROT)/退出(X)］<退出>：*　　(指定阵列夹点或输入选项进入下一步操作)

3. 选项说明

1) 阵列中心点：指定分布阵列项目所围绕的点。旋转轴是当前 UCS 的 *Z* 轴。

2) 旋转轴 (A)：指定由两个指定点定义的自定义旋转轴。

3) 项目间角度 (A)：使用值或表达式指定项目之间的角度。

4) 填充角度 (F)：使用值或表达式指定阵列中第一个和最后一个项目之间的角度。

5）行（ROW）：指定阵列中的行数、行数之间的距离，以及行数之间的增量标高。

6）层（L）：指定（三维阵列的）层数和层间距。

7）旋转项目（ROT）：控制在排列项目时是否旋转该项目。

## 三、镜像命令

### 1. 操作方法

（1）菜单栏　选择【修改】→【镜像】命令。

（2）工具栏　单击【修改】工具栏中的【镜像】按钮。

（3）命令行　MIRROR（或缩写：MI）。

### 2. 操作步骤

*命令：_mirror*

*选择对象：*（选择要进行镜像操作的对象并确认）

*指定镜像线的第一点：*（确定镜像线上的一点）

*指定镜像线的第二点：*（确定镜像线上的另一点）

*要删除源对象吗？[是(Y)/否(N)] <N>：*（设置是否保留源对象）

### 3. 选项说明

1）选择对象：指定要进行镜像操作的对象。

2）镜像线的第一点：指定镜像轴线的起点。

3）镜像线的第二点：指定镜像轴线的端点。

4）是否删除源对象：指定在通过绕轴（镜像线）翻转对象创建镜像图像后，是否保留源对象。输入N，将保留源对象。输入Y，将删除源对象，只留下创建的镜像图像。

## 任务实施

## 一、准备工作

1）上课前仔细阅读本任务的内容。

2）复习直线、圆形、修剪等操作。

## 二、任务分析

1）莲花图形由16个形状相同的花瓣组成，各个花瓣沿圆周呈均匀排列。单个花瓣的轮廓是两个相同圆的重叠部分，可以用复制圆后修剪得到。一个花瓣上的花纹是用阵列花瓣角点连线加以修剪，来得到半边花瓣上的花纹。相对称的另一边花纹，可以通过镜像复制来获得。最后把一个完整的花瓣绕着花瓣的一个角点旋转复制得到完整的图形结构。

2）任务实施过程中将用到本次任务复制、环形阵列、镜像的知识及直线、圆形、修剪等操作。

## 三、绘制莲花的操作步骤

### 1. 绘制半径为100mm的圆1

过程略，如图3-2a所示。

**2. 复制出圆 2**（图 3-2b）

*命令：COPY*

*选择对象：找到一个* （选择圆 1）

*当前设置： 复制模式 = 多个*

*指定基点或［位移(D)/模式(O)］<位移>：* （单击圆心）

*指定第二个点或［阵列(A)］<使用第一个点作为位移>：150* （从圆心处水平向右追踪）

**3. 修剪多余圆弧**（图 3-2c）

*命令：TRIM*

*当前设置：投影=UCS，边=无*

*选择剪切边…*

*选择对象或 <全部选择>：* （按<Enter>键）

*选择要修剪的对象，或按住 Shift 键选择要延伸的对象，或［栏选(F)/窗交(C)/投影(P)/边(E)/删除(R)/放弃(U)］：依次单击两圆要修剪的部位后按<Enter>键*

**4. 绘制直线连接花瓣交点**（图 3-2d）

用直线命令连接圆弧的上下两个交点。

**5. 环形阵列直线后得出右半边花纹形状**（图 3-2e）

*命令：_arraypolar*

*选择对象：找到 1 个* （选择竖直直线）

*类型 = 极轴 关联 = 是*

*指定阵列的中心点或［基点(B)/旋转轴(A)］：* （单击竖直线的上端点）

*选择夹点以编辑阵列或［关联(AS)/基点(B)/项目(I)/项目间角度(A)/填充角度(F)/行(ROW)/层(L)/旋转项目(ROT)/退出(X)］<退出>：AS*

*创建关联阵列［是(Y)/否(N)］<是>：N*

*选择夹点以编辑阵列或［关联(AS)/基点(B)/项目(I)/项目间角度(A)/填充角度(F)/行(ROW)/层(L)/旋转项目(ROT)/退出(X)］<退出>：I*

*输入阵列中的项目数或［表达式(E)］<6>：16*

*选择夹点以编辑阵列或［关联(AS)/基点(B)/项目(I)/项目间角度(A)/填充角度(F)/行(ROW)/层(L)/旋转项目(ROT)/退出(X)］<退出>：F*

*指定填充角度(+=逆时针、-=顺时针)或［表达式(EX)］<360>：35*

**6. 修剪花瓣轮廓外的直线**（图 3-2f）

*命令：_trim*

*当前设置：投影=UCS，边=无*

*选择剪切边...*

*选择对象或 <全部选择>：* （选择右边圆弧作为剪切边）

*选择要修剪的对象，或按住 Shift 键选择要延伸的对象，或［栏选(F)/窗交(C)/投影(P)/边(E)/删除(R)/放弃(U)］：F* （选择栏选“F”选项，分解后进行快速修剪）

**7. 利用镜像命令绘制左半边花纹**（图 3-2g）

*命令：_mirror* （启动镜像命令）

*选择对象：指定对角点：找到 15 个* （选择竖直线右端的 15 条直线）

*指定镜像线的第一点：*　　　　　　　　　（捕捉花瓣的一个角点）

*指定镜像线的第二点：*　　　　　　　　　（捕捉花瓣的另一个角点）

*要删除源对象吗？［是(Y)/否(N)］<N>：*（按<Enter>键不删除源对象）

**8. 利用环形阵列绘制出整个莲花图案**（图3-2h）

*命令：_arraypolar*

*选择对象：找到33个*　　　　　　　　（选择已绘制好的单个花瓣图）

*类型 = 极轴　关联 = 是*

*指定阵列的中心点或［基点(B)/旋转轴(A)］：*（单击花瓣的上角点）

*选择夹点以编辑阵列或［关联(AS)/基点(B)/项目(I)/项目间角度(A)/填充角度(F)/行(ROW)/层(L)/旋转项目(ROT)/退出(X)］<退出>：I*

*输入阵列中的项目数或［表达式(E)］<6>：16*

*选择夹点以编辑阵列或［关联(AS)/基点(B)/项目(I)/项目间角度(A)/填充角度(F)/行(ROW)/层(L)/旋转项目(ROT)/退出(X)］<退出>：F*

*指定填充角度(+=逆时针、-=顺时针)或［表达式(EX)］<360>:360*

*选择夹点以编辑阵列或［关联(AS)/基点(B)/项目(I)/项目间角度(A)/填充角度(F)/行(ROW)/层(L)/旋转项目(ROT)/退出(X)］<退出>：*

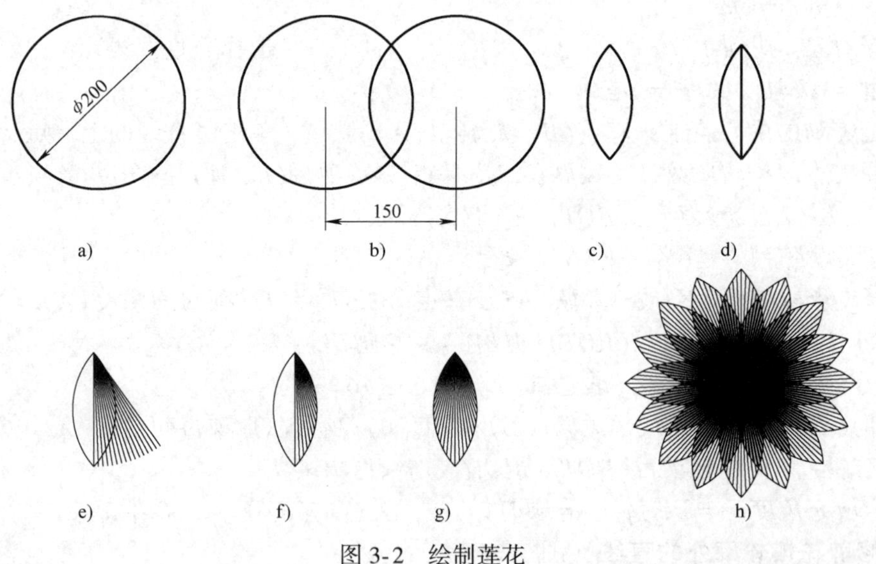


图3-2　绘制莲花

## 四、操作提示

1）复制操作时要注意基点的合理选择，多次重复依然以基点为基准。

2）阵列操作可以复制多个对象且有规律地分布。AutoCAD 2014中，矩形阵列可以将复制的副本按指定的行列排队；路径阵列可将复制的副本按指定的距离沿给定路径均匀分布；环形阵列可以将复制的副本均匀地分布在圆周上。

3）镜像命令可以复制单个或多个对象且将副本翻转放置或生成对称图形，镜像线可以是已绘制的线，也可以是虚拟的线。

## 五、结束任务

莲花图形绘制完成后，检查自己绘制的图形是否符合要求，对自己的绘图练习进行评价。同时自我评价本任务复制、阵列、镜像命令的掌握程度，最后要求每位用户能熟练运用本任务所学知识绘制出莲花图，争取都能圆满地完成学习任务。

# 拓展提高

## 一、复制操作

在 AutoCAD 中，复制的操作可以简化绘图过程，提高绘图效率。在二维空间常采用追踪输入长度的方法复制图形，在三维空间常采用输入坐标的方式复制图形。例如，将图形沿 *X* 轴正向复制 5 个单位，操作时只需将基点定为（0，0），第二点定为（5，0）即可。

## 二、修剪操作

在 AutoCAD 中，执行修剪命令时，注意剪切边的合理选择。当要修剪的对象较多时，可选择简便方法。本任务中采用了“栏选”的方法，可一次性修剪多个对象。如图 3-3 所示，要修剪多余的线段，先输入“TR”命令，选择右边圆弧作为剪切边，选择修剪对象时，输入<F>键后按空格键，再点取 *A* 点、*B* 点，即可一次性修剪所有多余的边。在其他图形中还常用到自右至左框选等方法。

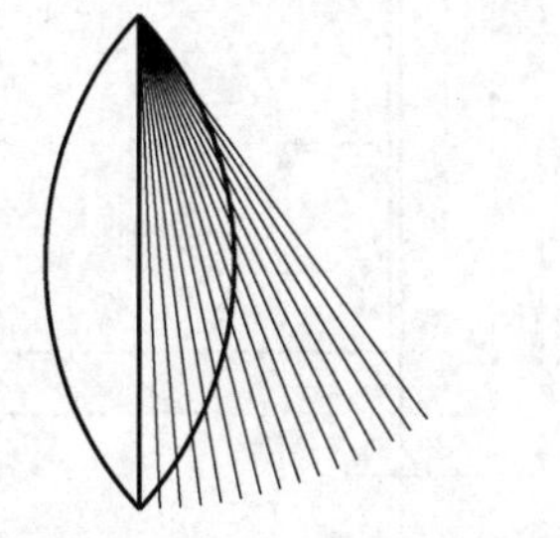

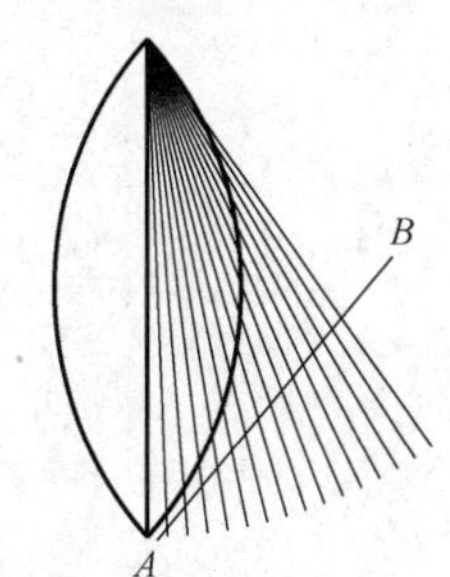


图 3-3　栏选“F”选项的应用

# 实战演练

如图 3-4 所示，绘制槽轮。

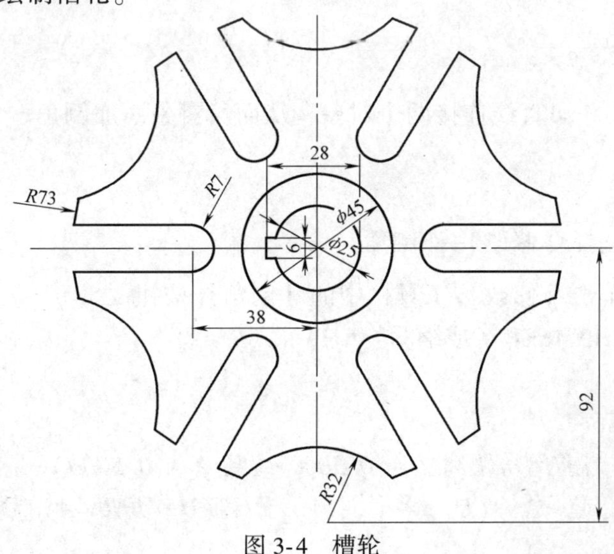


图 3-4　槽轮

# 任务二　轴承套的绘制

## 学习目标

❖掌握偏移和倒角命令的使用方法。

❖掌握轴承套图形的绘制方法。

## 任务描述

轴承套图形是一个典型的上下对称的图形，在图形中包含多个直线型切角，本任务是学会利用直线、偏移、倒角、图案填充命令等绘制出轴承套图形，如图 3-5 所示。

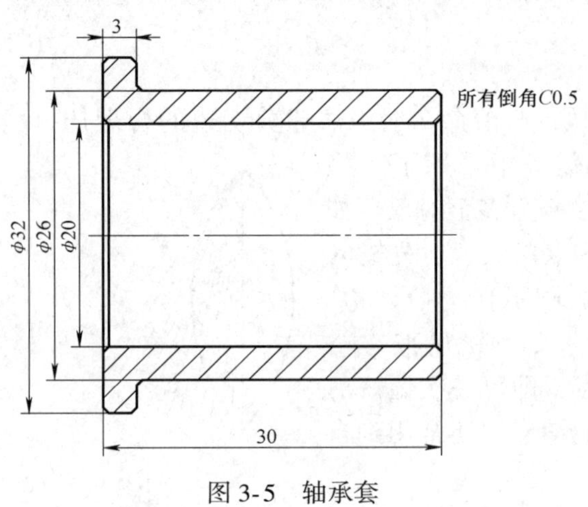


图 3-5　轴承套

## 知识链接

### 一、倒角命令

倒角命令是使用一段直线连接两个对象，从而给对象添加倒角。指定倒角大小可以采用距离法和角度法。

**1. 操作方法**

（1）菜单栏　选择【修改】→【倒角】命令。

（2）工具栏　单击【修改】工具栏中的【倒角】按钮。

（3）命令行　CHAMFER（或缩写：CHA）。

**2. 操作步骤**

*命令：CHAMFER*

*（"修剪"模式）当前倒角距离 1 = 0.5000，距离 2 = 0.5000*

*选择第一条直线或［放弃(U)/多段线(P)/距离(D)/角度(A)/修剪(T)/方式(E)/多个(M)］：*

*选择第二条直线,或按住 Shift 键选择直线以应用角点或[距离(D)/角度(A)/方法(M)]:*

**3. 选项说明**

1）第一条直线：指定二维倒角所需的两条边中的第一条边。

2）选择第二条直线：指定二维倒角所需的两条边中的第二条边。

3）多段线（P）：对整个二维多段线倒角。相交多段线线段在每个顶点被倒角。

4）距离（D）：用距离法设置倒角。依次设置倒角的第一、第二边上的倒角距离。

5）角度（A）：用第一条线的倒角距离和第二条线的角度设置倒角距离。

6）修剪（T）：控制修剪命令是否保留原角点。如果选择修剪模式（T），将选定的边修剪到倒角直线的端点。如果选择不修剪模式（N），将保留原角点。

7）方式（E）：控制倒角工具使用两个距离，还是一个距离、一个角度来创建倒角。

8）多个（M）：为多组对象的边倒角。

## 二、偏移命令

创建造型与选定对象造型平行的新对象，如创建对象的同心圆、平行线和平行曲线等。

**1. 操作方法**

（1）菜单栏　选择【修改】→【偏移】命令。

（2）工具栏　单击【修改】工具栏中的【偏移】按钮。

（3）命令行　OFFSET（或缩写：O）。

**2. 操作步骤**

*命令:_offset*

*当前设置:删除源=否　图层=源　OFFSETGAPTYPE=0*

*指定偏移距离或[通过(T)/删除(E)/图层(L)] <通过>:*

*选择要偏移的对象,或[退出(E)/放弃(U)] <退出>:*

*指定要偏移的那一侧上的点,或[退出(E)/多个(M)/放弃(U)] <退出>:*

**3. 选项说明**

1）指定偏移距离：在距现有对象指定的距离处创建对象。

2）通过（T）：创建通过指定点的对象。

3）删除（E）：创建偏移对象后，是否将源对象删除。键入“Y”，将删除源对象，键入“N”，将保留原对象。

4）图层（L）：确定将偏移对象创建在当前图层上还是源对象所在的图层。键入“C”，将在当前图层创建新对象，键入“S”，将在源图层创建新对象。

# 任务实施

## 一、准备工作

1）上课前仔细阅读本任务的内容。

2）复习直线、正交功能等操作。

## 二、任务分析

1）轴承套是一个轴对称图形。可以用直线和倒角命令绘制上半部分的轮廓，使用镜像工具命令绘制轴套的下半部分，最后利用图案填充命令绘制剖面线。

2）任务实施过程中将用到偏移、倒角的知识及直线、图案填充等操作。

## 三、绘制轴承套的操作步骤

### 1. 设置绘图环境

过程同前。

### 2. 绘制中心线

设置图层、线型、颜色、线宽以及绘制中心线。

### 3. 绘制轴套的内外轮廓（图3-6a）

*命令：_line 指定第一点：* （绘制轴套的外轮廓线，在中心线上指定一点）

*指定下一点或［放弃(U)］：13* （指定轴套的上半轮廓的侧面高）

*指定下一点或［放弃(U)］：30* （指定轴套的长度）

*指定下一点或［闭合(C)/放弃(U)］：* （捕捉与中心线的垂足）

*命令：_offset* （启动偏移命令）

*当前设置：删除源=否　图层=源　OFFSETGAPTYPE=0* （绘制轴套的内轮廓）

*指定偏移距离或［通过(T)/删除(E)/图层(L)］<通过>：　3*

*指定要偏移的那一侧上的点，或［退出(E)/多个(M)/放弃(U)］<退出>：*

（将外轮廓线向中心线方向偏移）

### 4. 绘制轴套的凸缘（图3-6b）

*命令：_line 指定第一点：* （捕捉轴套外轮廓的左上角点）

*指定下一点或［放弃(U)］：3* （指定凸缘的高度）

*指定下一点或［放弃(U)］：3* （指定凸缘的宽度）

*指定下一点或［闭合(C)/放弃(U)］* （捕捉与轴套外轮廓垂足）

### 5. 绘制轴套上的倒角（图3-6c）

*命令：_chamfer*

*选择第一条直线或［放弃(U)/多段线(P)/距离(D)/角度(A)/修剪(T)/方式(E)/多个(M)］：A*

*指定第一条直线的倒角长度<0.0000>：0.5* （指定第一倒角边全角距）

*指定第一条直线的倒角角度<0>：45* （指定第一倒角边的倒角角度）

*选择第一条直线或［放弃(U)/多段线(P)/距离(D)/角度(A)/修剪(T)/方式(E)/多个(M)］：T*

*输入修剪模式选项［修剪(T)/不修剪(N)］<修剪>：N*　（选择不修剪模式）

*选择第一条直线或［放弃(U)/多段线(P)/距离(D)/角度(A)/修剪(T)/方式(E)/多个(M)］：*　（输入M，同时指定多个倒角）

再使用trim命令修剪倒角。

**6. 绘制轴套内孔的上半部分**（图3-6d）

*命令：_line 指定第一点：*　（指定内孔的左或右端点）

*指定下一点或［放弃(U)］：*　（捕捉与中心线的垂足）

*指定下一点或［放弃(U)*　（结束直线命令）

**7. 绘制轴套的下半部分**（图3-6e）

*命令：_mirror*　（启动镜像命令）

*选择对象：指定对角点：找到14个*　（选择轴套的上半部分图形）

*选择对象：*　（按<Enter>键，结束选择对象）

*指定镜像线的第一点：指定镜像线的第二点：*（分别指定轴线的两个端点）

*要删除源对象吗？［是(Y)/否(N)］<N>：*　（直接按<Enter>键，不删除源对象）

**8. 绘制轴套剖面线**（图3-6f）

*命令：_bhatch*

*拾取内部点或［选择对象(S)/删除边界(B)］：*　（选择图案类型为ANSI31）

*正在选择所有可见对象...*

*正在分析所选数据...*

*正在分析内部孤岛...*

*拾取内部点或［选择对象(S)/删除边界(B)］：*　（拾取点：单击要进行图案填充的区域）

*正在分析内部孤岛...*

*拾取内部点或［选择对象(S)/删除边界(B)］：*

## 四、操作提示

1）倒角操作可以在两对象之间创建直线型切角。注意选项（T）的使用，选择（T）修剪，将自动剪切掉多余的边，选择“N”不修剪，将保留原来的边，生成倒角。

2）偏移操作可以创建平行对象，直线按给定的距离偏移，生成平行线，圆形或圆弧可生成同心圆或同心圆弧，多段线偏移可以生成与原图形平行且形状一致的多段线，如图3-7所示。

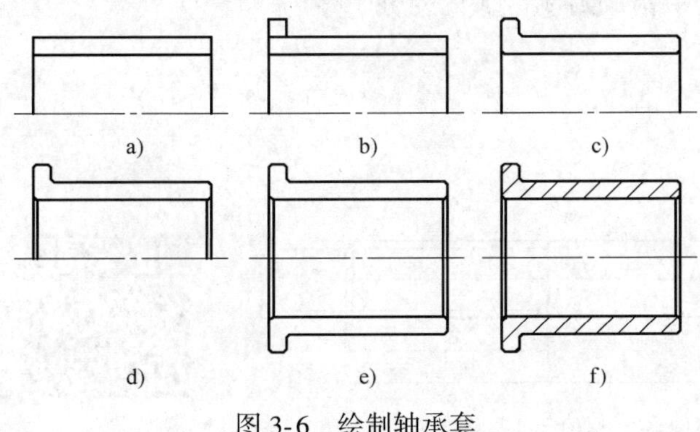


图3-6　绘制轴承套

图3-7　偏移命令的使用

## 五、结束任务

轴承套图形绘制完成后，检查自己绘制的图形是否符合要求，对自己的绘图练习和本任务中“偏移”“倒角”命令的掌握程度进行评价。

## 拓展提高

图案填充常用于对特定的图形封闭区域填充图案（如剖面线、表面纹理、涂色等），来表示部件的材料及表面状态，增强图形的清晰度和图形效果。

### 1. 操作方法

（1）菜单栏　选择【绘图】→【图案填充】命令。

（2）工具栏　单击【绘图】工具栏中【图案填充】按钮。

（3）命令行　HATCH（或缩写：H）。

### 2. 操作步骤

启动图案填充命令后，弹出【图案填充和渐变色】对话框，如图 3-8 所示。

1）类型和图案：指定图案填充的类型和图案，可以使用 AutoCAD 提供的类型和图案，用户还可以自定义图案。

2）颜色：设置填充图案的颜色和背景色。

3）角度和比例：用户可以根据需要，设置填充图案的倾斜角度及填充比例的大小，以达到最好的填充效果。

4）图案填充的原点：控制填充图案生成的起始位置。默认情况下，所有图案填充原点都对应于当前的 UCS 原点。但某些图案填充（如砖块图案）需要与图案填充边界上的一点对齐。

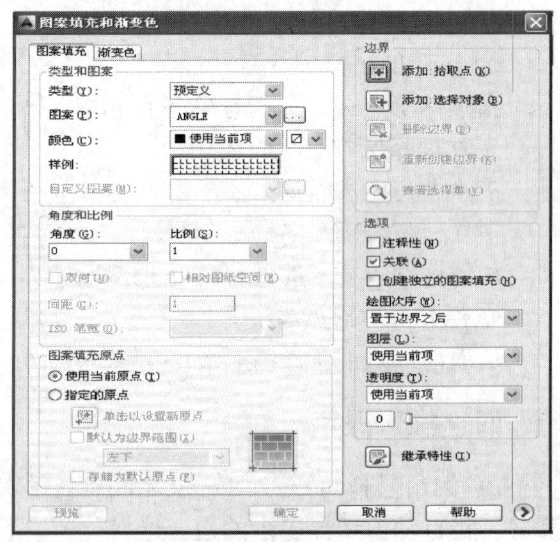


图 3-8 【图案填充和渐变色】对话框

5）边界：指定图案填充的边界。具体方法有：指定对象封闭的区域中的点（单击封闭区域）和选择封闭区域的对象（选中构成封闭区域的对象）。

## 实战演练

如图 3-9 所示，绘制螺栓。

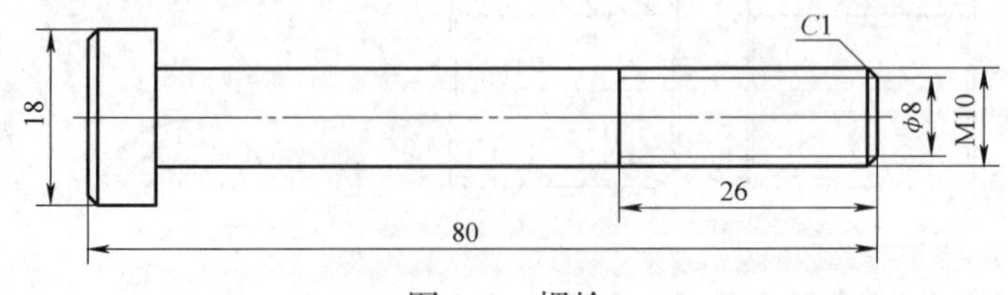

图 3-9 螺栓

# 任务三 密封垫圈的绘制

## 学习目标

❖掌握拉长命令的使用方法。

❖掌握绘制带有花键的图形。

## 任务描述

密封垫圈是包含圆形、椭圆，并按一定规律排列的图形。本任务是利用椭圆、圆、阵列等命令绘制出密封垫圈图形，并利用拉长或延伸命令调整中心线的长度，如图 3-10 所示。

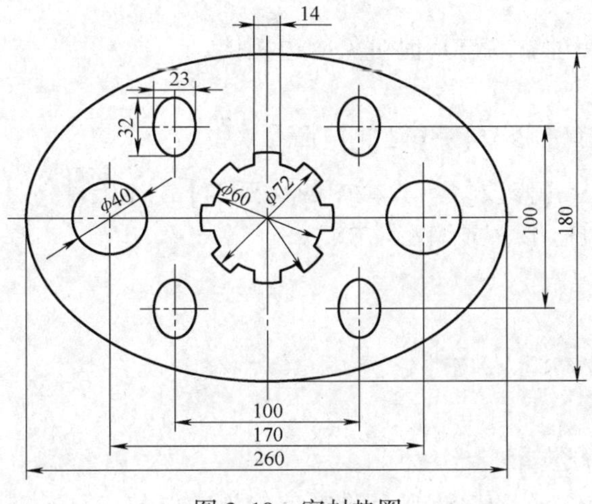


图 3-10 密封垫圈

## 知识链接

### 一、拉长命令

拉长命令用于更改对象的长度和圆弧的包含角。

**1. 操作方法**

（1）菜单栏 选择【修改】→【拉长】命令。

（2）命令行 LENGTHEN（或缩写：LEN）。

**2. 操作步骤**

*命令：_lengthen*

*选择对象或［增量(DE)/百分数(P)/全部(T)/动态(DY)］：*

*输入长度增量或［角度(A)］<0.0000>：*

*选择要修改的对象或［放弃(U)］：*

**3. 选项说明**

1）选择对象：选中对象会显示对象的长度。

2）增量（DE）：以指定的增量修改对象的长度，该增量从距离选择点最近的端点处开始测量；以指定的增量修改弧的角度，该增量从距离选择点最近的端点处开始测量。正值拉长对象，负值缩短对象。

3）百分数（P）：通过指定对象总长度的百分数设置对象长度。

4）全部（T）：通过指定从固定端点测量的总长度的绝对值来设置选定对象的长度。“全部”选项也按照指定的总角度设置选定圆弧的包含角。

5）动态（DY）：打开动态拖动模式。通过拖动选定对象的端点之一来改变其长度，其他端点保持不变。

6）输入长度增量或［角度（A）］：输入长度增量或角度增量。

7）选择要修改的对象：拾取欲拉长的对象。

## 二、延伸命令

延伸命令用于扩展对象以与其他对象的边相接。

### 1. 操作方法

（1）菜单栏　选择【修改】→【延伸】命令。

（2）工具栏　单击【修改】工具栏中的【延伸】按钮 --/。

（3）命令行　EXTEND（或缩写：EX）。

### 2. 操作步骤

*命令：_extend*

*当前设置：投影=UCS，边=无*

*选择边界的边...*

*选择对象或 <全部选择>：*

*选择要延伸的对象，或按住 Shift 键选择要修剪的对象，或［栏选（F）/窗交（C）/投影（P）/边（E）/放弃（U）］：*

### 3. 选项说明

1）选择边界的边... 选择对象：指定延伸的边界。

2）选择要延伸的对象：指定要通过伸长或缩短与边界对象相交的对象，选择对象的方法同修剪命令。

# 任务实施

## 一、准备工作

1）上课前仔细阅读本任务的内容。

2）复习圆形、椭圆、矩形阵列等操作。

## 二、任务分析

1）密封垫圈图包含一个大椭圆形，在该椭圆形的内部绘制两个圆孔、四个椭圆孔和一个花键孔。两个圆形孔在椭圆的水平轴上，并相对于垂直轴对称。可以直接绘制，也可以绘制一个圆后进行镜像操作。四个椭圆孔相对椭圆中心对称排列，可以用矩形阵列的方法绘制，也可以用环形阵列的方法绘制。花键孔圆周上均匀分布着八个键槽，可以用环形阵列的方法绘制。

2）任务实施过程中将用到本任务拉长的知识及圆形、椭圆、阵列等操作。

## 三、绘制密封垫圈的操作步骤

**1. 设置绘图环境**

过程同前。

**2. 绘制中心线**

设置图层、线型、颜色、线宽并绘制相应的中心线。

**3. 绘制大椭圆**（图 3-11a）

*命令：_ellipse*　　（启动椭圆命令）
*指定椭圆的轴端点或［圆弧(A)/中心点(C)］：C*　　（选择中心点选项）
*指定椭圆的中心点：*　　（捕捉中心线的交点）
*指定轴的端点：<正交 开> 130*　　（打开正交模式，在水平方向指定长轴端点）
*指定另一条半轴长度或［旋转(R)］：90*　　（在垂直方向指定短半轴长度）

**4. 绘制左下角的椭圆**（图 3-11b）

*命令：_ellipse*　　（启动椭圆命令）
*指定椭圆的轴端点或［圆弧(A)/中心点(C)］：C*　　（选择中心点选项）
*指定椭圆的中心点：*　　（捕捉左下角中心线的交点）
*指定轴的端点：<正交 开> 16*　　（打开正交模式，在水平方向指定长轴端点）
*指定另一条半轴长度或［旋转(R)］：11.5*　　（在垂直方向指定短半轴长度）

**5. 绘制其他的椭圆**（图 3-11c）

使用 array 命令，将左下角小椭圆及其中心线按二行二列，间距为 100mm，进行矩形阵列。

**6. 绘制两个圆**（图 3-11d）

*命令：_circle*　　（启动圆命令）
*指定圆的圆心或［三点(3P)/两点(2P)/相切、相切、半径(T)］：*　　（分别捕捉左右两个垂直中心线与水平中心线交点）
*指定圆的半径或［直径(D)］：20*　　（指定半径为 20mm）

**7. 绘制花键孔**（图 3-11e）

*命令：_circle*　　（启动圆命令）
*指定圆的圆心或［三点(3P)/两点(2P)/相切、相切、半径(T)］*
（捕捉大椭圆的圆心）
*指定圆的半径或［直径(D)］<20.0000>：36*　　（指定半径为 36mm）
*CIRCLE 指定圆的圆心或［三点(3P)/两点(2P)/相切、相切、半径(T)］：*
（捕捉大椭圆的圆心）

*指定圆的半径或［直径(D)］<36.0000>：30*　　　　（指定半径为30mm）

**8. 绘制单个花键槽**（图3-11f、图3-11g）

*命令：_offset*

*当前设置：删除源=否　图层=源　OFFSETGAPTYPE=0*

*指定偏移距离或［通过(T)/删除(E)/图层(L)］<通过>：　7*　（指定偏移距离7mm）

*选择要偏移的对象，或［退出(E)/放弃(U)］<退出>*　　　（选择垂直对称中心线）

*指定要偏移的那一侧上的点，或［退出(E)/多个(M)/放弃(U)］<退出>*

（先指定垂直对称中心线左侧）

接下来按同样的方法，在垂直对称中心线右侧偏移，修改刚偏移的两条直线的线型为轮廓线的线型，修剪多余图线。

**9. 绘制其他花键槽**（图3-11h）

执行环形阵列命令，捕捉在椭圆的中心为阵列中心点，窗选单个键槽，进行环形阵列，填充角度为360°，项目个数为8个。

**10. 修剪其他花键槽**（图3-11i）

*命令：_trim*

*当前设置：投影=UCS，边=无*

*选择剪切边...*

*选择对象或<全部选择>：*　　　　（修剪花键孔内外圆上多余的圆弧段）

*选择要修剪的对象，或按住Shift键选择要延伸的对象，或［栏选(F)/窗交(C)/投影(P)/边(E)/删除(R)/放弃(U)］：*

**11. 整理中心线**（图3-11j）

根据国标要求，中心线应超出轮廓线3～4mm。先将中心线修建到边界处，再利用Lengthen命令，修改中心线的长度。

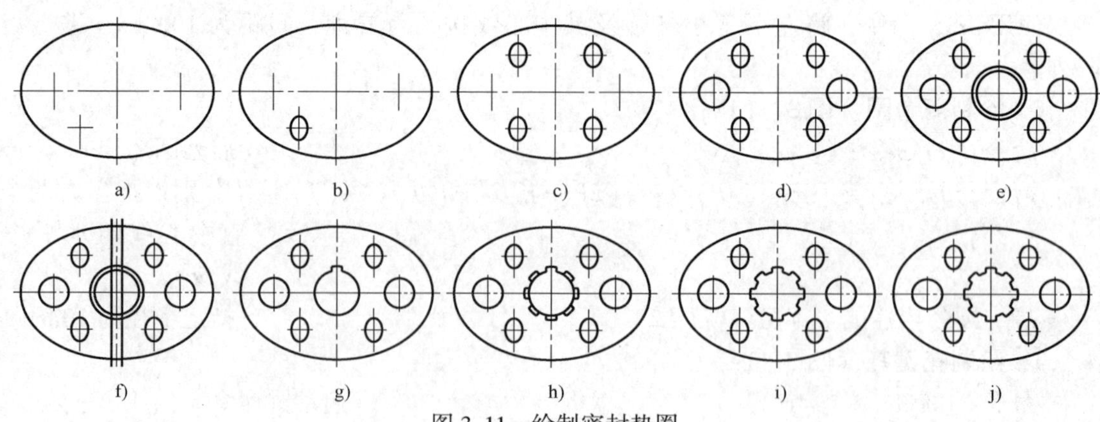


图3-11　绘制密封垫圈

## 四、操作提示

1）拉长操作可以指定以百分比、增量、最终长度或角度来更改对象，拉长命令可以拉长对象也可以缩短对象。

2）延伸操作可将对象延伸至指定边界，首先选择边界边，然后按<Enter>键并选择要延伸的对象。要将所有对象用作边界，请在首次出现“选择对象”提示时按<Enter>键。

## 五、结束任务

密封垫圈图形绘制完成后，检查自己绘制的图形是否符合要求，对自己的绘图练习进行评价。同时，自我评价本任务拉长、延伸命令的掌握程度，最后要求能熟练运用本任务所学知识绘制出轴承套图。

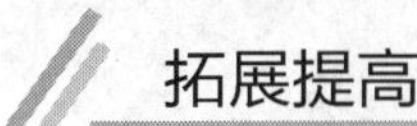

# 拓展提高

## 一、修剪与延伸

修剪命令 Trim 与延伸命令 Extend 是相反的操作。修剪命令 Trim 是将对象到边界对象间的部分删除（缩短了）；延伸命令 Extend 是将对象延伸到边界对象（加长了）。

修剪命令 Trim 与延伸命令 Extend 互为逆的操作。在使用修剪命令 Trim 过程中，<Shift>键+选择要修剪的对象=延伸命令 Extend。在使用延伸命令 Extend 过程中，<Shift>键+选择要延伸的对象=修剪命令 Trim。

## 二、夹点编辑

1）夹点是对象被选中时，对象上出现的小方框（默认蓝色），此时的点称为冷点，再次把光标移至某点时，停留点将成绿色，称为悬停点。用光标单击选中该点，该点成为红色，此时该点处于可编辑状态，同时命令行会出现如下提示：

*指定拉伸点或［基点(B)/复制(C)/放弃(U)/退出(X)］*:(拖动光标将拉长和缩短对象)

2）夹点编辑有 5 种编辑模式：拉伸、移动、旋转、比例、镜像，各模式之间可通过空格键来切换。

3）机械图中常用夹点编辑的方法调整对象的大小和形状，在三维图形中还可以利用夹点移动对象。

# 实战演练

如图 3-12 所示，绘制图形。

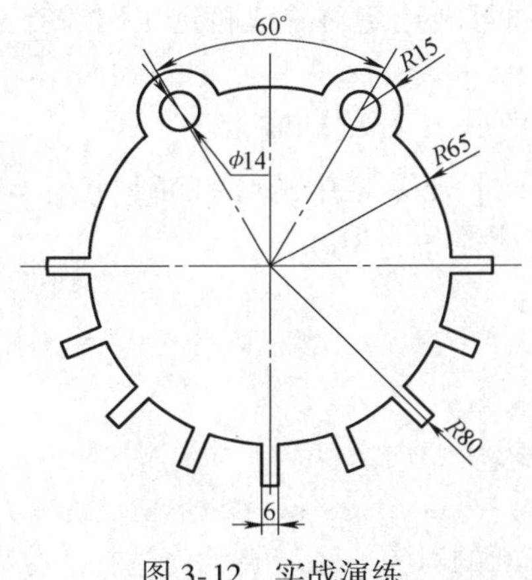


图 3-12　实战演练

# 任务四 轮架的绘制

## 学习目标

❖掌握圆角命令的使用方法。

❖正确使用圆命令和圆角命令来绘制圆弧连接。

## 任务描述

轮架图由圆、圆弧和直线光滑连接组成，是圆形、直线、修剪等多种命令综合使用的实例。本任务是学会利用直线、圆形、修剪、圆角、打断等命令绘制出轮架图形，如图3-13所示。

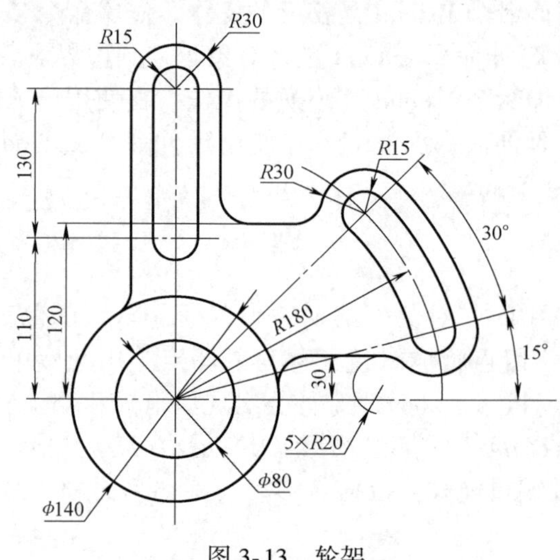


图3-13 轮架

## 知识链接

### 一、打断命令

打断命令用于在两点之间打断选定对象或将选定对象在某点处断开。

**1. 操作方法**

（1）菜单栏 选择【修改】→【打断】命令。

（2）工具栏 单击【修改】工具栏中的【打断】按钮或【打断于点】按钮。

（3）命令行 BREAK（或缩写：BR）。

**2. 操作步骤**

*命令：_break*

*选择对象：*

*指定第二个打断点 或［第一点(F)］：*

**3. 选项说明**

1）选择对象：指定要打断的对象。系统自动将选择对象时的拾取点作为第一个断开点。

2）指定第二个打断点：指定对象上的第二点、对象外的点或对象端点之外的点。

3）第一点（F）：用指定的新点替换原来的第一个打断点。

## 二、圆角命令

### 1. 操作方法

（1）菜单栏　选择【修改】→【圆角】命令。

（2）工具栏　单击【修改】工具栏中的【圆角】按钮。

（3）命令行　FILLET（或缩写：F）。

### 2. 操作步骤

*命令：_fillet*

*当前设置：模式 = 修剪，半径 = 0.0000*

*选择第一个对象或［放弃(U)/多段线(P)/半径(R)/修剪(T)/多个(M)］：*

*选择第二个对象，或按住 Shift 键选择要应用角点的对象：*

### 3. 选项说明

1）选择第一个对象：指定二维圆角所需的两个对象中的第一个对象。

2）选择第二个对象：指定二维圆角所需的两个对象中的第二个对象。

3）半径（R）：定义圆角圆弧的半径。

4）修剪（T）：控制圆角是否将选定的边修剪到圆角弧的端点。如果选择修剪模式（T），修剪选定的边到圆角弧端点。如果选择不修剪模式（N），将不修剪选定边。

5）多段线（P）：在二维多段线中两条直线段相交的每个顶点处插入圆角圆弧。

## 任务实施

## 一、准备工作

1）上课前仔细阅读本任务的内容。

2）复习直线、圆形、修剪等操作。

## 二、任务分析

1）轮架图主要由圆、圆弧、直线对象组成，各连接处用相切的圆弧光滑连接。

2）任务实施过程中将用到圆角、打断的知识，及直线、圆、修剪等操作。

## 三、绘制轮架的操作步骤

### 1. 设置绘图环境

过程同前。

### 2. 绘制中心线

设置图层、线型、颜色、线宽本绘制相应的中心线。

### 3. 绘制轮架内外轮廓上的圆（图 3-14a）

分别以圆心、半径方式，绘制两个直径为 140mm、80mm 的圆，三个半径为 30mm 的圆，四个半径为 15mm 的圆。

**4. 绘制支架上部的四条直线**（图 3-14b）

分别捕捉左边的两个 *R*15mm 上的左、右象限点为直线的起点和端点画直线；捕捉左边的 *R*30mm 上的左、右象限点为直线的起点，垂直向下绘制直线。

**5. 绘制轮架内外轮廓上的圆弧过渡**（图 3-14c）

以圆心、起点、端点法绘制圆弧。中心线在左下角的交点为圆心，起点和端点分别捕捉相应的垂足或交点。

**6. 绘制轮架外轮廓上的水平连接直线**（图 3-14d）

通过将水平中心线向上偏移 30mm 和 120mm，得到两条水平直线。选择偏移得到的直线，使用图层工具栏中图层下拉列表框，选择粗实线层，按<ESC>键，取消编辑状态，将刚才偏移得到的中心线直线改到粗实线层上。

**7. 绘制圆角**（图 3-14e）

*命令：_fillet*

*当前设置：模式 =修剪，半径 = 0.0000*

*选择第一个对象或［放弃(U)/多段线(P)/半径(R)/修剪(T)/多个(M)］：*

（输入 R，设置圆角半径为 20mm）

*选择第一个对象或［放弃(U)/多段线(P)/半径(R)/修剪(T)/多个(M)］：*

（选择圆角的第一边）

*选择第二个对象，或按住 Shift 键选择要应用角点的对象：*

（选择圆角的第二边）

分别绘制五个半径为 20mm 的圆角进行光滑连接。

**8. 修剪掉多余的线并调整中心线的长度和线型比例等**（图 3-14f）

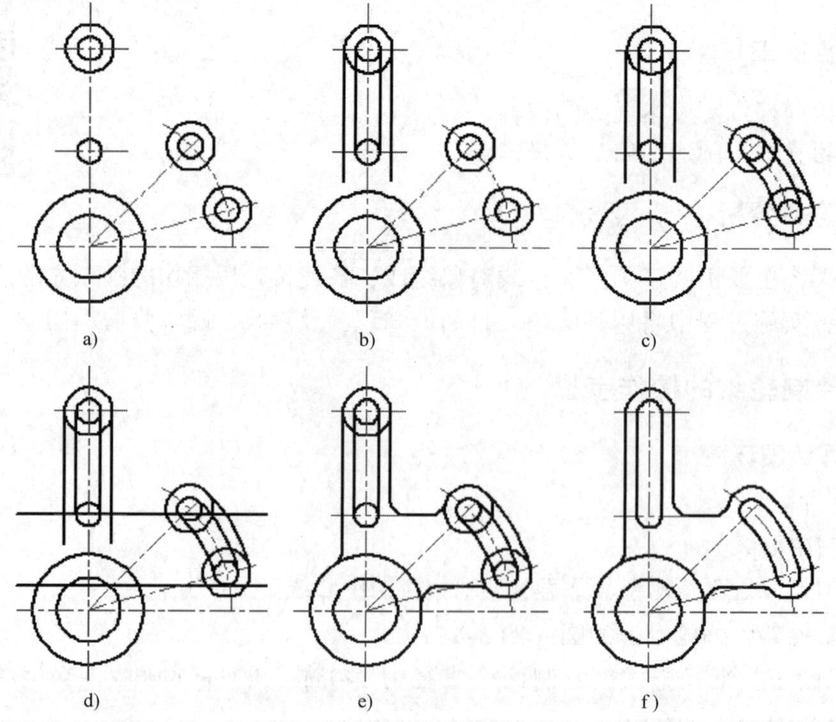


图 3-14　绘制轮架

## 四、操作提示

1）打断操作可以在对象上的两个指定点之间创建间隔，从而将对象打断为两个对象。如果这些点不在对象上，则会自动投影到该对象上。

2）圆角操作可以对圆弧、圆、椭圆、椭圆弧、直线、多段线、射线、样条曲线和构造线执行圆角操作，常用于绘制机械图中光滑连接的圆弧，还可以对三维实体和曲面进行圆角操作。

## 五、结束任务

轮架图形绘制完成后，检查自己绘制的图形是否符合要求，对自己的绘图练习进行评价。同时，自我评价本任务中圆角、打断命令的掌握程度。最后要求能熟练运用本任务所学知识绘制出图，圆满完成任务。

# 拓展提高

## 一、圆弧连接与圆角

通常在绘制圆弧连接的图形时，多采用先绘制圆（相切、相切、半径），再用修剪命令对多余的圆弧段进行修剪，最终得到圆弧连接的方法。采用圆角的方法，可以简化操作，因为圆角命令本身就有修剪功能（如果选择了修剪模式）。使用圆角命令时应注意：

1）圆角半径是指连接被圆角对象的圆弧半径，修改圆角半径将影响后续的圆角操作。如果设置圆角半径为 0，则被圆角的对象将被修剪或延伸直到它们相交，并不创建圆弧。

2）当圆角为平行直线圆角时，是以平行直线间的距离为直径创建圆弧连接的。

3）修剪命令指定是否修剪选定对象，并将对象延伸到创建的弧的端点。对于封闭的多段线，圆、椭圆等图形，圆角后并不修剪。是否要选择修剪模式，要根据参与圆角的对象来确定，避免将不应修剪的部分修剪掉。

4）封闭的多段线、圆、椭圆等图形间不能圆角。

## 二、偏移

使用偏移命令可以将直线对象平行复制，生成等距线。对于其他图形，根据偏移方向的不同，可以对图形进行中心放大或缩小，来创建同心圆和等距分布图形。偏移命令可以连续创建多个对象副本。

# 实战演练

如图 3-15 所示，绘制图形。

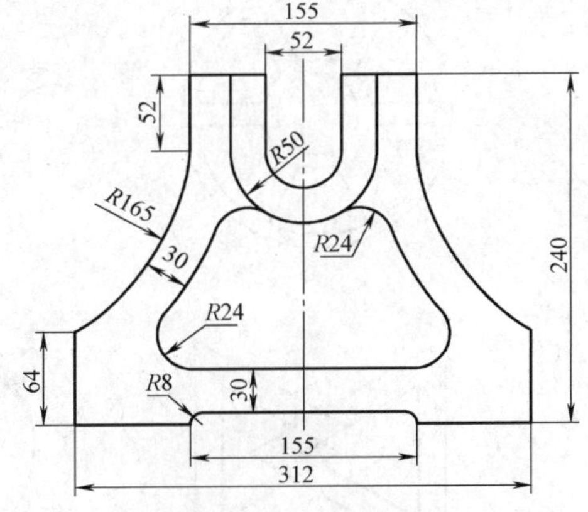


图 3-15　实战演练

## 综合训练三

1. 如图 3-16 所示，按尺寸绘制下列图案。

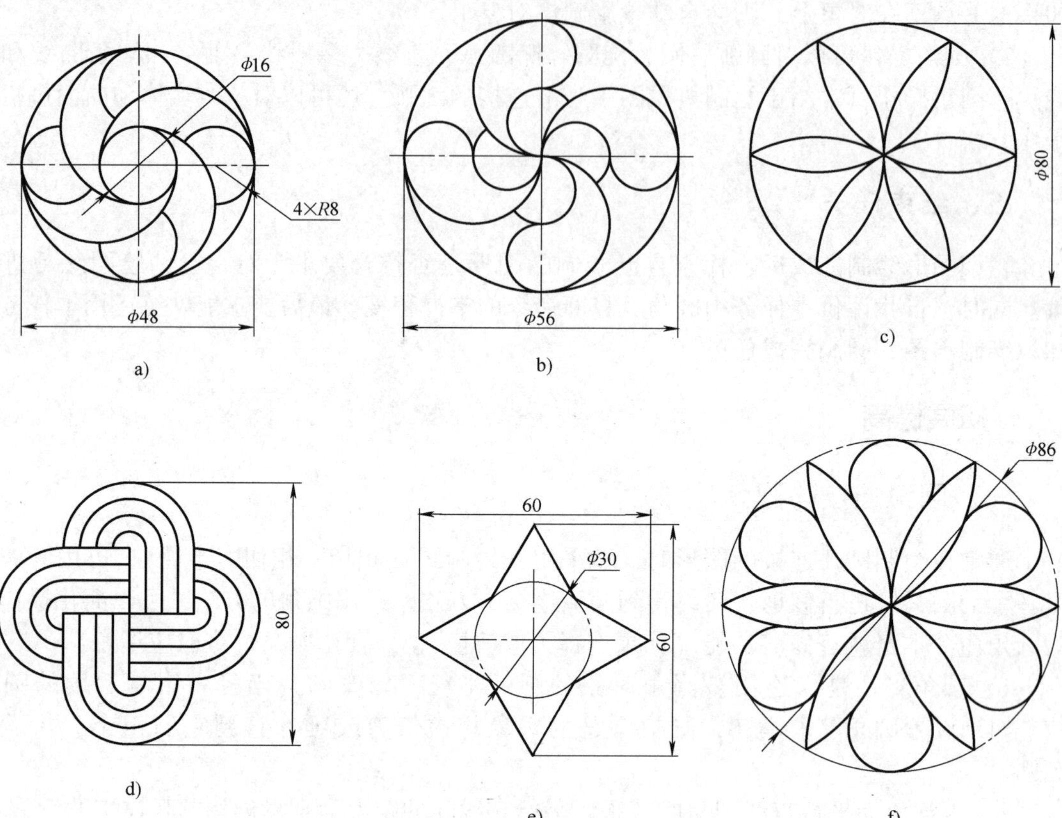


图 3-16 综合训练 1

2. 如图 3-17 所示，绘制下列图案。

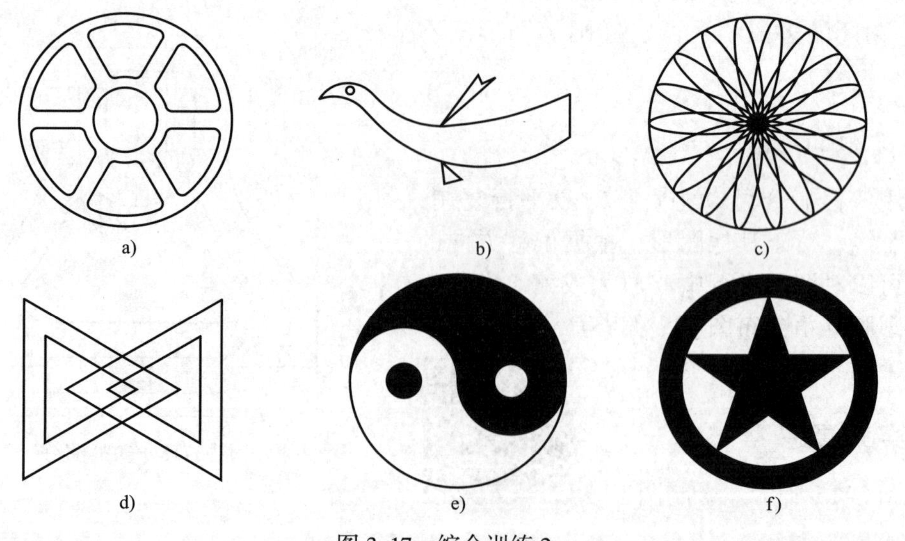


图 3-17 综合训练 2

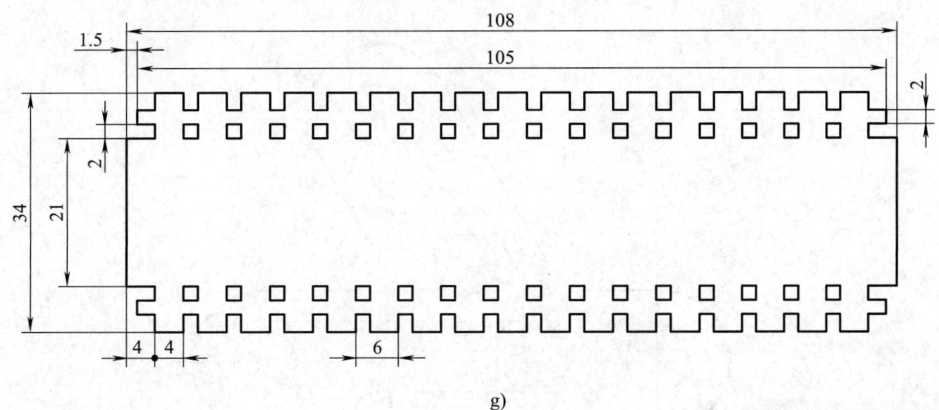


图 3-17　综合训练 2（续）

3. 如图 3-18 所示，绘制该图形。

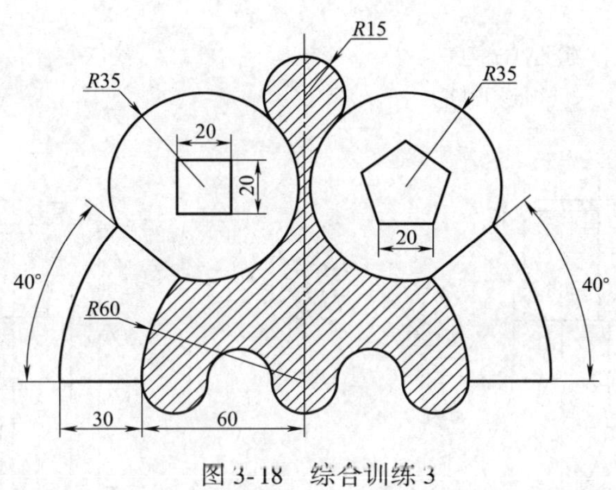


图 3-18　综合训练 3

4. 如图 3-19 所示，绘制该图形。

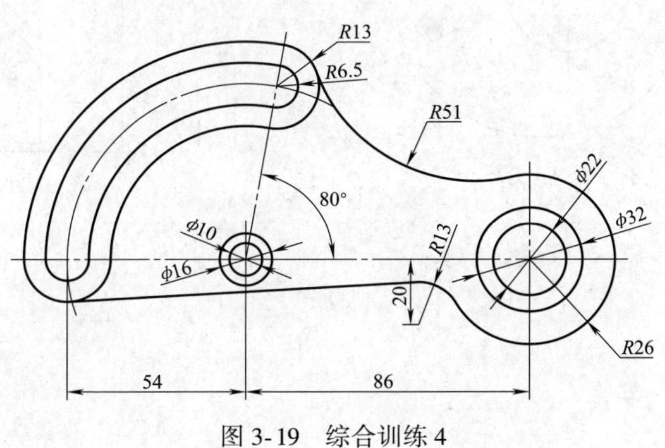


图 3-19　综合训练 4

5. 如图 3-20 所示，绘制该图形。

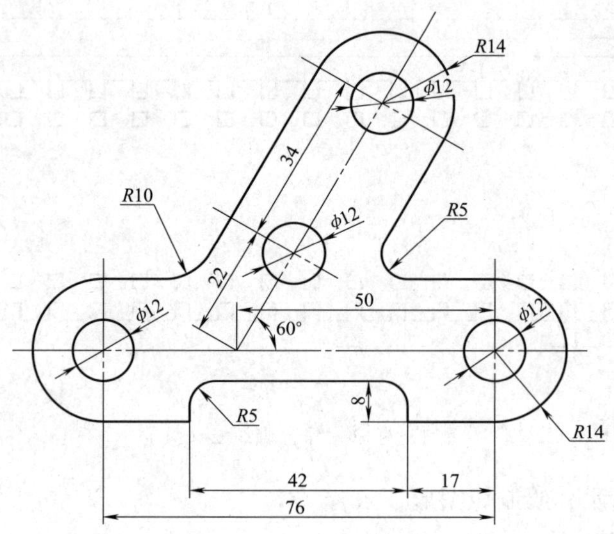


图 3-20 综合训练 5

6. 如图 3-21 所示，绘制吊钩。

7. 如图 3-22 所示，绘制该图形。

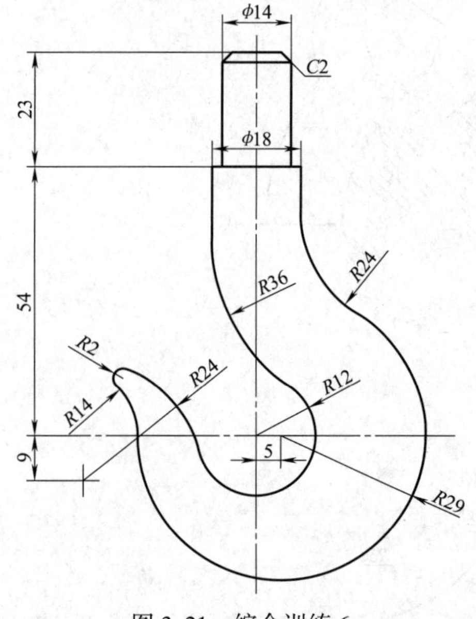


图 3-21 综合训练 6

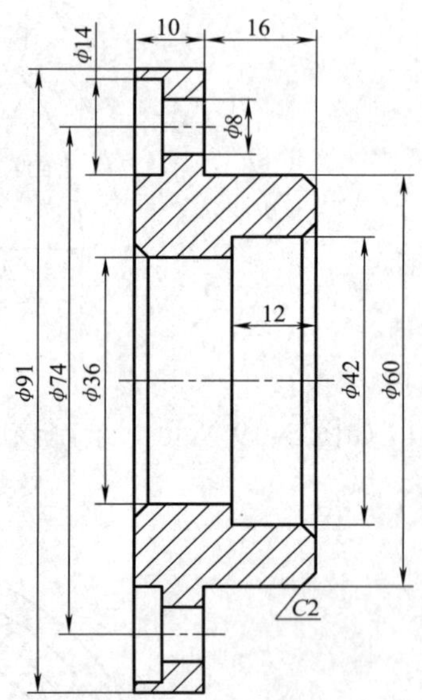


图 3-22 综合训练 7

# 项目四 文字创建与平面图形的标注

## 任务一 标题栏的绘制

### 学习目标

❖ 掌握文字样式的设置方法。

❖ 掌握标题栏的绘制方法。

❖ 掌握单行文字与多行文字的创建方法。

### 任务描述

标题栏是机械制图中一个重要的内容，可提供图形的很多信息。AutoCAD 中绘制标题栏图形是将矩形命令、分解命令、偏移命令、文字命令等的综合使用。本任务是学会用矩形、偏移、修剪、多行文字等命令绘制出标题栏图形，如图 4-1 所示。

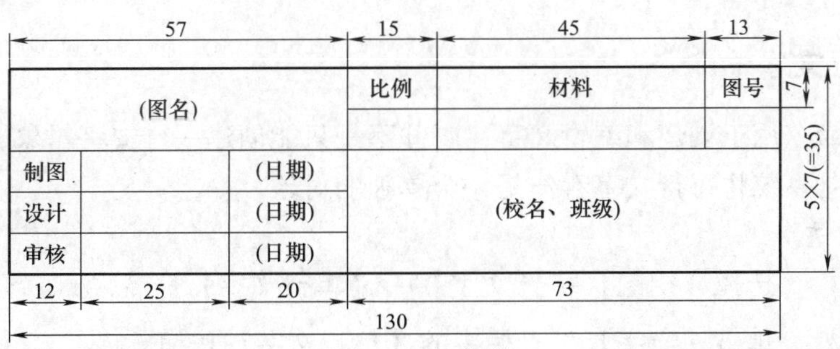


图 4-1 标题栏

### 知识链接

## 一、文字样式命令

#### 1. 操作方法

（1）菜单栏 选择【格式】→【文字样式】命令。

(2) 工具栏 单击【文字】工具栏中的【文字样式】按钮。

(3) 命令行 STYLE（或缩写：ST）。

**2. 操作步骤及选项说明**

启动文字样式命令后，将弹出【文字样式】对话框，如图4-2所示，可进行以下设置：

1）样式选项组。显示样式列表，可选择显示所有样式名或正在使用的样式名，也可新建样式名、更名、删除文字样式、选择当前文字样式等。

2）字体选项组。设置当前文字样式的字体、字高。

3）效果选项组。设置文字的颠倒、反向、垂直等显示效果，以及宽度因子、倾斜角度等。在【宽度因子】文本框中可以设置文字字符的高度和宽度之比。当【宽度因子】值为1时，将按系统定义的高宽比书写文字；当【宽度因子】小于1时，字符会变窄；当【宽度因子】大于1时，字符会变宽。在【倾斜角度】文本框中可以设置文字的倾斜角度，角度为0°时不倾斜；角度为正值时向右倾斜，角度为负值时向左倾斜。

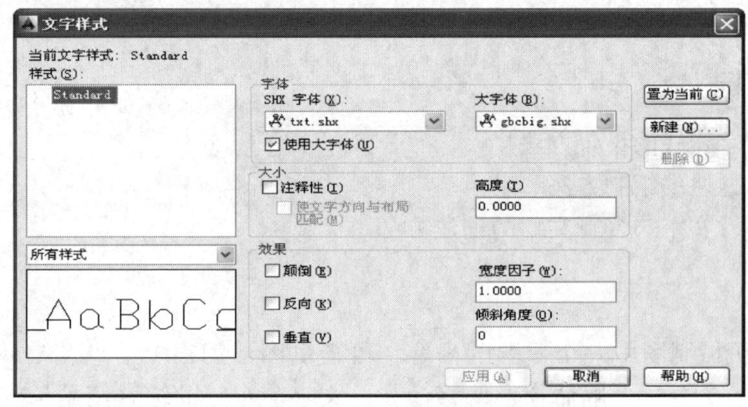


图4-2 【文字样式】对话框

## 二、单行文字命令

单行文字命令用于创建和编辑文字，它并不是只能创建一行文字对象，也可以创建多行文字对象，只是系统将每行文字看作是一个单独的对象。

**1. 操作方法**

(1) 菜单栏 选择【绘图】→【文字】→【单行文字】命令。

(2) 工具栏 单击【文字】工具栏中的【单行文字】按钮。

(3) 命令行 DTEXT（或缩写：DT）。

**2. 操作步骤**

*命令：_dtext*

*当前文字样式： Standard 当前文字高度： 2.5000*

*指定文字的起点或［对正(J)/样式(S)］：*

*指定高度 <2.5000>：*

*指定文字的旋转角度 <0>：*

3. 选项说明

1）指定文字的起点：用于确定文字行基线的起始点位置。

2）对正（J）：用于控制文字的对正方式。

3）样式（S）：设置当前使用的文字样式，也可以选择当前图形中已定义的某种文字样式作为当前文字样式。

4）指定高度：如果当前文字样式的高度设置为0，系统将显示指定高度提示信息，要求指定文字高度，否则不显示该提示信息，并使用【文字样式】对话框中设置的文字高度。

5）指定文字的旋转角度：指定文字行排列方向与水平线的夹角，默认角度为0°。

## 三、多行文字命令

在AutoCAD绘图区内创建文本段落，可为图形标注多行文本、表格文本和下划线文本。

对于较多文字的创建，使用单行文字命令往往过于繁琐，为此AutoCAD提供了创建多行文字的命令。

1. 操作方法

（1）菜单栏　选择【绘图】→【文字】→【多行文字】命令。

（2）工具栏　单击【绘图】工具栏中的【多行文字】按钮 A。

（3）命令行　MTEXT（或缩写：MT）。

2. 操作步骤及选项说明

*命令：_mtext*

*当前文字样式："汉字"　文字高度：5　注释性：否*

*指定第一角点：*

*指定对角点或［高度(H)/对正(J)/行距(L)/旋转(R)/样式(S)/宽度(W)/栏(C)］：*

1）指定第一角点。指定多行文字矩形边界的一个角点。

2）指定对角点。指定多行文字矩形边界的另一个角点。

指定好边界之后，系统将打开【文字格式】对话框，如图4-3所示。利用对话框可以设置文字格式，多行文本的对齐方式，文字高度等。输入文本后单击确定按钮。

图4-3　【文字格式】对话框

## 任务实施

## 一、准备工作

1）上课前仔细阅读本任务的内容。

2）复习直线、偏移、修剪等操作。

## 二、任务分析

1）标题栏图形由直线段构成，主要用到矩形命令、分解命令、偏移命令、修剪命令和多行文字命令等。绘制标题栏，首先，绘制矩形并分解矩形；然后，利用偏移命令偏移矩形的边形成内部网格线条，再对多余的线条进行修剪或删除得到标题栏图框，接下来使用多行文字命令输入文字。

2）任务实施过程中将用到本任务多行文字的知识及矩形、修剪、分解、偏移等操作。

## 三、绘制标题栏的操作步骤

### 1. 绘制矩形外框

绘制 130mm×35mm 的矩形外框，并用分解命令分解矩形。

*命令：_rectang*　（启动矩形命令）

*指定第一个角点或［倒角(C)/标高(E)/圆角(F)/厚度(T)/宽度(W)］：*　（拾取一点作为矩形的左上角点）

*指定另一个角点或［面积(A)/尺寸(D)/旋转(R)］：@130,-35*　（输入另一角点相对直角坐标）

*命令：_explode*　（启动分解命令）

*选择对象：找到 1 个*　（选择矩形）

*选择对象：*　（按〈Enter〉键，结束选择对象）

### 2. 偏移左边垂直边框线

使用偏移命令，把左边垂直边框线向右边依次偏移 12、25、20、15、45 个单位（mm）距离，如图 4-4 所示。

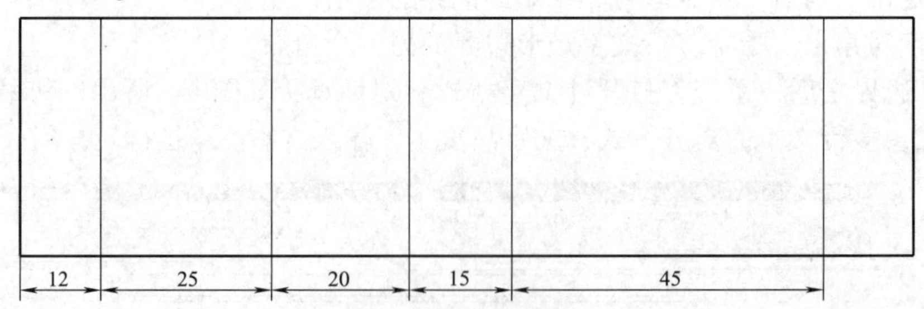


图 4-4　偏移左边垂直边框线

### 3. 偏移底边水平边框

使用偏移命令，把底边水平边框线向上偏移 7 个单位（mm）距离，偏移 4 次，如图 4-5 所示。

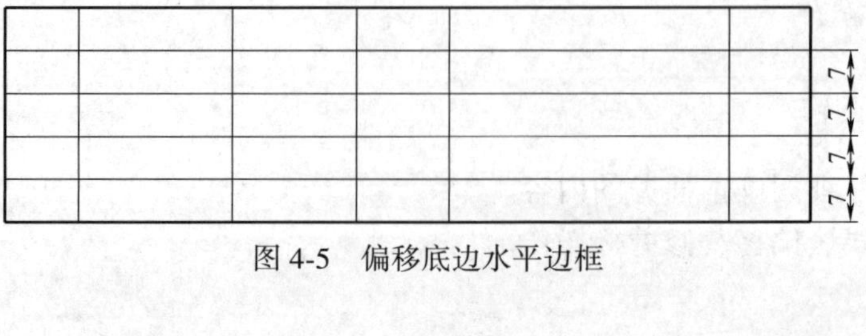

图 4-5　偏移底边水平边框

4. 修改边框

使用修剪命令、删除命令清除多余线条，把标题栏外边框线改为粗实线，完成标题栏绘制，最后效果如图4-6所示。

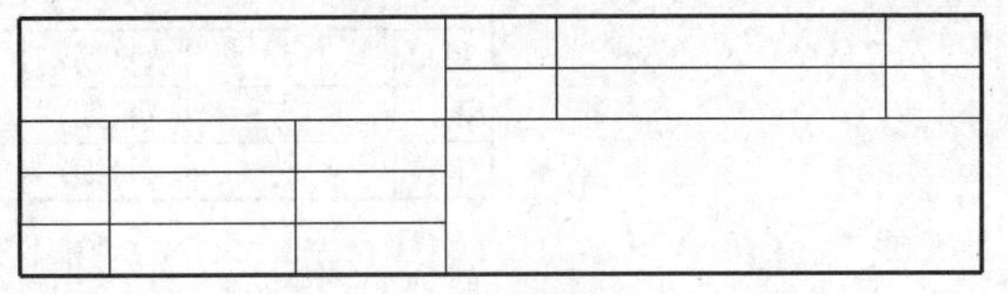

图4-6　修改边框

5. 设置标题栏的文字样式

新建名为“汉字”的样式，将【使用大字体】复选项取消。国际规定工程图样中的汉字多采用长仿宋体，所以，设置字体为长仿宋体。长仿宋体的宽高比为0.7，高度为0，如图4-7所示，输入使用单行文字命令时再根据实际需要输入汉字高度。

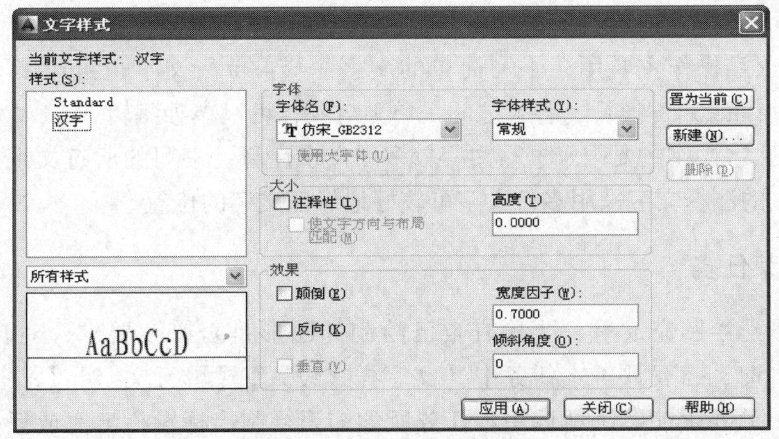


图4-7　【文字样式】对话框

6. 在标题栏中添加文字（图4-8）

*命令：_mtext*

*当前文字样式："汉字"　文字高度：　5　注释性：　否*

*指定第一角点：*　　　　　　　　（单击“审核”文字所在矩形框的一个交点）

*指定对角点或［高度(H)/对正(J)/行距(L)/旋转(R)/样式(S)/宽度(W)/栏(C)］：*

（单击对角点）

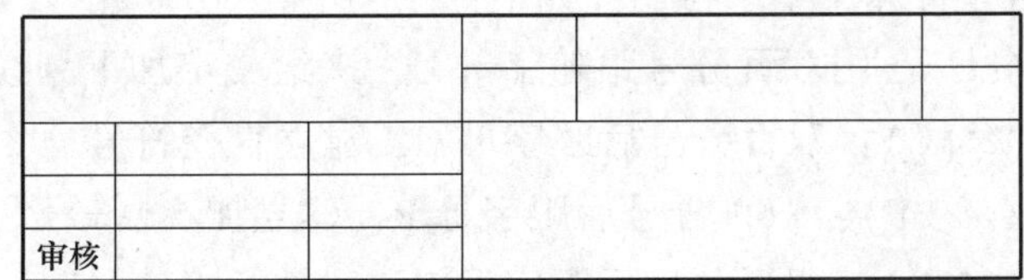


图4-8　输入文字

打开【文字格式】对话框，选择“汉字”样式，设字高3.5mm，选择“正中”对正方式，输入文字“审核”，单击确定。

7. 在标题中添加其他文字（图4-9）

利用多行文字命令分别输入其他文字，除“图名、校名、班级”高度为5mm，其他均为3.5mm。

| (图名) | | | 比例 | 材料 | 图号 |
|---|---|---|---|---|---|
| | | | | | |
| 制图 | | (日期) | (校名、班级) | | |
| 设计 | | (日期) | | | |
| 审核 | | (日期) | | | |

图 4-9　标题栏

## 四、操作提示

1）在书写文字之前，一般要先创建新的合适的文字样式，根据图形要求确定字体、字高等。

2）单行文字操作主要用于书写简单的文字注释，单行文字也可以书写多于一行的文字，通过按〈Enter〉键换行，各行之间是单独对象，可以单独编辑。

3）多行文字操作主要用于书写内容较多的文字注释，书写的所有文字是一个整体，在书写标题栏中的注释文字采用多行文字可较好地保证文字的位置。

## 五、结束任务

标题栏图形绘制完成后，要检查自己绘制的图形是否符合要求，对自己的绘图练习进行评价。同时，自我评价本任务中【文字样式设置】【单行文字】【多行文字】命令的掌握程度，最后要求能熟练地运用本任务所学知识绘制出标题栏，完成任务。

# 拓展提高

## 一、特殊字符的输入

在输入文字时可使用特殊文字字符，如直径符号“$\phi$”、角度符号“°”和加/减符号“±”等。这些特殊文字字符可用控制码来表示，这样要求可以在文字中加入特殊符号或格式。所有的控制码用双百分号（%%）起头，随后输入要转换的特殊字符，和这些特殊字符调用相应的符号。这些特殊文字字符简介如下：

1）下划线（%%U）：用双百分号跟随字母 U，来给文字加下划线。

2）直径符号（%%C）：双百分号后跟字母 C，建立直径符号。

3）加/减符号（%%P）：双百分号后跟字母 P，建立加/减符号。

4）角度符号（%%D）：双百分号后跟字母 D，建立角度符号。

5）上划线（%%O）：双百分号后跟字母 O，在文字对象上加上划线。

## 二、编辑文字

要快速修改文字内容，可直接双击文字（单行文字和多行文字均可），即可编辑文字内容，还可使用【文字】工具栏上的【编辑】按钮，或执行 DDEDIT 命令。

此外，可使用特性窗口编辑图形中的文本及属性。

## 实战演练

绘制标题栏，如图 4-10 所示，不标注尺寸。

<table>
<tr><td colspan="3" rowspan="2">(图名)</td><td>比例</td><td></td><td colspan="2" rowspan="2">(图号)</td></tr>
<tr><td>件数</td><td></td></tr>
<tr><td>班级</td><td></td><td>(学号)</td><td>材料</td><td></td><td>成绩</td><td></td></tr>
<tr><td>制图</td><td></td><td>(日期)</td><td></td><td colspan="3" rowspan="2">(校名、班级)</td></tr>
<tr><td>审核</td><td></td><td>(日期)</td><td></td></tr>
<tr><td>12</td><td>28</td><td>25</td><td>12</td><td>18</td><td>12</td><td>23</td></tr>
</table>

130　5×8(=40)　8

图 4-10　标题栏

## 任务二　压盖的尺寸标注

## 学习目标

❖ 掌握尺寸样式的创建方法。

❖ 掌握标注线性尺寸、半径尺寸的方法。

❖ 了解圆心标记命令的使用方法。

## 任务描述

压盖图形由圆形、圆弧、直线所构成。反映图形尺寸和位置的有 4 个半径尺寸、1 个距离尺寸和 3 个圆心标记。本任务是学会用圆形、直线、修剪等命令绘制出压盖图形，并采用半径标注、线性标注、圆心标记标注来标注尺寸，如图 4-11 所示。

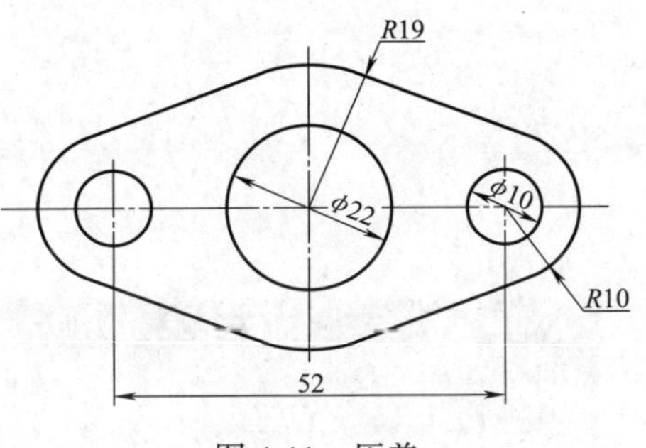


图 4-11　压盖

## 知识链接

### 一、标注样式管理器

工程图中的尺寸标注必须符合制图相关国家标准。目前，各国制图标准有许多不同之处，我国各行业制图标准中对尺寸标注的要求也不完全相同。AutoCAD 是一个通用的绘图软件包，它允许用户根据需要自行创建尺寸标注样式。尺寸标注样式是保存的一组尺寸标注变量的设置。

**1. 操作方法**

（1）菜单栏　选择【格式】→【标注样式】命令。

（2）工具栏　单击【标注】工具栏中的【标注样式】按钮。

（3）命令行　DIMSTYLE（或缩写：D）

2. 操作步骤

选择【格式】→【标注样式】命令，打开【标注样式管理器】对话框，如图4-12所示，单击对话框上的【新建】按钮，在打开的【创建新标注样式】对话框中可输入新样式名、基础样式和其作用如图4-13所示。再单击【继续】按钮，在打开的【新建标注样式】对话框中即可进行详细的设置，从而创建新标注样式，如图4-14所示。

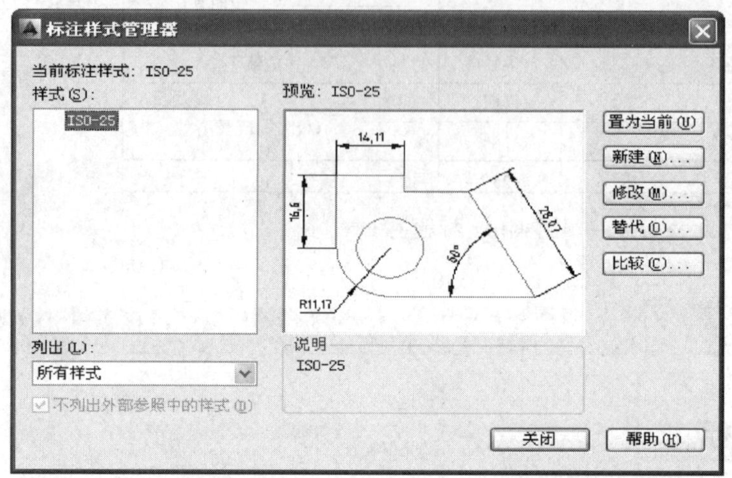


图4-12 【标注样式管理器】对话框

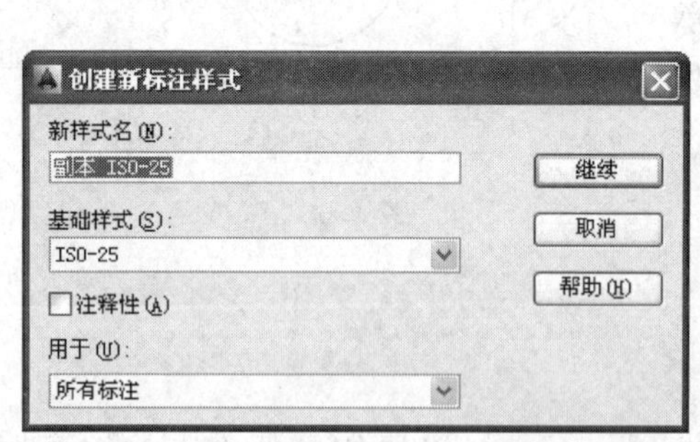


图4-13 【创建新标注样式】对话框

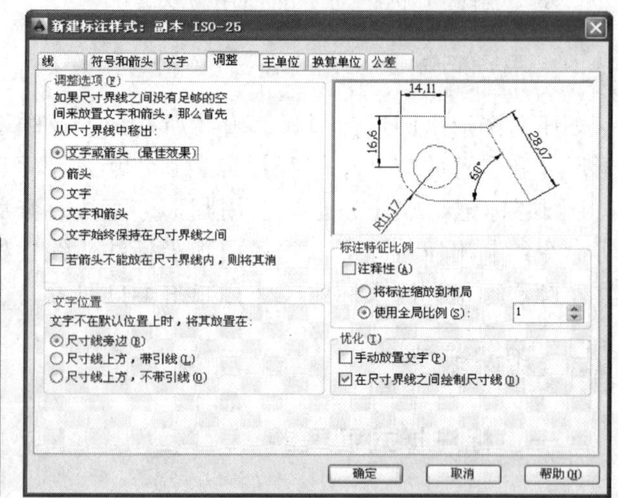


图4-14 【新建标注样式】对话框

3. 选项说明

1）直线选项卡：用于设置尺寸线、尺寸界线的特性。

2）符号和箭头选项卡：用于设置箭头、圆心标记、弧长符号和折弯半径标注的格式和位置。

3）文字选项卡：用于设置尺寸文字的外观、位置以及对齐方式等特性。

4）调整选项卡：用于控制尺寸标注文字、箭头、引出线以及尺寸线的位置，及标注的全局比例等。

5）主单位选项卡：用于设置尺寸标注主单位的精度和格式。

6）换算单位选项卡：用于设置替代测量单位的格式和精度，以及前缀、后缀等。

7）公差选项卡：用于设置标注尺寸公差的格式。

## 二、线性尺寸标注命令

用于标注两个点之间的水平、垂直方向的长度尺寸，并通过指定点或选择一个对象来实现。

### 1. 操作方法

（1）菜单栏　选择【标注】→【线性】命令。

（2）工具栏　单击【标注】工具栏中⊢⊣按钮

（3）命令行　DIMLINEAR（或缩写：DIMLIN）。

### 2. 操作步骤

*命令：_dimlinear*

*指定第一条尺寸界线原点或 <选择对象>：*

*指定第二条尺寸界线原点：*

*指定尺寸线位置或[多行文字(M)/文字(T)/角度(A)/水平(H)/垂直(V)/旋转(R)]：*

### 3. 选项说明

1）指定第一条尺寸界线原点：指定第一条尺寸界线的起点。

2）指定第二条尺寸界线原点：指定第二条尺寸界线的起点。

3）选择对象：按〈Enter〉键，直接选择标注对象。

4）指定尺寸线位置：指定一点作为尺寸线要通过的点。

5）多行文字（M）：使用多行文字编辑器输入新的标注文字。

6）文字（T）：在命令行显示自动测量值，用户可以输入新值。

7）角度（A）：设置标注文字的倾斜角度。

8）水平（H）：标注水平尺寸。

9）垂直（V）：标注垂直尺寸。

10）旋转（R）：标注按指定角度倾斜的尺寸。

## 三、半径尺寸标注命令

标注圆或圆弧的半径尺寸。

### 1. 操作方法

（1）菜单栏　选择【标注】→【半径】命令。

（2）工具栏　单击【标注】工具栏中【半径标注】按钮◎。

（3）命令行　DIMRADIUS（或缩写：DRA）。

### 2. 操作步骤

*命令：_dimradius*

*选择圆弧或圆：*

*指定尺寸线位置或［多行文字(M)/文字(T)/角度(A)］：*

**3. 选项说明**

1）选择圆弧或圆：选择要标注半径的圆弧或圆。

2）指定尺寸线位置：指定一点作为尺寸线要通过的点。

3）多行文字（M）：使用多行文字编辑器输入新的标注文字。

4）文字（T）：在命令行中显示自动测量值，用户也可以自行输入新值。

5）角度（A）：设置标注文字的倾斜角度。

## 四、圆心标记标注命令

标注圆或圆弧的圆心标记。

**1. 操作方法**

（1）菜单栏　选择【标注】→【圆心标记】命令。

（2）工具栏　单击【标注】工具栏中【圆心标记】按钮。

（3）命令行　DIMCENTER　（或缩写：DCE）。

**2. 操作步骤**

*命令：_dimcenter*

*选择圆弧或圆：*

**3. 选项说明**

选择圆弧或圆：选择要标注圆心标记的圆或圆弧。

## 任务实施

## 一、准备工作

1）上课前仔细阅读本任务的内容。

2）复习直线、圆形、修剪等操作。

## 二、任务分析

1）压盖图形由圆形、圆弧、直线构成，首先使用圆命令、直线命令、修剪命令、捕捉自命令等绘制压盖的轮廓线，然后按照机械设计与制图方面的国家标准创建尺寸标注的样式，最后使用圆心标记标注命令、半径尺寸标注命令、线性尺寸标注命令进行尺寸的标注。

2）任务实施过程中将用到本次任务中标注样式创建、线性尺寸标注、半径尺寸标注和圆心标记尺寸标注的知识及圆形、直线、修剪等操作。

## 三、压盖的尺寸标注步骤

**1. 绘制图形**

使用圆命令、直线命令、修剪命令、捕捉自命令等绘制压盖的轮廓线，如图4-15所示。

图4-15　绘制压盖轮廓图

### 2. 新建尺寸标注图层

选择【格式】→【图层】命令，在弹出的【图层管理器】对话框中新建【标注】图层，颜色为蓝色，线型为细实线，并将【标注】图层设为当前层。

### 3. 设置文字样式

设置文字样式为【工程字】，选用字体文件名为 gbenor. shx，对应的大字体文件名为 gbcbig. shx，字体高度为 0。

### 4. 设置尺寸标注父样式

打开【标注样式管理器】对话框，单击【新建】按钮，弹出“创建新标注样式”对话框，以 ISO-25 为基础样式，新建【机械类】样式，单击【继续】按钮按照相关国家标准进行设置，如图 4-16 所示。

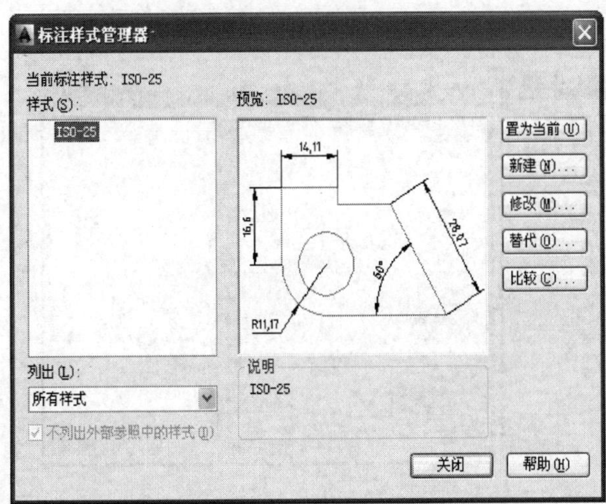


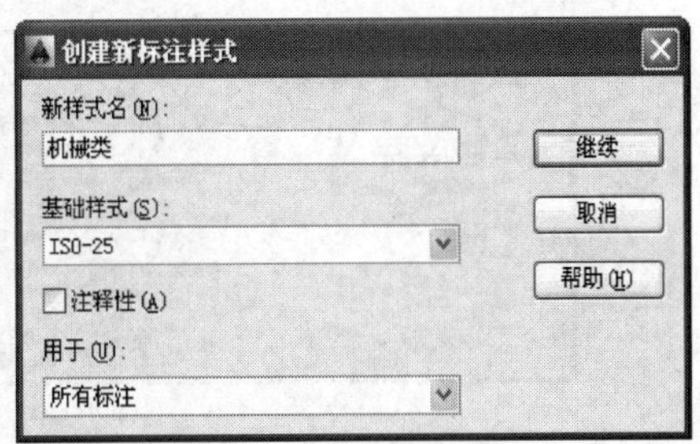


图 4-16　新建【机械类】标注样式

如图 4-17 所示，在【新建标注样式：机械类】对话框中的“线”选项卡中进行如下设置：起点偏移量为 0，其余采用默认设置。

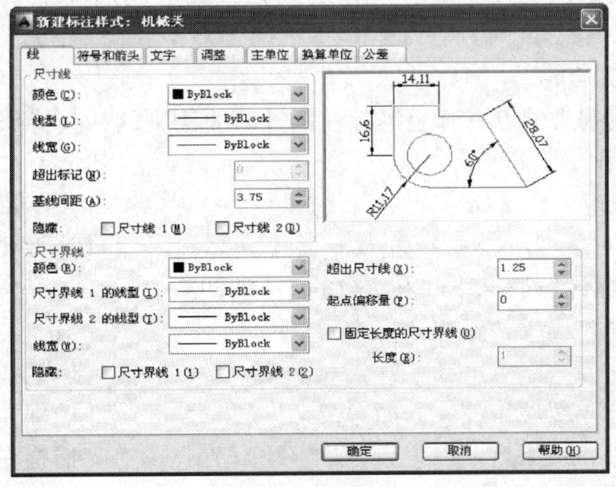


图 4-17　【线】选项卡

采用同样的方法，在其他几个选项卡中作如下设置，如图 4-18 所示。

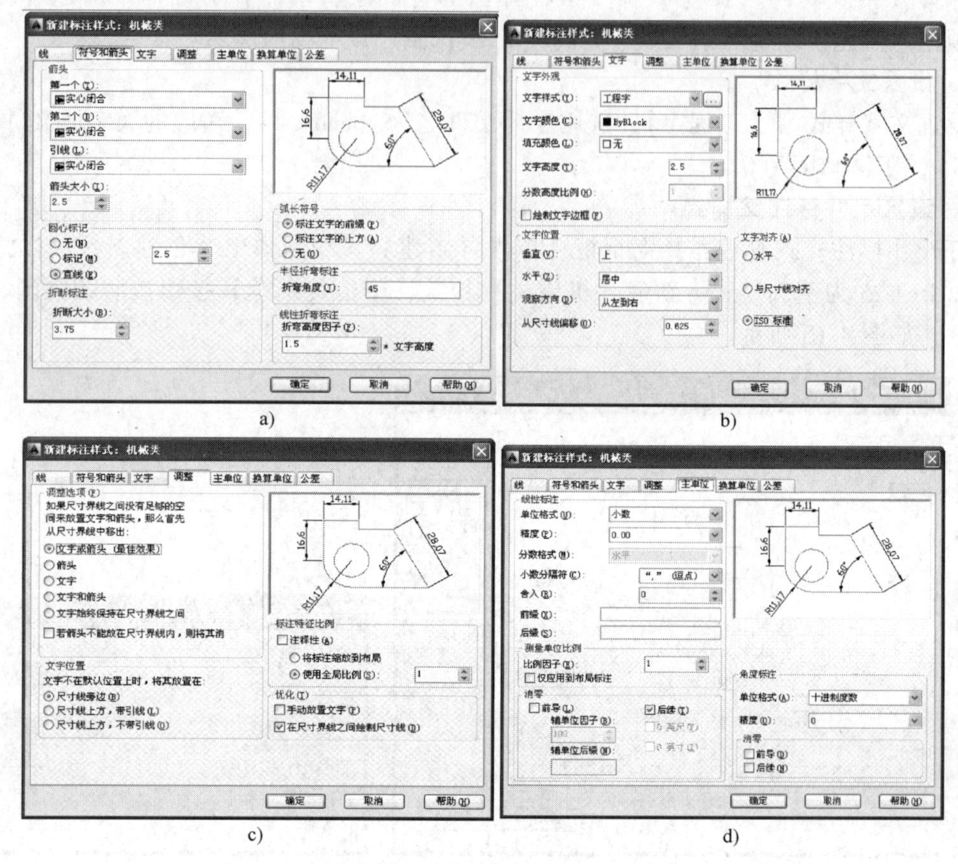


图 4-18 选项卡的设置

a)【符号和箭头】选项卡 b)【文字】选项卡

c)【调整】选项卡 d)【主单位】选项卡

其余选项卡采用默认设置，最后按【确定】按钮，完成同【机械类】父样式的设置，并将其设为当前标注样式。

**5. 启用对象捕捉功能**

设置对象捕捉模式为端点、圆心等标注尺寸时要用到的一些特殊点。

**6. 标注圆心标记**

*命令：_dimcenter* （启动圆心标记命令）

*选择圆弧或圆：* （选择要标注圆心的 $R$5mm 圆）

重复此命令，再标注另一 $R$5mm 和 $R$11mm 圆的圆心。

**7. 标注线性尺寸**

*命令：_dimlinear* （启动线性标注命令）

*指定第一条尺寸界线原点或 <选择对象>：* （捕捉左边 $R$5mm 圆的圆心）

*指定第二条尺寸界线原点：* （捕捉右边 $R$5mm 圆的圆心）

*指定尺寸线位置或[多行文字(M)/文字(T)/角度(A)/水平(H)/垂直(V)/旋转(R)]：*

（指定一点作为尺寸线通过点）

*标注文字=52*　　　　（系统提示）

8. **标注半径尺寸**

*命令：_dimradius*　　　　（启动半径标注命令）

*选择圆弧或圆：*　　　　（选择右边 R5mm 圆）

*标注文字=5*　　　　（系统提示）

*指定尺寸线位置或［多行文字(M)/文字(T)/角度(A)］：*（指定一点作为尺寸线通过点）

重复此命令，分别标注 *R*10mm、*R*11mm、*R*19mm 等尺寸，最后完成尺寸如图 4-11 所示。

## 四、操作提示

1）尺寸标注之前，首先要创建或修改标注样式，字体一般采用国家标准字体。

2）本任务主要介绍了线性尺寸标注命令、半径尺寸标注命令、圆心标记标注命令的操作方法。

3）圆心标记有三种类型：无、标记、直线，本任务选用的是直线类型。

## 五、结束任务

压盖图形完成后，检查自己绘制的图形是否符合要求，对自己的绘图练习进行评价。同时，自我评价本任务中标注样式设置、线性尺寸标注、半径尺寸标注、圆心标记标注命令的掌握程度，最后，要求能熟练运用本任务所学的知识绘制并标注压盖图。

## 拓展提高

**1. 尺寸标注的组成**

在机械制图或其他工程绘图中，一个完整的尺寸标注应由尺寸线、尺寸界线、尺寸文字和箭头组成。

**2. 尺寸标注的类型**

AutoCAD 共提供了 6 种基本尺寸标注类型：线性型尺寸标注、径向型尺寸标注、角度型尺寸标注、坐标尺寸标注、引线标注和中心标注。

其中，线性型尺寸标注又分为水平尺寸标注、垂直尺寸标注、指定倾斜角度标注、对齐尺寸标注、基线尺寸标注和连续尺寸标注。径向型尺寸标注分为半径尺寸标注和直径尺寸标注。

**3. 尺寸标注的基本规则**

1）机件的真实大小应以图样上所注的尺寸数值为依据，与绘图比例及绘图的准确度无关。

2）图样中（包括技术要求和其他说明）的尺寸，一般以毫米为单位。以毫米为单位时，不注计量单位的代号或名称，若采用其他单位，则必须注明相应的计量单位的代号或名称。

3）图样中所标注的尺寸，应为该图样所表示机件的最后完工尺寸，否则应另加说明。

4）机件的每一个尺寸，一般只标注一次，并应标注在反映该结构最清晰的图形上。

## 实战演练

如图 4-19 所示，绘制图形并标注尺寸。

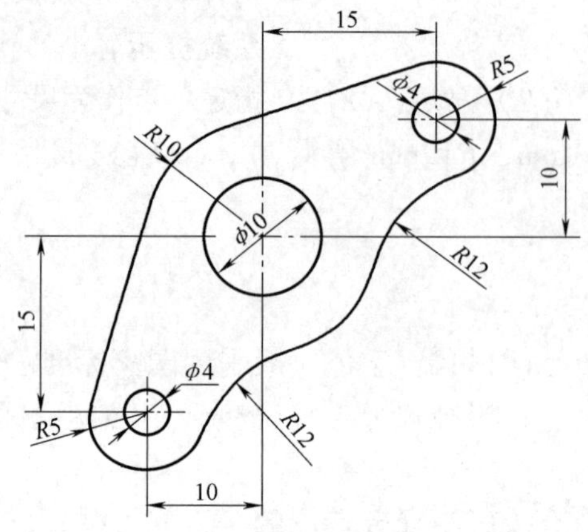

图 4-19 实战演练

# 任务三 手柄的尺寸标注

## 学习目标

❖ 熟练掌握尺寸样式的创建方法。

❖ 掌握基线尺寸标注命令、连续尺寸标注命令的使用方法。

❖ 掌握直径的标注方法。

## 任务描述

手柄图形由圆形、直线、圆弧构成，反映图形尺寸和位置的有 3 个半径尺寸、1 个直径尺寸和 7 个线性尺寸。本任务是学会用圆形、直线、修剪等命令绘制出手柄图形，并采用半径标注、线性标注、基线标注和直径标注来标注尺寸，如图 4-20 所示。

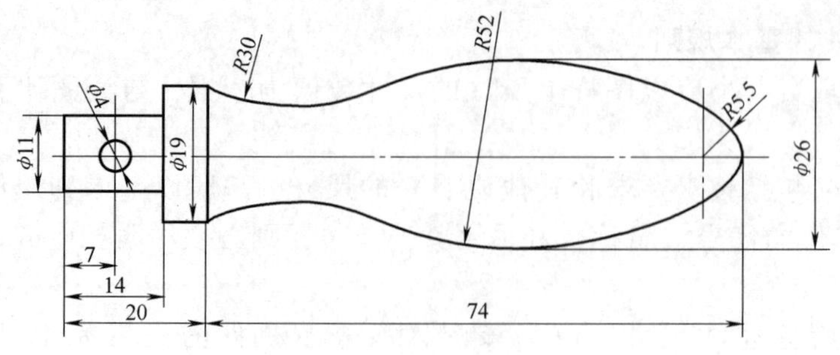


图 4-20 手柄

## 知识链接

### 一、基线尺寸标注命令

创建一系列由相同的基线测量出来的多个标注。在创建基线标注之前必须创建线性、对齐或角度标注，方可以此标注为基线，标注其他图形对象的尺寸。

**1. 操作方法**

(1) 菜单栏　选择【标注】→【基线】命令。

(2) 工具栏　单击【标注】工具栏中的【基线】按钮。

(3) 命令行　DIMBASELINE。

**2. 操作步骤**

*命令：_dimbaseline*

*指定第二条尺寸界线原点或［放弃(U)/选择(S)］<选择>:*

系统将上一个标注或选定标注的第一条尺寸界线作为基线标注尺寸界线起点，指定第二条尺寸界线的起点后，创建具有公共基准的线性或角度标注。

**3. 选项说明**

1) 指定第二条尺寸界线原点：指定第二条尺寸界线的起点。

2) 选择（S）：选择一个新的标注，以此标注的第一条尺寸界线起点为所要创建的尺寸的第一界线起点来创建尺寸标注。

### 二、连续尺寸标注命令

创建首尾相连的多个标注，即上一级标注的尺寸界线作为下一级标注的界线。

**1. 操作方法**

(1) 菜单栏　选择【标注】→【连续】命令。

(2) 工具栏　单击【标注】工具栏中的【连续】按钮。

(3) 命令行　DIMCONTINUE（或缩写：DIMCONT）。

**2. 操作步骤**

*命令：_dimcontinue*

*指定第二条尺寸界线原点或［放弃(U)/选择(S)］<选择>:*

在连续标注过程中，用户只能向一个方向标注连续尺寸，不能往相反的方向进行，否则会覆盖已标注文本。

**3. 选项说明**

选项同基线尺寸标注。

### 三、直径尺寸标注命令

标注圆或圆弧的直径尺寸。

**1. 操作方法**

(1) 菜单栏　选择【标注】→【直径】命令。

(2) 工具栏 单击【标注】工具栏中的【直径】按钮。

(3) 命令行 DIMDIAMETER (或缩写：DDI)。

**2. 操作步骤**

*命令：_dimdiameter*

*选择圆弧或圆：*

*指定尺寸线位置或［多行文字(M)/文字(T)/角度(A)］：*

**3. 选项说明**

选项同半径尺寸标注。

## 任务实施

### 一、准备工作

1）上课前仔细阅读本任务的内容。

2）复习直线、圆形、修剪、标注样式创建、线性尺寸标注等操作。

### 二、任务分析

1）手柄图形由圆形、圆弧、直线构成，首先，使用直线命令、圆命令、修剪、镜像命令等绘制手柄的轮廓线，然后使用线性尺寸标注命令、基线尺寸标注命令、连续尺寸标注命令、直径尺寸标注命令、半径尺寸标注命令、折弯半径标注命令等进行尺寸标注。

2）任务实施过程中将用到本任务中基线尺寸标注、直径尺寸标注的知识及以前学过的圆形、直线、修剪、线性尺寸标注等操作。

### 三、手柄的尺寸标注步骤

**1. 绘制图形**（图 4-21）

使用直线、圆、修剪、镜像命令等绘制手柄。

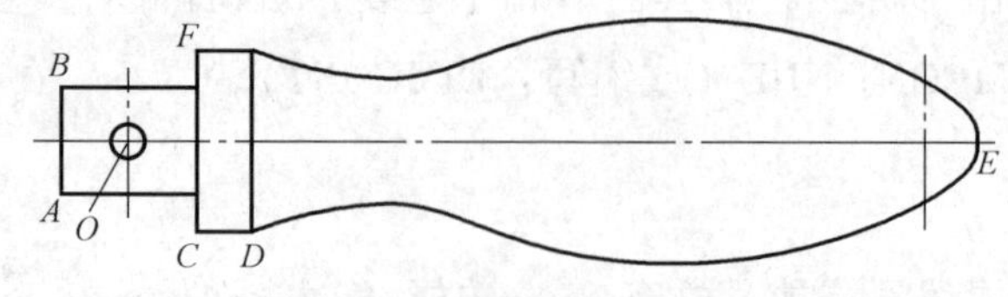


图 4-21 绘制手柄轮廓图

**2. 尺寸标注的准备工作**

新建尺寸标注的图层、设置文字样式、设置尺寸标注样式、启用对象捕捉功能等，具体操作步骤与上个任务中相同。

**3. 标注线性尺寸**

使用线性尺寸标注命令、基线尺寸标注命令、连续尺寸标注命令标注尺寸。

*命令：_dimlinear* （启动线性标注命令）

*指定第一条尺寸界线原点或 <选择对象>：* （捕捉 *A* 点）

*指定第二条尺寸界线原点：* （捕捉小圆圆心 *O* 点）

*指定尺寸线位置或[多行文字(M)/文字(T)/角度(A)/水平(H)/垂直(V)/旋转(R)]:*
(指定一点作为尺寸线通过点)

*标注文字=7*　　(系统提示)

*命令:_dimbaseline*　　(启动基线标注命令)

*指定第二条尺寸界线原点或[放弃(U)/选择(S)] <选择>:*　　(捕捉 *C* 点)

*标注文字=14*　　系统提示

*指定第二条尺寸界线原点或[放弃(U)/选择(S)] <选择>:*　　(捕捉 *D* 点)

*标注文字=20*　　(系统提示)

*命令:_dimcontinue*　　(启动连续标注命令)

*指定第二条尺寸界线原点或[放弃(U)/选择(S)] <选择>:*　　(捕捉 *E* 点)

*标注文字=74*　　( 系统提示)

**4. 使用线性尺寸标注命令标注“ϕ11”等尺寸**

*命令:_dimlinear*　　(启动线性标注命令)

*指定第一条尺寸界线原点或 <选择对象>:*　　(捕捉 *A* 点)

*指定第二条尺寸界线原点:*　　(捕捉 *B* 点)

*指定尺寸线位置或[多行文字(M)/文字(T)/角度(A)/水平(H)/垂直(V)/旋转(R)]:M*
(输入 M,打开多行文字编辑窗口,输入%%C)

*指定尺寸线位置或[多行文字(M)/文字(T)/角度(A)/水平(H)/垂直(V)/旋转(R)]:*
(指定一点作为尺寸线通过点)

*标注文字=11*　　(系统提示)

按照同样的方法,标注尺寸“ϕ19”“ϕ14”“ϕ”26。

**5. 使用直径标注命令标注圆的直径“ϕ4”**

*命令:_dimdiameter*　　(启动直径尺寸标注命令)

*选择圆弧或圆:*　　(选择小圆)

*标汴文字=4*　　(系统提示)

*指定尺寸线位置或[多行文字(M)/文字(T)/角度(A)]:*　　(指定一点作为尺寸线通过点)

**6. 使用半径标注命令标注圆弧的半径“*R*30”等尺寸**

*命令:_dimradius*　　(启动半径尺寸标注命令)

*选择圆弧或圆:*　　(选择 *R*30mm 的圆弧)

*标注文字=30*　　(系统提示)

*指定尺寸线位置或[多行文字(M)/文字(T)/角度(A)]:*　　(指定一点作为尺寸线通过点)

按照同样的方法，标注尺寸“*R*52”“*R*5. 5”，最后完成尺寸如图 4-20 所示。

## 四、操作提示

1）基线尺寸标注和连续尺寸标注都必须先选择基准标注，否则以上一尺寸标注作为基准。

2）直径尺寸标注自动带前缀 ϕ 符号，但不是带 ϕ 符号的标注都采用直径标注，本任务

中 $\phi$11mm、$\phi$19mm、$\phi$14mm、$\phi$26mm 的标注均采用线性尺寸标注来完成。

3）如果要标注的圆或圆弧的中心位于布局外时，可选择折弯半径标注命令标注其半径。

## 五、结束任务

手柄图形完成后，要求检查自己绘制的图形是否符合要求，对自己的绘图练习进行评价。同时，自我评价本任务中基线尺寸标注、直径尺寸标注命令的掌握程度。

## 拓展提高

## 一、折弯半径标注命令

当圆或圆弧的中心位于布局外，且无法在其实际位置显示时，可使用该命令标注半径尺寸。

**1. 操作方法**

（1）菜单栏　选择【标注】→【折弯】命令。

（2）工具栏　单击【标注】工具栏中的【折弯】按钮。

（3）命令行　DIMJOGGED。

**2. 操作步骤**

*命令：_dimjogged*
*选择圆弧或圆：*
*指定中心位置替代：*
*指定尺寸线位置或［多行文字(M)/文字(T)/角度(A)］：*
*指定折弯位置：*

**3. 选项说明**

1）选择圆弧或圆：选择一个圆弧、圆或多段线弧线段。

2）指定中心位置替代：指定折弯半径标注的新中心点，用于替代实际中心点。

3）指定折弯位置：确定连接半径标注的尺寸界线和尺寸线的横向直线中点的位置。

## 二、快速标注命令

当创建系列基线或连续标注，或为一系列圆或圆弧进行标注时，可选择多个需要标注的相同类型尺寸对象，使用快速标注命令进行标注。

**1. 操作方法**

（1）菜单栏　选择【标注】→【快速标注】命令。

（2）工具栏　单击【标注】工具栏中的【快速标注】按钮。

（3）命令行　QDIM。

**2. 操作步骤**

*命令：_qdim*
*选择要标注的几何图形：*

*指定尺寸线位置或［连续(C)/并列(S)/基线(B)/坐标(O)/半径(R)/直径(D)/基准点(P)/编辑(E)/设置(T)］<连续>:*

**3. 选项说明**

1）选择要标注的几何图形：用窗口直接选择要标注的几何图形。

2）指定尺寸线位置：拖动鼠标确定尺寸线的位置完成标注。

3）连续（C）/并列（S）/基线（B）/坐标（O）/半径（R）/直径（D）：指定标注类型。

4）基准点（P）：为基线标注和连续标注确定一个新的基准点。

5）编辑（E）：编辑一系列标注。AutoCAD 提示在现有标注中添加或删除标注点。

6）设置（T）：为指定尺寸界线原点设置默认的对象捕捉方式。

本任务中也可使用快速标注命令完成部分尺寸的标注。

## 实战演练

如图 4-22 所示，绘制图形并标注尺寸。

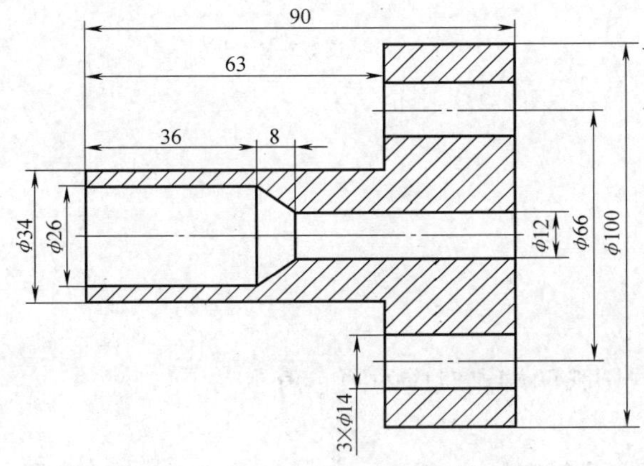

图 4-22　实战演练

# 任务四　带轮的尺寸标注

## 学习目标

❖ 掌握角度的标注方法。

❖ 掌握形位公差[㊀]和尺寸公差的标注方法。

❖ 掌握快速引线命令的使用方法。

## 任务描述

带轮图形由直线、图案填充构成。反映图形尺寸和位置的有线性尺寸、角度尺寸、形位公差等。本任务是掌握用直线、偏移、修剪、图案填充等命令绘制出手柄图形的方法，并采

㊀ 按照国家标准，应用几何公差，但为了与软件保持一致，本书仍用形位公差。

用半径标注、线性标注、基线标注和直径标注来标注尺寸，如图 4-23 所示。

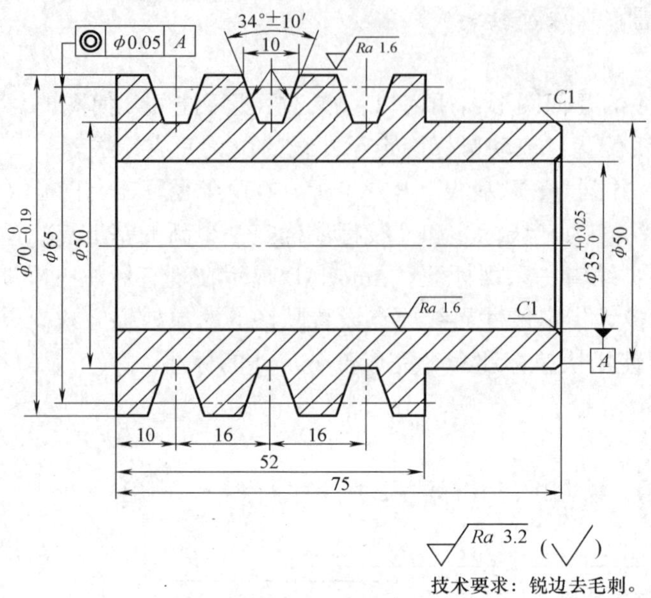


图 4-23　带轮

## 知识链接

### 一、角度尺寸标注命令

标注两条非平行直线的角度或圆弧两端点对应的圆心角。

**1. 操作方法**

(1) 菜单栏　选择【标注】→【角度】命令。

(2) 工具栏　单击【标注】工具栏中的【角度】按钮。

(3) 命令行　DIMANGULAR

**2. 操作步骤**

*命令：_dimangular*

*选择圆弧、圆、直线或 <指定顶点>：*

*选择第二条直线：*

*指定标注弧线位置或［多行文字(M)/文字(T)/角度(A)］：*

**3. 选项说明**

1）指定顶点：指定角度的角顶点。

2）选择圆弧：选择要标注圆心角的圆弧。

3）选择圆：选择要标注圆心角的圆。

4）选择直线：选择要标注夹角的直线。

5）指定尺寸线位置或［多行文字（M）/文字（T）/角度（A）］：与线性尺寸标注命令相同。

## 二、多重引线命令

用于快速绘制引线和创建多种格式的注释文字或公差。

1. 操作方法

*命令行 LEADER*

2. 操作步骤

*命令：LEADER*

*指定引线起点：*

*指定下一点：*

*指定下一点或［注释(A)/格式(F)/放弃(U)］<注释>：*

*指定下一点或［注释(A)/格式(F)/放弃(U)］<注释>：*

*输入注释文字的第一行或 <选项>：*

*输入注释选项［公差(T)/副本(C)/块(B)/无(N)/多行文字(M)］<多行文字>：*

3. 选项说明

1）指定点：绘制一条到指定点的引线段，然后继续提示下一点和选项。

2）注释（A）：在引线的末端插入注释。注释可以是单行或多行文字、包含形位公差的特征控制框或块。

3）格式（F）：设定引线格式。

4）公差（T）：使用【形位公差】对话框创建包含形位公差的特征控制框。

5）副本（C）：复制文字、多行文字对象、带形位公差的特征控制框或块，并且将副本连接到引线的末端。

6）块（B）：将块插入到引线末端。

7）无（N）：不给引线添加任何注释而结束命令。

8）多行文字（M）：指定文字边界的插入点和第二点后，使用【在位文字编辑器】创建文字。

## 三、形位公差标注命令

用一个特征控制框来标注形位公差。

1. 操作方法

（1）菜单栏　选择【标注】→【公差】命令。

（2）工具栏　单击【标注】工具栏中的【形位公差】按钮。

（3）命令行　DIMDIAMETER（或缩写：DDI）。

2. 操作步骤和选项说明

*命令：_tolerance*

启动命令后，弹出【形位公差】对话框，如图 4-24 所示，在该对话框中可以选择特征符号，输入公差 1 和公差 2 的数值，还可以

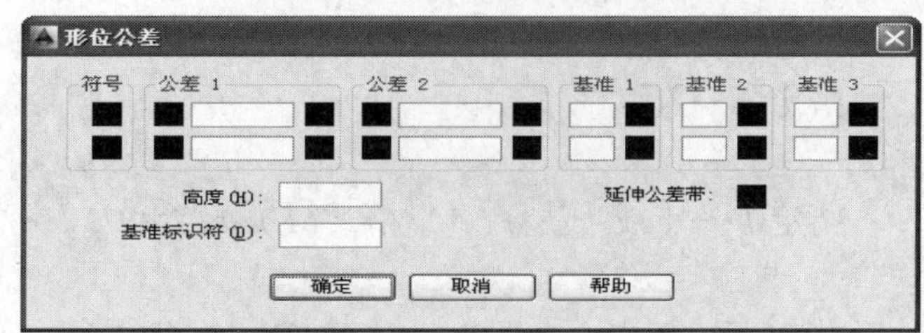


图 4-24　【形位公差】对话框

输入基准符号等。

## 任务实施

### 一、准备工作

1）上课前仔细阅读本任务的内容。

2）复习标注样式创建、线性尺寸标注等操作。

### 二、任务分析

1）带轮零件图的绘制是直线、偏移、修剪、倒角等命令的综合运用，需要标注的尺寸很多，如形位公差、尺寸公差、倒角、角度、线性尺寸等，需要用到的命令有引线标注命令、角度标注命令、线性尺寸标注命令、基线尺寸标注命令、连续尺寸标注命令等，此外还需要使用插入块命令插入表面粗糙度符号块和基准符号块。

2）任务实施过程中将用到本任务角度尺寸标注、引线标注、形位公差标注的知识及直线、修剪、线性尺寸标注等操作。

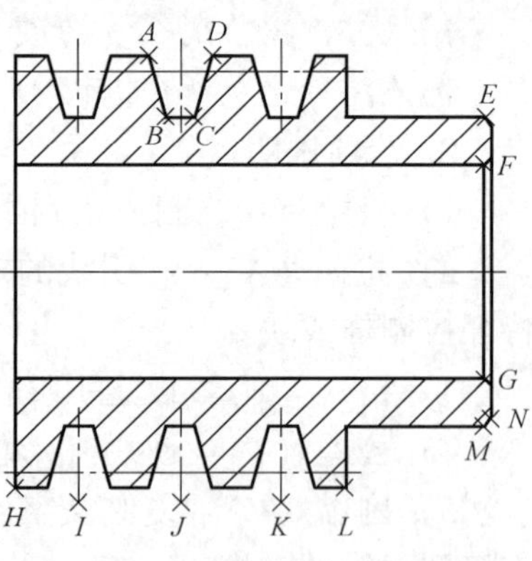


图 4-25　带轮零件图

### 三、手柄的尺寸标注步骤

**1. 绘制图形**

如图 4-25 所示，新建尺寸图层，创建尺寸标注样式，设置好对象捕捉模式，做好尺寸标注前的准备工作。

**2. 标注角度**

*命令：_dimangular*　　（启动角度标注命令）

*选择圆弧、圆、直线或 <指定顶点>：*　　（选择夹角的一条直线 *AB*）

*选择第二条直线：*　　（选择夹角的另一条直线 *CD*）

*指定标注弧线位置或［多行文字(M)/文字(T)/角度(A)］：M*　　（输入 M，打开多行文字编辑窗口，输入 34%%d%%P10′）

*指定标注弧线位置或［多行文字(M)/文字(T)/角度(A)］：*（选择标注弧线的位置）

*标注文字=34*　　（系统提示）

**3. 标注倒角**

*命令：LEADER*　　（启动引线命令）

*指定引线起点：*　　（指定第一个引线点 *E* 点）

*指定下一点：*　　（指定第二个引线点，左上追踪 135°）

*指定下一点或［注释(A)/格式(F)/放弃(U)］<注释>：*　　指定第三个引线点（水平向右追踪单击一点）

*指定下一点或［注释(A)/格式(F)/放弃(U)］<注释>：*　　（按〈Enter〉键进入下一步操作）

*输入注释文字的第一行或 <选项>：Cl*　　（输入注释文字）

*输入注释文字的下一行：*　　（按〈Enter〉键结束命令）

**4. 用堆叠字符的方法标注尺寸公差**

*命令：_dimlinear*　　（启用线命令）

*指定第一条尺寸界线原点或 <选择对象>：*　　（捕捉 *F* 点）

*指定第二条尺寸界线原点：*　　（捕捉 *G* 点）

*指定尺寸线位置或［多行文字(M)/文字(T)/角度(A)/水平(H)/垂直(V)/旋转(R)］：M*　（输入 M，打开多行文字编辑器；在多行文字编辑器中输入：%%c35+0.025^　0；选中"+0.025^0"，单击多行文字编辑器上的【堆叠】按钮，单击【确定】按钮返回绘图窗口）

*指定尺寸线位置或［多行文字(M)/文字(T)/角度(A)/水平(H)/垂直(V)/旋转(R)］：*

*标注文字=35*　　（系统提示）

以上操作完成了 $\phi35^{+0.025}_{0}$mm 的标注，按同样的方法完成尺寸 $\phi70^{0}_{-0.19}$mm 的标注。

**5. 标注 ϕ50mm、ϕ65mm、ϕ50mm 等尺寸**

*命令：_dimlinear*　　（启用线命令）

*指定第一条尺寸界线原点或 <选择对象>：*　　（捕捉 *E* 点）

*指定第二条尺寸界线原点：*　　（捕捉 *M* 点）

*指定尺寸线位置或［多行文字(M)/文字(T)/角度(A)/水平(H)/垂直(V)/旋转(R)］：M*　（输入 M，打开多行文字编辑器，输入%%C50）

*指定尺寸线位置或［多行文字(M)/文字(T)/角度(A)/水平(H)/垂直(V)/旋转(R)］*（指定一点作为尺寸线通过点）

*标注文字=50*　　（系统提示）

**6. 标注 10mm、16mm、16mm 三个首尾相连的线性尺寸**

利用线性尺寸标注标注出 10 尺寸，下面利用连续标注标注 16、16 尺寸。

*命令：_dimcontinue*

*指定第二条尺寸界线原点或［放弃(U)/选择(S)］<选择>：*　（捕捉 *J* 点）

*标注文字=16*

*指定第二条尺寸界线原点或［放弃(U)/选择(S)］<选择>：*　（捕捉 *K* 点）

*标注文字=16*

**7. 标注 52mm、75mm 两个线性尺寸**

*命令：_dimbaseline*

*指定第二条尺寸界线原点或［放弃(U)/选择(S)］<选择>：S*　　（输入 S 选择基准）

*选择基准标注：*　　（选择 *J* 点处的线性尺寸 10 作为基准）

*指定第二条尺寸界线原点或［放弃(U)/选择(S)］<选择>：*（选择尺寸界线原点 *L* 点）

*标注文字=52*　　（系统提示）

*指定第二条尺寸界线原点或［放弃(U)/选择(S)］<选择>：*（选择尺寸界线原点 *M* 点）

*标注文字=75*　　（系统提示）

适当调整【标注样式】中基线间距的数值。

**8. 标注线性尺寸 10mm**

过程同前。

### 9. 标注表面粗糙度和基准符号

插入前面任务绘制的表面粗糙度块和基准符号块，下面是插入表面粗糙度块的方法，插入基准符号块方法基本相同。

*命令：_insert* （选择【插入】→【块】命令，弹出插入块的对话框，在对话框中选择表面粗糙度块）

*指定插入点或［基点(B)/比例(S)/X/Y/Z/旋转(R)/预览比例(PS)/PX/PY/PZ/预览旋转(PR)］:* （指定插入表面粗糙度块的位置）

输入属性值

*输入粗糙度值:<6.3>:* 1.6 （输入该零件规定的表面粗糙度 $Ra$ 值为 1.6μm）

### 10. 标注形位公差

*命令：LEADER*

*指定引线起点：*

*指定下一点：*

*指定下一点或［注释(A)/格式(F)/放弃(U)］<注释>:*

*指定下一点或［注释(A)/格式(F)/放弃(U)］<注释>:*

*输入注释文字的第一行或 <选项>:*

*输入注释选项［公差(T)/副本(C)/块(B)/无(N)/多行文字(M)］<多行文字>:T*

弹出【形位公差】对话框，选择符号、输入公差 1 和公差 2，如图 4-26 所示，最后单击【确定】按钮完成形位公差的标注。

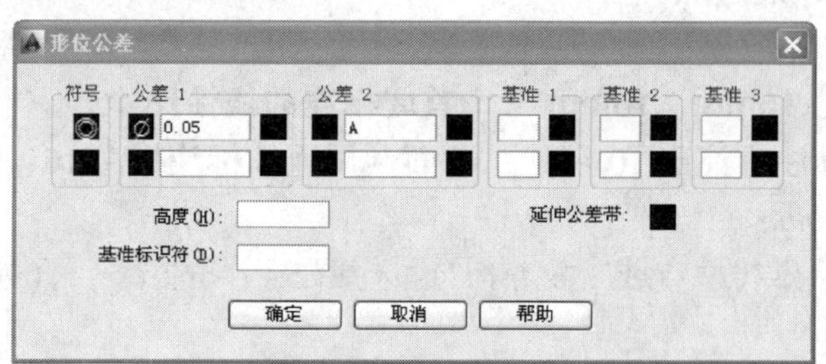


图 4-26 【形位公差】对话框

### 11. 用多行文字工具输入说明文字

过程略。

## 四、操作提示

1）角度尺寸标注可以标注两个直线对象的夹角、圆弧角度等，当选择的对象不是上述对象时，例如，标注两条构造线的夹角时，可从指定顶点开始。

2）倒角标注和形位公差标注采用引线标注设置不同的注释类型来完成。

3）尺寸公差可使用字符堆叠方法、修改公差特性、利用替代样式等方法进行设置。对于倾斜距离的标注可使用对齐命令。

## 五、结束任务

带轮图形完成后，检查自己绘制的图形是否符合要求，对自己的绘图练习进行评价。同时，自我评价本任务角度尺寸标注、引线标注、形位公差标注命令的掌握程度，最后要求能熟练运用本任务所学知识绘制并标注带轮图。

## 拓展提高

### 一、尺寸公差标注的方法

尺寸公差的标注方法除了步骤三中介绍的堆叠字符的方法外，通常还可通过修改公差特性或利用替代样式的方法标注尺寸公差，具体操作方法如下。

**1. 通过修改公差特性来标注尺寸公差**

选中要修改的尺寸，单击鼠标右键选择【特性】选项，打开【特性】选项板，如图4-27所示，在公差上偏差和公差下偏差中输入相应数值，设置垂直对齐位置，单击【关闭】按钮，完成尺寸编辑。

**2. 利用替代样式标注尺寸公差**

1）选择【格式】→【标注样式】命令，弹出【标注样式管理器】，如图4-12所示。

2）单击【标注样式管理器】上的【替代】按钮，弹出【替代当前样式】对话框，如图4-28所示。

3）选择【公差】选项卡，设置公差的方式为极限偏差，输入上、下极限偏差值，再单击【确定】按钮返回【标注样式管理器】，最后单击【关闭】按钮，返回绘图窗口。

4）用标注尺寸的命令进行标注，此时标注的尺寸就会有替代样式中设置的公差。

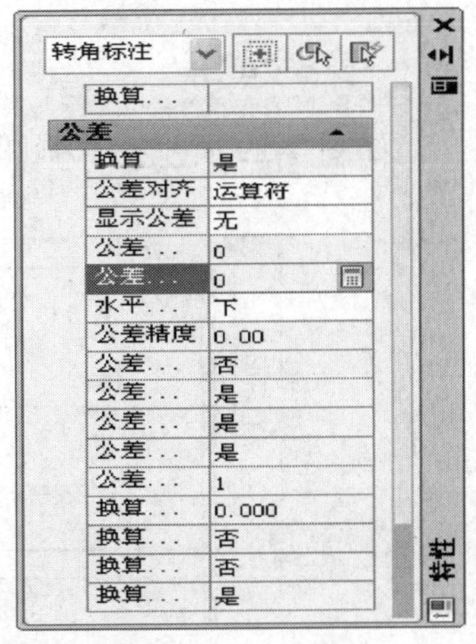


图4-27　特性选项板

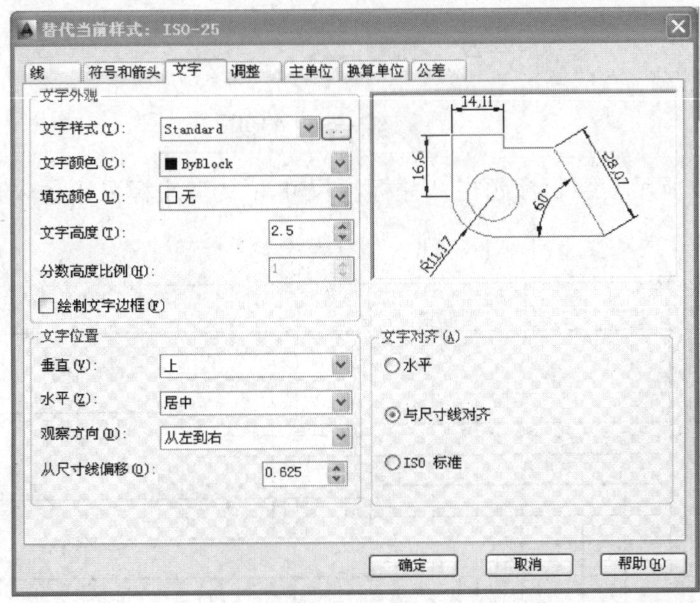


图4-28　【替代当前样式】对话框

## 二、对齐标注命令

对齐标注是线性标注尺寸的一种特殊形式。用于标注倾斜的线性尺寸，并且尺寸线与尺寸界线原点连线平行。

**1. 操作方法**

（1）菜单栏　选择【标注】→【对齐标注】命令。

（2）工具栏　单击【标注】工具栏中的【对齐】按钮。

（3）命令行　DIMALIGNED。

**2. 操作步骤和选项说明**

同线性尺寸标注，过程略。

### 实战演练

如图4-29所示，绘制图形并标注尺寸。

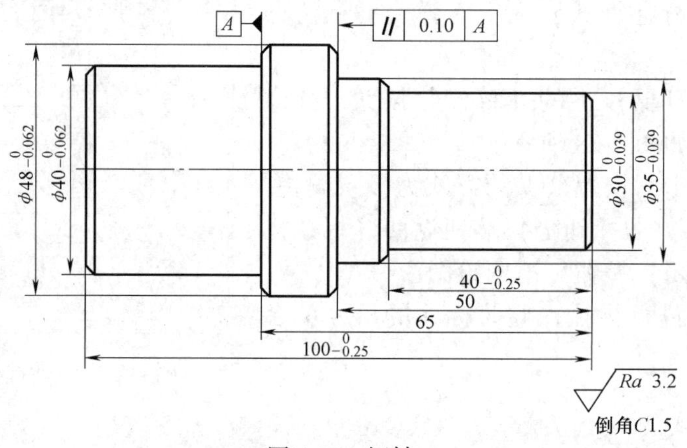

图4-29　短轴

## 综合训练四

1. 如图4-30所示，绘制标题栏，并标注尺寸（文字注释采用仿宋体，宽度比例0.7，高度合适）。

| | | | | | | | | | |
|---|---|---|---|---|---|---|---|---|---|
| | | | | | | (材料标记) | | | (单位名称) |
| 标记 | 处数 | 分区 | 更改文件号 | 签名 | 年、月、日 | | | | (图样名称) |
| 设计 | (签名) | (年月日) | 标准化 | (签名) | (年月日) | 阶段标记 | 重量 | 比例 | |
| 审核 | | | | | | | | | (图样代号) |
| 工艺 | | | 批准 | | | 共 张 第 张 | | | |



图4-30　综合训练1

2. 如图 4-31 所示，绘制图形，并标注尺寸。
3. 如图 4-32 所示，绘制图形，并标注尺寸。

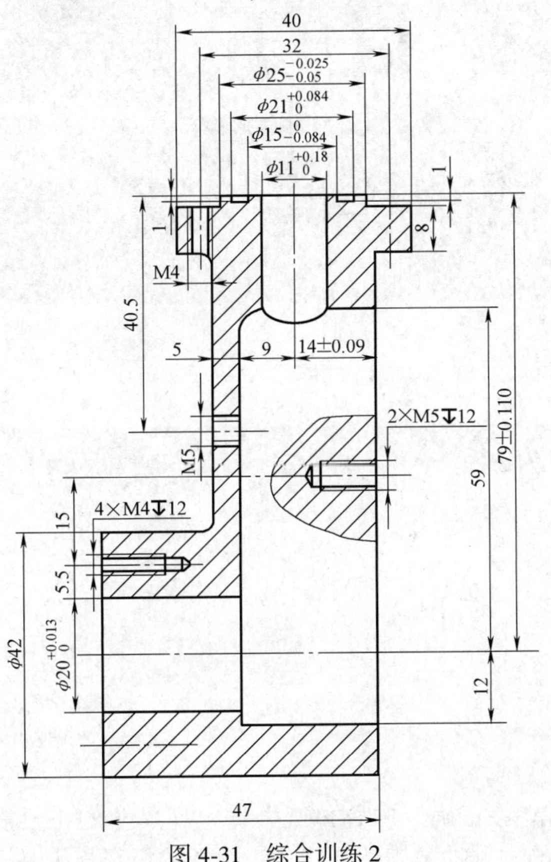


图 4-31　综合训练 2

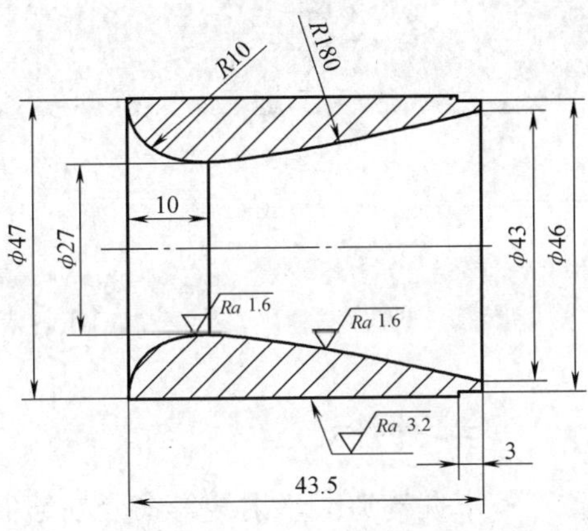


图 4-32　综合训练 3

4. 如图 4-33 所示，绘制图形，并标注尺寸。

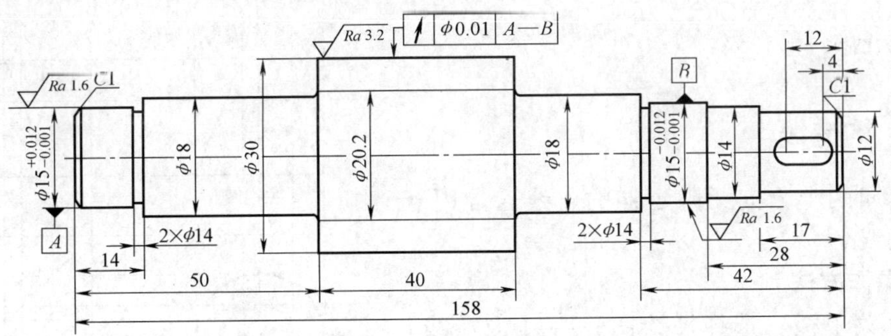


图 4-33　综合训练 4

# 项 目 五

# 机械图样的绘制

## 任务一　三视图的绘制

### 学习目标

❖掌握构造线、射线等命令在绘制三视图中的用法。

❖掌握使用辅助线法绘制三视图的方法。

❖掌握使用自动追踪法绘制三视图的方法。

### 任务描述

三视图（主视图、俯视图、左视图）是能够正确反映物体长、宽、高尺寸的正投影工程图。这是工程界对物体几何形状约定俗成的一种抽象表达方式。三视图的投影规则是长对正、宽相等、高平齐。本任务是利用直线、圆形、构造线、修剪等命令绘制三视图，如图5-1所示。

### 知识链接

#### 一、构造线

创建向两个方向无限延伸的直线，常用于绘制辅助线。

**1. 操作方法**

（1）菜单栏　选择【绘图】→【构造线】命令。

（2）工具栏　单击【绘图】工具栏中的【构造线】按钮。

（3）命令行　XLINE（或缩写：XL）。

**2. 操作步骤**

*命令：_xline*

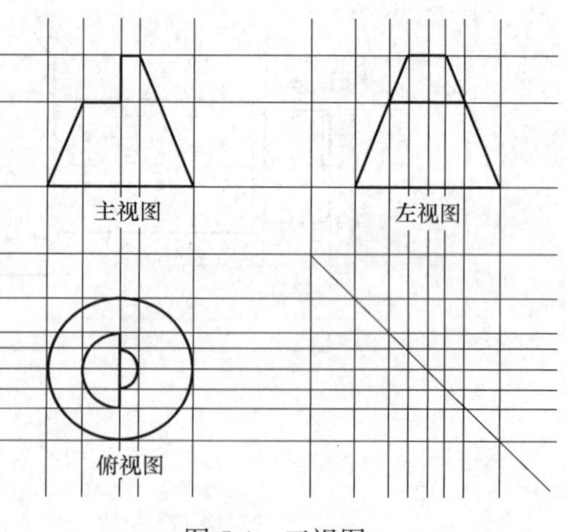


图5-1　三视图

*指定点或［水平(H)/垂直(V)/角度(A)/二等分(B)/偏移(O)］:*
*指定通过点:*

**3. 选项说明**

1）起点：指定构造线的起点位置（此点为构造线的中点）。

2）指定通过点：由起点处发出的构造线要经过的点，用来确定构造线的方向。

3）水平（H）：设置创建与当前坐标系 $X$ 轴平行的构造线。

4）垂直（V）：设置创建与当前坐标系 $Y$ 轴平行的构造线。

5）角度（A）：设置创建与当前坐标系 $X$ 轴正向成一定角度的构造线。

6）二等分（B）：设置创建二等分某个角的构造线。

7）偏移（O）：设置创建与某直线对象平行且成一定距离的构造线。

## 二、对齐命令

将选定的对象移动、旋转或倾斜，使其与另一个对象对齐。

**1. 操作方法**

（1）菜单栏　选择【修改】→【三维操作】→【对齐】命令。

（2）命令行　ALIGN　（或缩写：AL）。

**2. 操作步骤**

*命令:_align*
*选择对象:*
*指定第一个源点:*
*指定第一个目标点:*
*指定第二个源点:*
*指定第二个目标点:*
*指定第三个源点或 <继续>:*
*是否基于对齐点缩放对象？［是(Y)/否(N)］<否>:*

**3. 选项说明**

1）选择对象：使用选择对象的方法，选择要对齐的对象，直至按〈Enter〉键结束选择。

2）指定第一个源点：指定一点作为源点，一般在选定的对象上定点。

3）指定第一个目标点：指定一点作为第一个源点将要对齐的目标点。

4）是否基于对齐点缩放对象：是（Y）表示对齐后改变大小，否（N）表示不改变大小。

## 任务实施

### 一、准备工作

1）上课前仔细阅读本任务的内容。

2）复习直线、圆形、修剪等操作。

## 二、任务分析

1）根据正投影法的基本原理，三视图的投影规律是：长对正、高平齐、宽相等。首先，用一条水平构造线和一条垂直构造线将绘图窗口分成四等分，在右下角部分用构造线绘制一条二、四象限的角平分线，并修剪掉第二象限部分。

2）在左上角（第二象限）绘制主视图，过主视图上各点作水平构造线，与左视图高平齐；过主视图上各点作垂直构造线，与俯视图长对正。然后，在窗口左下角（第三象限）绘制俯视图，并过俯视图各点绘制水平构造线与第四象限平分线相交，过交点绘制垂直构造线与第二象限水平构造线相交，实现宽相等。最后，在窗口的右上角（第一象限）绘制左视图。

## 三、绘制三视图的操作步骤

1）绘制构造线将绘图窗口分为四个区域，并在第四象限（右下角区域）用构造线命令绘制角平分线。

2）在第二象限（左上角区域）绘制实体的主视图。

3）过主视图图形上的各端点绘制垂直构造线，保证主视图与俯视图的“长对正”；过主视图图形上的各端点绘制水平构造线，保证主视图与左视图的“高平齐”。

4）在第三象限（左下角区域）绘制实体的俯视图。

5）过俯视图图形上的各端点绘制水平构造线与第四象限角平分线相交，过角平分线的各交点绘制垂直构造线，保证“宽相等”。

6）通过第一象限中主视图作的水平构造线与垂直构造线的交点，再看主、俯视图上点的对应关系，绘制出左视图。

## 四、操作提示

1）构造线在 AutoCAD 中都是绘制图形的辅助线，它们不打印输出，所以不会影响图形在图样上的效果。也不会影响图形界限。

2）在绘制三视图时，也可以用直线命令来绘制平行（或垂直）于轴的辅助直线，来保证三个视图中图形的“长对正、高平齐、宽相等”。但三视图绘制完成后，必须将这些平行（或垂直）于轴的辅助直线删除或修剪。

## 五、结束任务

三视图图形绘制完成后，检查自己绘制的图形是否符合要求，对自己的绘图练习进行评价。同时，自我评价本任务中构造线、对齐命令的掌握程度，最后，要求能熟练运用本任务所学知识绘制出标题栏。

## 拓展提高

通常绘制三视图还可使用自动追踪法，即利用自动追踪功能并结合对象捕捉追踪、极轴追踪等绘图辅助工具，保证视图之间的“三等”关系，并进行必要的编辑，完成图形。

使用自动追踪法绘制三视图时，一般先根据主俯视图“长对正”，完成主、俯视图，再将俯视图复制到合适位置，并逆时针旋转 90°，绘制左视图，保证“俯左视图宽相等”。下面结合本任务介绍这种方法的操作步骤。

**1. 设置图限范围**

使用 LIMITS 命令，设置图限，左下角为（0，0），右上角为（210，297）。然后，执行 ZOOM 命令的中 ALL 选项，显示图限界限。

**2. 设置对象捕捉模式**

右击状态行上的对象【捕捉追踪】按钮，单击快捷菜单中的【设置】命令，弹出【草图设置】对话框。设置对象捕捉模式为：端点、圆心、象限点、中点和交点等，或单击选择全部选择按钮。在状态栏开启极轴追踪、对象捕捉追踪等功能。

**3. 绘制俯视图**

使用圆命令、直线命令、修剪命令等绘制俯视图。

**4. 绘制主视图**

启动直线命令，利用自动追踪功能绘制主视图，如图 5-2 所示。

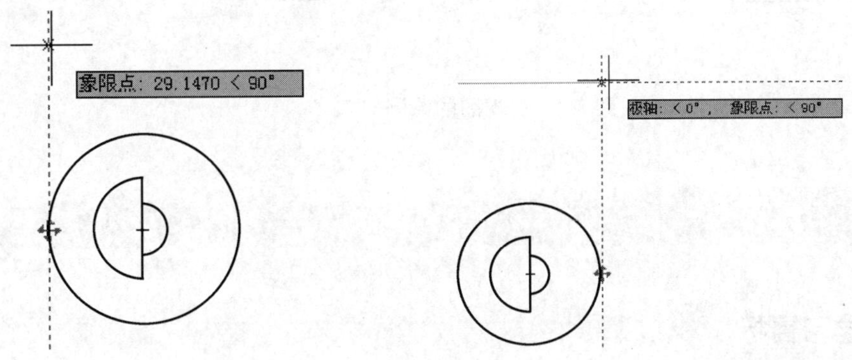


图 5-2　绘制主视图

**5. 绘制左视图**

先将俯视图复制到合适位置（左视图的正下方），然后逆时针旋转 90°，作为绘制左视图的辅助图形，然后，利用自动追踪功能绘制左视图，如图 5-3 所示。

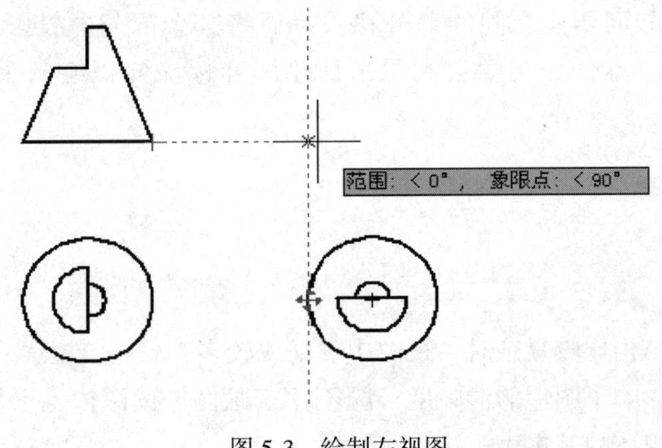


图 5-3　绘制左视图

6. 删除复制旋转的辅助图形，完成三视图的绘制

## 实战演练

如图 5-4 所示，抄画主、左视图，并补画俯视图。

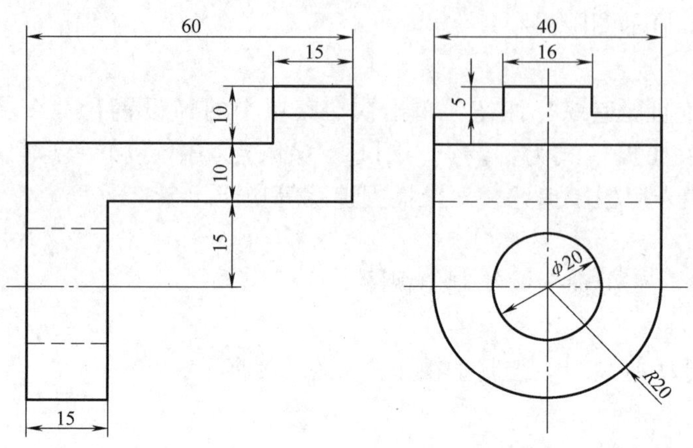

图 5-4　三视图的绘制

# 任务二　泵盖剖视图的绘制

## 学习目标

❖ 掌握剖视图的画法。

❖ 掌握盖类零件视图的绘制方法与技巧。

## 任务描述

剖视图主要用于表达机件内部的结构形状。假想用一剖切面（平面或曲面）剖开机件，将处在观察者和剖切面之间的部分移去，而将其余部分向投影面上投射，这样得到的图形称为剖视图。本任务是学会利用平面绘图和标注知识绘制泵盖剖视图，如图 5-5 所示。

## 知识链接

### 一、剖视图

当机件的内部结构比较复杂时，视图中的虚线较多，虚线与虚线、虚线与实线之间往往重叠交错，大大地影响了图形的清晰度，既不便于画图、读图，也不便于标注尺寸。为此，国家标准规定了剖视图的基本表示法。

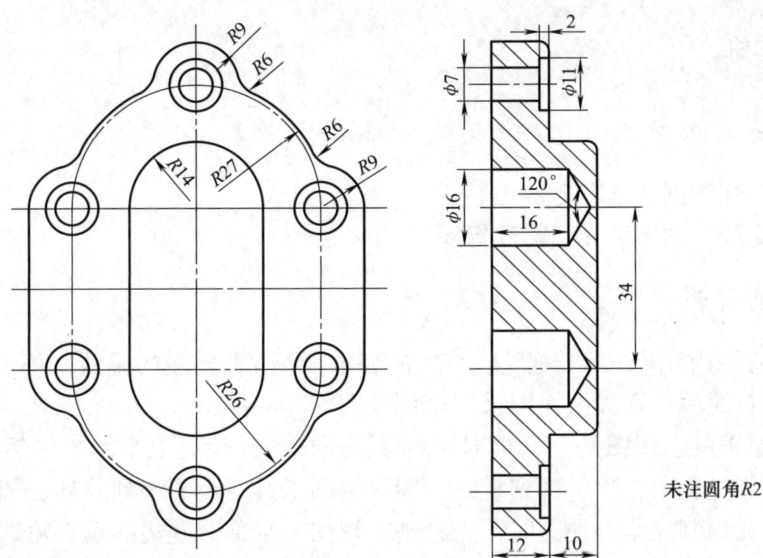


图 5-5　泵盖剖视图

1. 剖视图的定义

假想用剖切面剖开物体，将处在观察者与剖切面之间的物体移动，而将其余部分向投影面投射所得的图形，称为剖视图，简称剖视。

2. 剖视图的种类

剖视图可分为全剖视图、半剖视图和局部剖视图。

全剖视图：用剖切面完全地剖开物体所得的剖视图称为全剖视图。

半剖视图：当物体具有对称平面时，向垂直于对称平面的投影面上投射所得的图形，可以对称中心线为界，一半画成剖视图，另一半画成视图，剖视与视图之间用细点画线作为分界，这样的图形称为半剖视图。

局部剖视图：用剖切面局部地剖开物体所得的剖视图称为局部剖视图。

3. 剖视图的标注

标注内容包括：剖切符号、剖切线、字母。

4. 剖面线的画法

无需在剖面区域中表示材料类别时，可采用通用剖面线表示，通用剖面线应以适当角度的细实线绘制，最好与主要轮廓线或剖面区域的对称线成45°角。

## 二、绘制剖视图常用的命令

1）剖面符号，使用图案填充功能（即可以在指定的区域内填满某一预定的图案）BHATCH 命令来绘制。

2）表示剖切面起、止和转折位置的箭头可用多段线命令 PLINE 单独绘制。

3）样条曲线命令 SPLINE 可绘制局部剖面中的断裂线。

4）对已有图案填充对象进行修改，可用图案填充 HATCHEDIT 命令。单击该命令弹出的对话框与 BHATCH 命令弹出的对话框一样，操作方法也基本相同。

## 任务实施

### 一、准备工作

1）上课前仔细阅读本任务的内容。

2）复习直线、图案填充、标注等操作。

### 二、任务分析

1）泵盖的结构较为复杂，直接绘制左视图，会出现较多的虚线，不方便绘图和读图。但因它的外形较简单，所以左视图采用全剖视图。

2）由于泵盖的主视图是上下对称的图形，所以，先绘制上半部分，然后镜像得到主视图。主视图绘制过程中，除了用到直线、圆等绘图工具，还要用到阵列、圆角、修剪和镜像等修改工具。在绘制左全剖视图时，先绘制左视图上半部分左边的垂直轮廓线，用工具来得到其他几条垂直轮廓线。根据“高平齐”的原理，从主视图上相应的点绘制水平线来确定剖视图上水平轮廓线的位置，然后，修剪剖视图的上半部分，镜像后得到剖视图的轮廓。最后，对剖视图进行填充，完成剖视图的绘制。

### 三、泵盖剖视图的操作步骤

#### 1. 设置绘图环境

过程同前。

#### 2. 绘制中心线

设置图层、线型、颜色、线宽以及绘制相应的中心线。

#### 3. 绘制主视图上半部分

如图 5-6a 所示，以水平中心线与垂直中心线的交点为圆心，绘制 $R27$mm 和 $R14$mm 的圆。以中心线圆的右象限点为圆心分别绘制 $R9$mm、$\phi7$mm 和 $\phi11$mm 的圆。以 180° 为阵列角度，阵列 $R9$mm、$\phi7$mm 和 $\phi11$mm 的圆，得到左边和上边两组圆。对圆 $R9$mm 与圆 $R27$mm 进行圆角（圆半径为 6mm），得到四段过渡圆弧。用直线工具从圆 $R14$mm 和左右圆 $R9$mm 的左右象限点向下面的水平中心线作四条垂线。

#### 4. 修剪主视图上半部分

对所绘制的图形进行修剪，如图 5-6b 所示。

#### 5. 镜像得到主视图

对步骤 4 的图形进行镜像操作，获得主视图，如图 5-6c 所示。

#### 6. 绘制剖视图的上半部分

如图 5-7a 所示，过主视图的上半部分相应点绘制水平线，以确定剖视图轮廓线中水平轮廓线的位置。先启用极轴追踪和对象追踪功能，采取追踪的方法结合图 5-5 所绘尺寸在主视图右边合适位置绘制部视图的上半部分。

#### 7. 修剪、圆角、镜像和填充

使用圆角命令 FILLET，对剖视图右边轮廓进行圆角（圆角半径为 2mm）操作。使用镜像命令 MIRROR，对剖视图上半部分绕水平中心线镜像。使用图案填充 BHATCH 命令，为

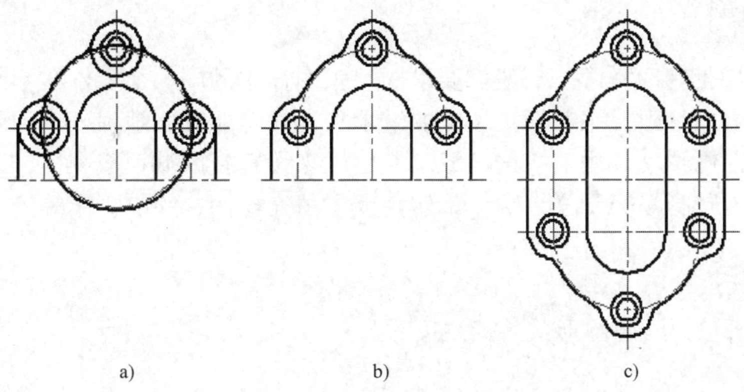


图 5-6　绘制主视图

剖视图填充图案。完成图形如图 5-7b 所示。

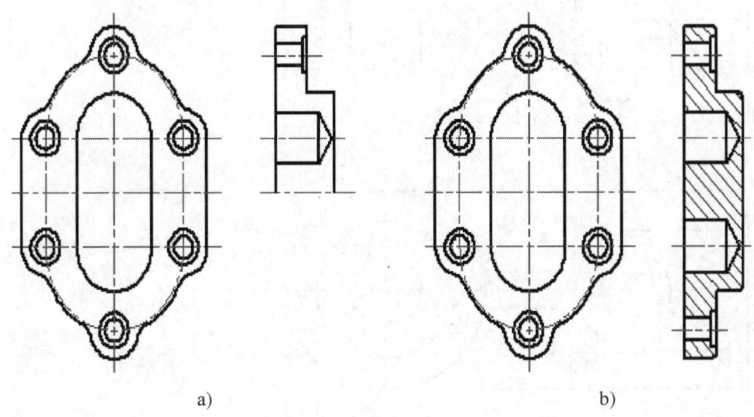


图 5-7　绘制剖视图

## 四、操作提示

1）剖视图是一种常见的机件表达方法。绘制剖视图最重要的是填充剖面符号，在 AutoCAD 中填充剖面符号的区域应是封闭的图形。这就要求在绘制图形时应保证图形精确，尽量采用目标捕捉方式来绘制图形。

2）如果填充区域有部分超出了绘图窗口，那么，在用拾取点选择填充边界时，就可能会出现开放边界提示，此时，可用实时平移将整个填充区域平移到绘图窗内，再用拾取点选择填充边界。

## 五、结束任务

泵盖剖视图绘制完成后，检查自己绘制的图形是否符合要求，对自己的绘图练习进行评价。同时，自我评价本任务中剖视图的基础知识、剖视图的绘制和标注方法的掌握程度，最后，要求能熟练运用本任务所学知识绘制出泵盖剖视图。

## 拓展提高

在绘制机械工程图样中，一般都要求同一张图样中的同一个零件在不同视图中的剖面线要间隔相同、方向一致。采用图案填充的继承特性功能能方便地保证这种要求。继承特性功能是指利用当前图形文件中已有的区域填充图样来设置新区域填充图样，即新图样继承原图样的特征参数，包括填充图样名称、旋转角度、填充比例、间隔距离等。

## 实战演练

如图 5-8 所示，绘制图形，并标注尺寸。

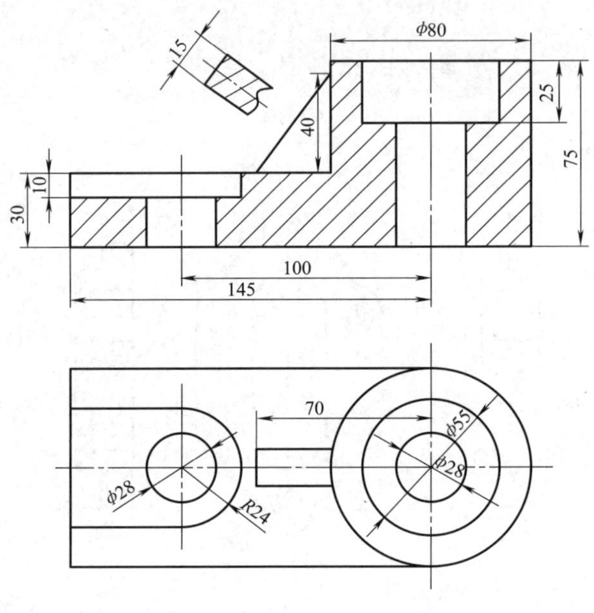

图 5-8　实战演练

# 任务三　轴类零件图的绘制

## 学习目标

❖ 掌握使用镜像命令绘制轴对称图形的方法。

❖ 掌握轴类零件的绘图方法与技巧。

❖ 掌握绘制断面图的方法。

## 任务描述

阶梯轴是一种典型的零件，也是比较规则的零件，其主视图轮廓多为直线，且关于轴对称，如图 5-9 所示。所以可以通过偏移和镜像的方法来绘制阶梯轴的主视图。对于开有键槽的部分，通过断面图来表达键槽的宽度和深度。本任务是学会利用平面绘图和标注知识绘制

轴类零件图。

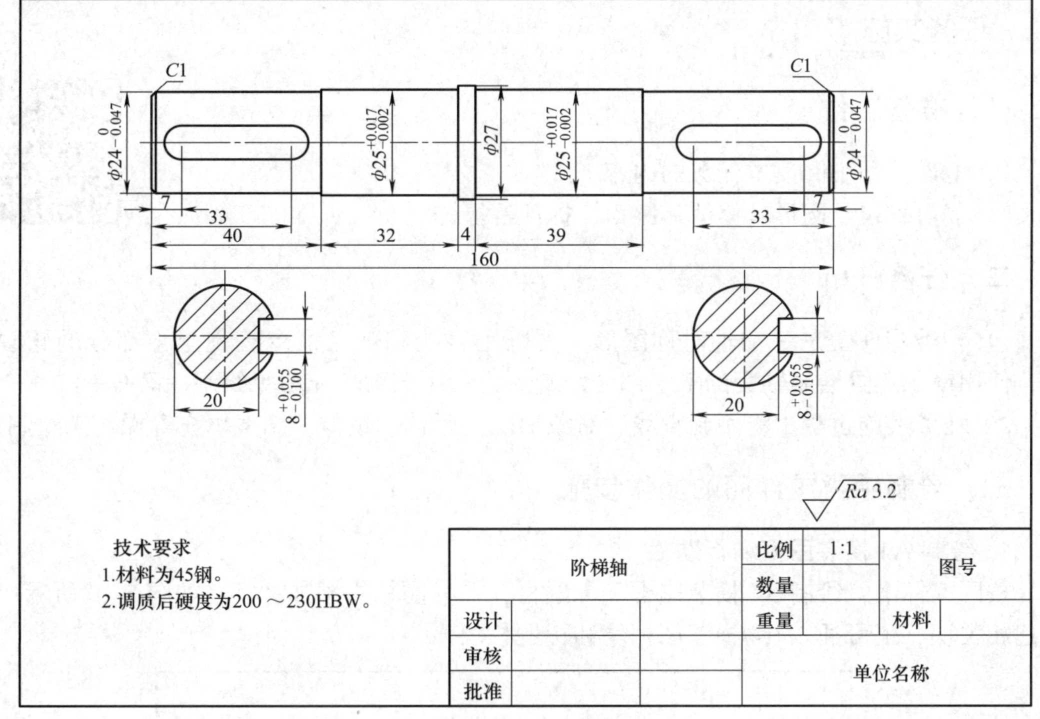


图 5-9　阶梯轴零件图

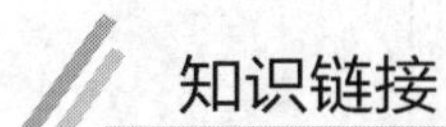

## 知识链接

### 一、零件图

零件图是表达零件的图样，是生产中指导制造和检验零件的根据。零件图包括一组图形、完整的尺寸、技术要求和标题栏四大部分。使用 AutoCAD 绘制零件图，要遵守机械制图国家标准，同时充分利用图块、图层等功能，提高绘制效率。

### 二、断面图

#### 1. 断面图的定义

假想用剖切面将机件的某处切断，仅画出断面的图形，称为断面图，简称断面。断面图常用来表示机件上某一局部结构的断面形状，如机件的肋板、轮辐、轴上的键槽和孔等。

#### 2. 断面图的分类

根据断面图在绘制时所选择的位置不同，断面图可分为移出断面图和重合断面图。

#### 3. 断面图的画法

画断面图时，应将剖切的断面绕剖切符号旋转 90°重合在图面上，并在剖切的断面上画出剖面线。另外，应特别注意断面图与剖视图的区别。断面图仅画出机件被切断处的断面形状，而剖视图除了画出断面形状外，还必须画出断面后的可见轮廓线。

## 任务实施

### 一、准备工作

1）上课前仔细阅读本任务的内容。

2）复习直线、圆形、修剪、圆角、标注等操作。

### 二、任务分析

1）轴类零件图是一个轴对称图形。可以用直线和倒角命令绘制上半部分的轮廓，然后，使用镜像工具绘制轴套的下半部分，最后，利用图案填充命令绘制剖面线。

2）任务实施过程中将用到直线、对象追踪、延伸、镜像、图案填充等操作来绘制。

### 三、绘制轴类零件图的操作步骤

#### 1. 绘制 A4 横装图框和标题栏

按国家标准，绘制 A4 横装图框和标题栏，在标题栏中添加文字，如图 5-10 所示。若已创建相关块，也可插入 A4 横装图框块和标题栏块。

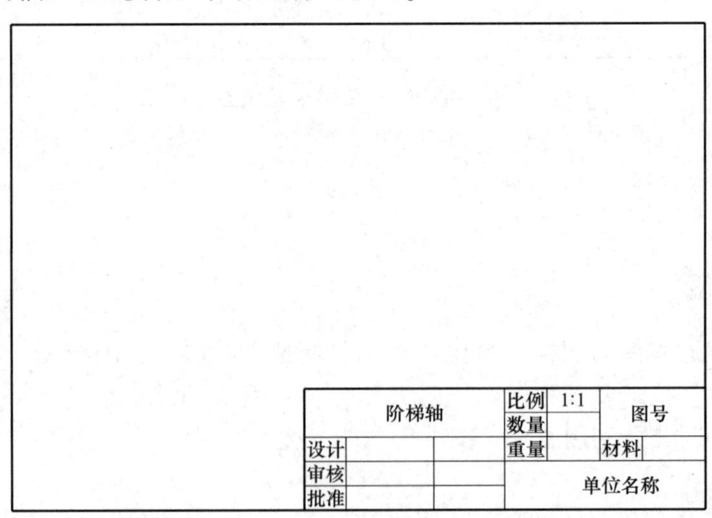


图 5-10　标题栏

#### 2. 设置绘图环境

选择对象捕捉功能，并打开极轴追踪、对象捕捉追踪等功能。

#### 3. 绘制中心线

设置绘制所需要的图层、线型、颜色、线宽，绘制相应的中心线（长 170mm）。

#### 4. 确定阶梯轴上半部分的轮廓位置

如图 5-11 所示，利用直线命令从中心线左端点向右追踪 5 个单位（单位为 mm），单击一点作为起点，依次向上绘制 12mm、向右 40mm、向上 0. 5mm、向右 32mm、向上 1mm、向右 4mm、向下 1mm、向右 39mm、向下 0. 5mm、向右 45mm 和向下 12mm，绘制直线。

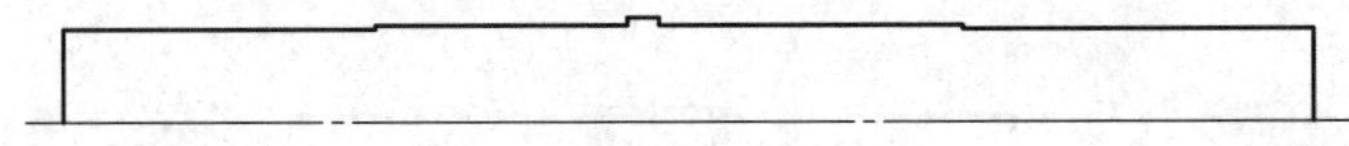

图 5-11　绘制阶梯轴上半部分

### 5. 修改外轮廓

先进行延伸、倒角操作，再利用直线命令添加直线，得到阶梯轴的外轮廓，如图 5-12 所示。

图 5-12　修改外轮廓

### 6. 绘制完整的阶梯轴的主视图

如图 5-13 所示，将图形沿水平中心线镜像，得到完整的阶梯轴的外轮廓。

绘制键槽：分别在水平中心线上绘制 4 个直径为 8mm 的圆（圆心采用对象捕捉追踪的方法定位），再分别用直线连接左边或右边两个圆的最高点和最低点，最后修剪多余圆弧。

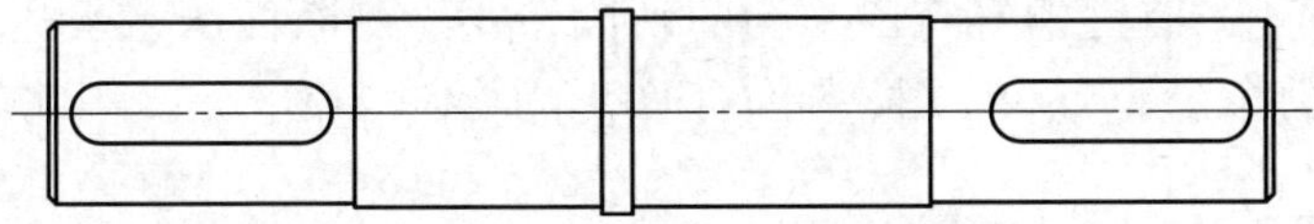

图 5-13　绘制完整的阶梯轴

### 7. 绘制键槽轴段的断面图

如图 5-14 所示，在对应位置分别绘制一个直径为 24mm 的圆及中心线，从圆形最左点向右追踪 20mm 单击一点，再调整光标向上画 4mm，向右找到交点单击，将绘制短线镜像到下边，然后修剪掉多余线条，再进行图案填充，最后，把绘制的断面图复制一个到右边合适位置，并调整中心线的长度和比例。

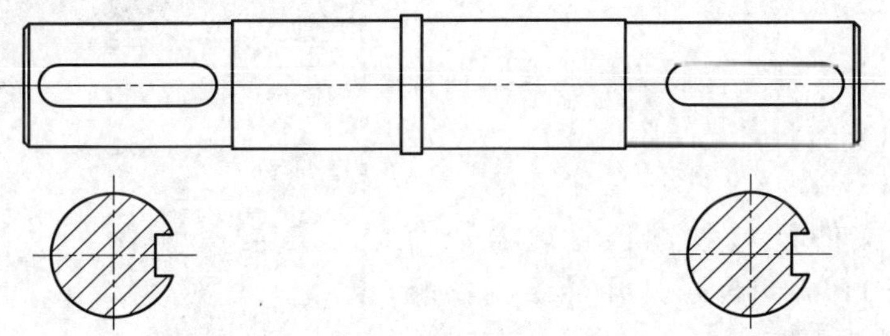

图 5-14　绘制键槽轴段的断面图

### 8. 尺寸标注

如图 5-15 所示，建立合适的标注样式，在主视图上和断面图上标注轴的尺寸。

### 9. 标注表面粗糙度、编写技术要求（图 5-9）

## 四、操作提示

1）轴类零件大多是轴对称图形，主要绘制主视图和辅助视图。通常采用先绘制对称图形中的一半，然后镜像得到完整图形的方法绘制。

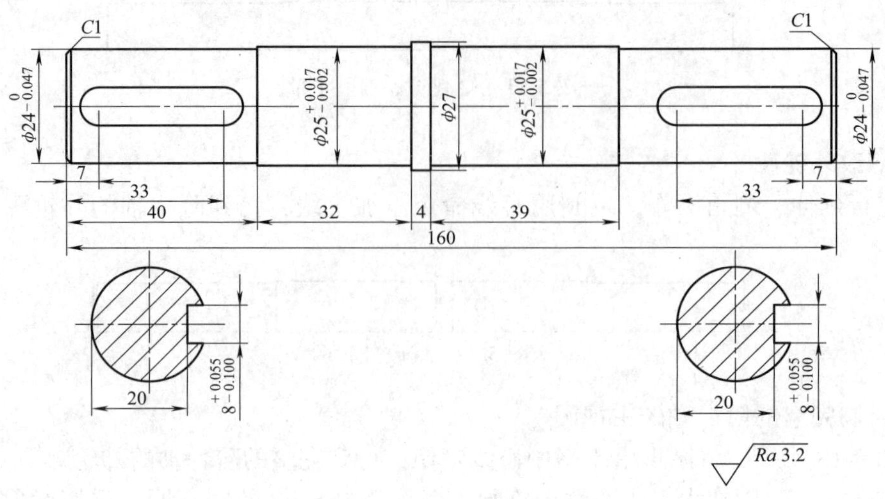


图 5-15　尺寸标注

2）对于在轴上开有键槽等特殊结构的轴段，要绘制断面图来表达其特殊结构。另外，倒角、镜像、修剪命令的巧妙运用，降低了图形的绘制难度，是提高编辑图形细节的关键。

## 五、结束任务

轴类零件图绘制完成后，检查自己绘制的图形是否符合要求，对自己的绘图练习进行评价。同时，自我评价本任务中对称图形的画法、对象追踪功能的使用等操作的掌握程度，最后，能熟练地运用本任务所学知识绘制出轴类零件图。

## 拓展提高

## 一、零件图的快速打印

下面以打印阶梯轴零件图为例，介绍在模型空间内打印零件图的简要操作步骤。

1）打开阶梯轴图形文件。

2）选择【文件】→【绘图仪管理器】命令，双击 DWF6 ePlot 图标，打开【绘图仪配置编辑器】对话框，如图 5-16 所示，在对话框中进行图纸尺寸定义等操作。

3）选择【文件】→【页面设置管理器】命令，弹出【页面设置管理器】对话框，如图 5-17所示，单击【新建】按钮，在弹出的对话框中输入新页面设置名，单击【确定】按钮，弹出【页面设置】对话框，如图 5-18 所示，在此对话框中设置打印机名称、图纸尺寸、打印偏移、打印比例、图形方向和打印范围等参数。

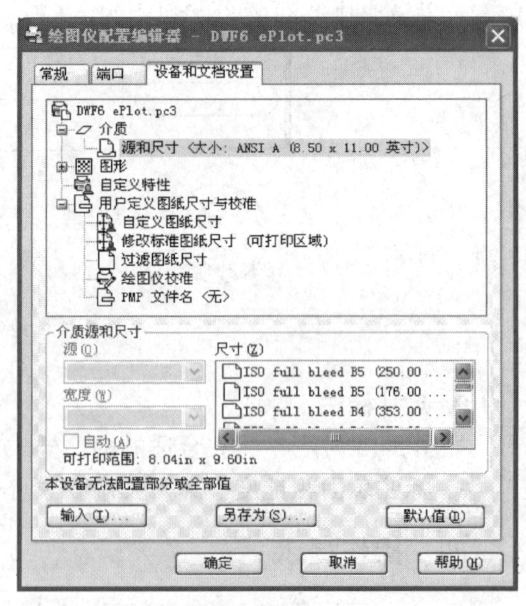


图 5-16 【绘图仪配置编辑器】对话框

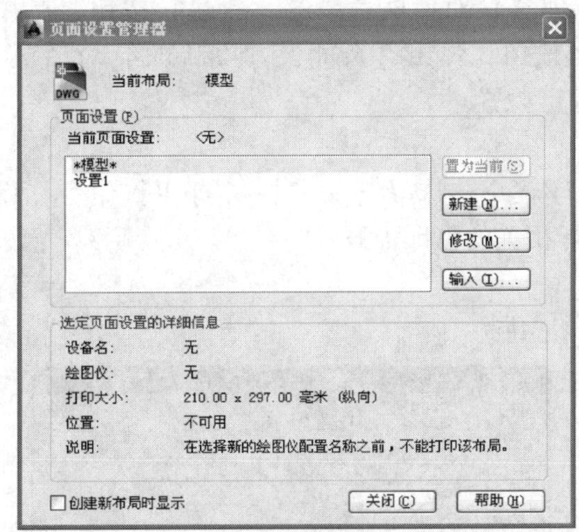


图 5-17 【页面设置管理器】对话框

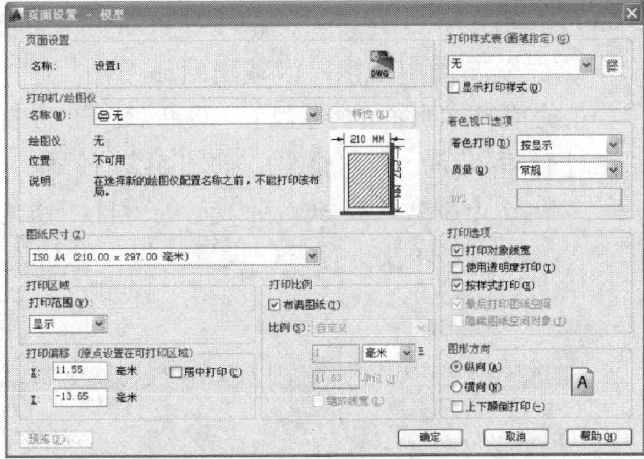


图 5-18 【页面设置】对话框

4）选择【文件】→【打印预览】命令，对当前图形进行打印预览。单击鼠标右键，在弹出的快捷菜单中单击【打印】命令，弹出【浏览打印文件】对话框，如图 5-19 所示，在此对话框中设置打印文件的保存路径及文件名，最后单击【保存】按钮，系统会弹出【打印作业进度】对话框，待此对话框关闭后，打印过程即结束。

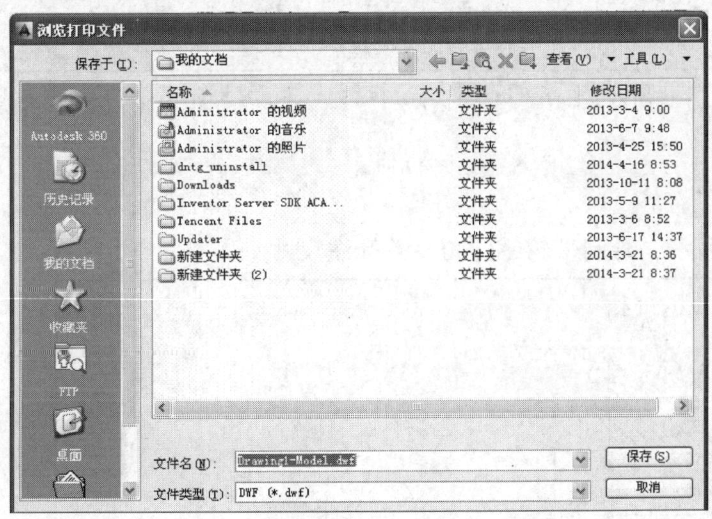


图 5-19 【浏览打印文件】对话框

## 二、零件图的布局打印

由于模型空间出图的种种不便，AutoCAD 提供了一种打印出图更为方便的工作空间，即布局，也称为图纸空间。在图纸空间的布局中可布局和打印输出在模型空间中各个不同视角下产生的视图，或将两个以上不同比例的视图安排在一张图纸上。

### 1. 布局的打印页面设置

用户在模型空间完成图形的绘制后，单击【布局 1】按钮，再选择【文件】→【页面设

置管理器】命令，系统将自动弹出页面【设置管理器】对话框。单击【新建】按钮，在弹出的对话框中输入新页面设置名，单击【确定】按钮，弹出【页面设置-布局 1】对话框，如图 5-20 所示。在该对话框中即可对打印页面进行设置。

**2. 从布局中直接打印输出图形**

完成打印页面的设置后，即可对图形进行打印输出。选择【文件】→【打印】命令，弹出【打印-布局 1】对话框，如图 5-21 所示，进行相关的打印设置。

单击【预览】按钮，对图形进行打印预览。

另外，打印及保存打印设置的操作和快速打印相同。

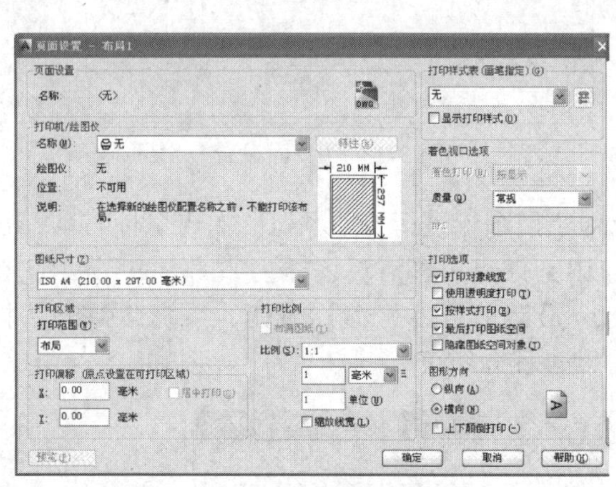

图 5-20　【页面设置-布局 1】对话框

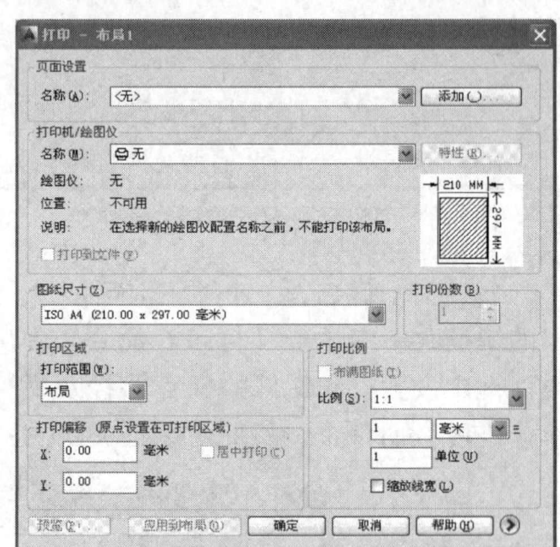

图 5-21　【打印-布局 1】对话框

## 实战演练

如图 5-22 所示，绘制带轮零件图，并标注尺寸。

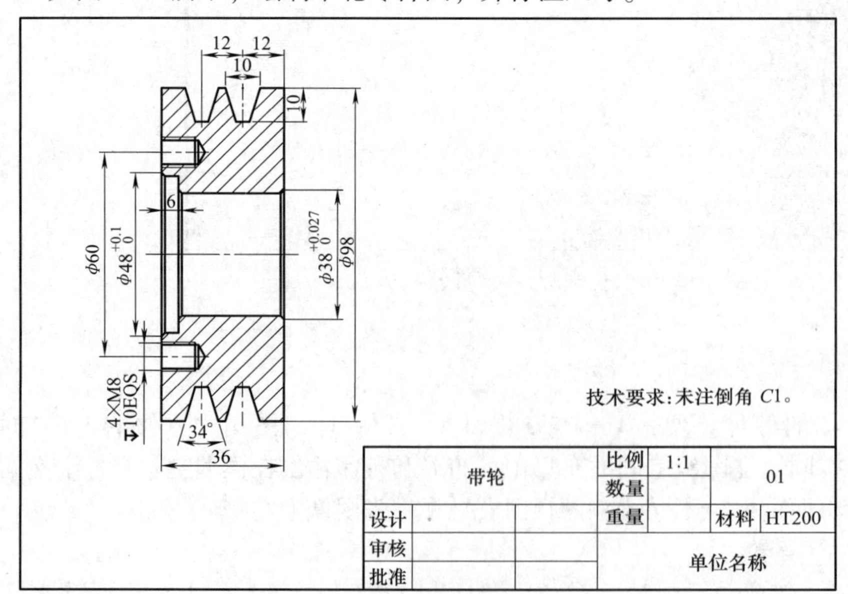


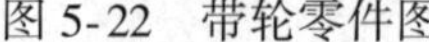

图 5-22　带轮零件图

# 任务四 齿轮啮合装配图的绘制

## 学习目标

❖掌握装配图的内容及表达方法。

❖掌握零件图拼接组装装配图的方法。

❖掌握多个图形文件的操作。

## 任务描述

如图 5-23 所示，本任务中组成齿轮啮合装配图的零件有 5 个，一般单独绘制出装配图中的各个零件的零件图，然后创建成块或块文件，通过块的插入或外部的引用，插入或引用零件图，根据装配图的要求编辑修改零件图，最后，标注尺寸、注写技术要求、绘制标题栏及明细栏等，从而完成装配图。

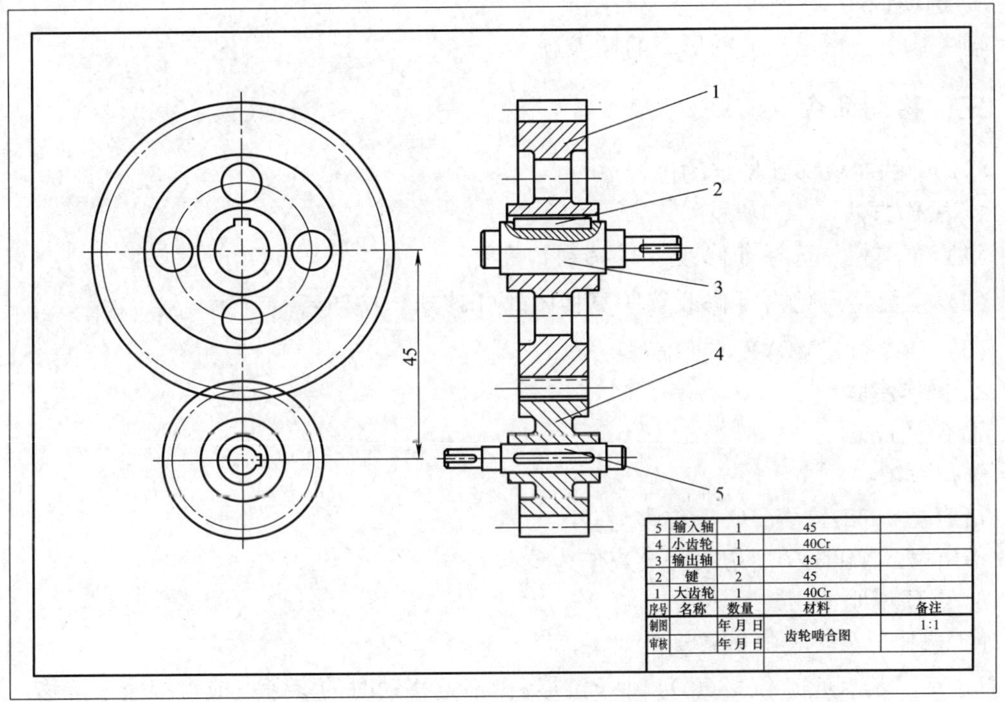


图 5-23 齿轮啮合装配图

## 知识链接

### 一、装配图

表达机器或部件的图样称为装配图。装配图是机械设计阶段中最重要的技术文件之一。装配图的内容包括五大部分：图形、必要的尺寸、技术要求、零部件序号、明细栏和标题栏。

由于装配图本质上仍是为了将空间的三维形体用二维图形表达出来，所以，机件的常用表达方法仍适用于装配图；而由于装配图侧重于表达多个零件的装配关系，故国家标准对其又增加了规定画法和特殊画法。具体使用哪些表达方法，要根据具体的装配体去分析，即使是同一装配体，每个人选择的表达方法也不完全一样。

## 二、基点命令

指定当前图形的基点。

### 1. 操作方法

（1）菜单栏 选择【绘图】→【块】→【基点】命令。

（2）命令行 BASE。

### 2. 操作步骤

*命令：_base*

*输入基点<0.0000,0.0000,0.0000>：*

### 3. 选项说明

输入基点：指定当前图形新的插入点。

## 三、移动命令

将选中的对象移到指定的位置。

### 1. 操作方法

（1）菜单栏 选择【修改】→【移动】命令。

（2）工具栏 单击【修改】工具栏中的【移动】按钮 。

（3）命令行 MOVE（或缩写：M）。

### 2. 操作步骤

*命令：_move*

*选择对象：*

*指定基点或[位移(D)]<位移>：*

*指定第二个点或<使用第一个点作为位移>：*

### 3. 选项说明

1）选择对象：选择欲移动的对象。

2）指定基点或［位移（D）］<位移>：指定移动时的参考点或直接输入位移。

3）指定第二个点或<使用第一个点作为位移>：输入第二点，系统根据这两个点定义一个位移矢量。如果直接按<Enter>键，则第一点坐标值将认为是移动所需的位移。

# 任务实施

## 一、准备工作

1）上课前仔细阅读本任务的内容。

2）复习直线、图案填充等操作。

## 二、任务分析

1）齿轮啮合装配图由大齿轮、小齿轮、输入轴和输出轴装配而成，用户需打开零部件图形进行装配。

2）本任务用到了基点命令、移动命令以及修剪、延伸等操作。

## 三、齿轮啮合装配图的操作步骤

### 1. 确定表达方案

根据齿轮啮合的工作原理和装配关系确定表达方法、比例和图幅。

### 2. 绘制图框

绘制 A3 图框，或直接打开已存在的 A3 图框文件。

### 3. 装配

按装配关系分别将已绘制的齿轮啮合的各零件的零件图插入到 A3 图框文件中。

1）先插入大齿轮到合适位置，删除已标注的尺寸，再将其两个视图旋转-90°。

2）插入小齿轮，删除已标注的尺寸，根据齿轮啮合的视图表达方法，选好基点，使用移动命令分别对齐主视图、剖视图。

3）按同样的方法分别插入输入轴、输出轴进行装配。

4）对零件相互装配部位的图形按要求进行编辑修改。

需要注意的是，每插入一个零件后，都要做适当的编辑和修改，不要把所有的零件均插入后再修改，这样做的话，由于图线太多，修改将变得困难。当零件图不全时，也可采用插、画结合的方法绘制装配图。

### 4. 标注尺寸

按装配要求标注必要的尺寸。如与装配体有关的性能、装配、安装、运输等有关尺寸，常包括：特性尺寸、装配尺寸、安装尺寸、外形尺寸以及零件的主要结构尺寸等。

### 5. 绘制明细栏

根据零件的数量，在标题栏上方按要求画出零件明细栏。

### 6. 绘制零件序号

利用快速引线命令 LEADER 绘制零件序号。

### 7. 标注技术要求、明细栏及标题栏

使用多行文字编辑器填写技术要求、明细栏及标题栏。

### 8. 检查、修改、保存装配图

## 四、操作提示

1）利用 AutoCAD 绘制装配图是一件非常复杂的工作，对于经常绘制装配图的人员或部门，最好能将常用的零部件、标准件，以及一些专业符号等做成图库。例如，将轴承、弹簧、螺钉、螺栓等制作成公用图块库，在绘制装配图时，可采用块插入的方法插入到装配图中，以提高绘制装配图的速度。

2）当机器（或部件）的大部分零件图已由AutoCAD绘出时，就可以采用AutoCAD插入图形文件的方法拼画装配图。

## 五、结束任务

齿轮啮合装配图绘制完成后，检查自己绘制的图形是否符合要求，对自己的绘图练习进行评价。同时，自我评价本任务中装配图基础知识、基点及移动操作的掌握程度，最后能熟练运用本任务所学知识绘制出齿轮啮合装配图。

## 拓展提高

插入图形的方法有3种：

### 1. 图块插入法

将装配图上的各个零件图形创建为图块，然后插入所需要的图块，如在零件图中使用BLOCK命令创建的内部图块，可通过“设计中心”引用这些内部图块；或在零件图中使用WBLOCK命令创建的外部图块，绘制装配图时，可直接使用INSERT命令插入到当前装配图中。

### 2. 零件图形文件插入法

可使用INSERT命令将零件的整个图形文件直接插入到当前装配图中，也可通过“设计中心”将多个零件图形文件插入到当前装配图中。插入的基点，为零件图形文件的坐标原点（0，0）。为了便于定位，通常使用BASE基点来重新定义零件图形文件的插入基点位置。

### 3. 剪贴板插入法

利用AutoCAD的【复制】按钮，将零件图中所需要图形复制到剪贴板上，然后使用【粘贴】命令，将剪贴板上的图形粘贴到装配图所需要的位置上。

## 实战演练

根据图5-24b和图5-24c所示的轴系零件图，绘制出图5-24a所示的轴系装配图。

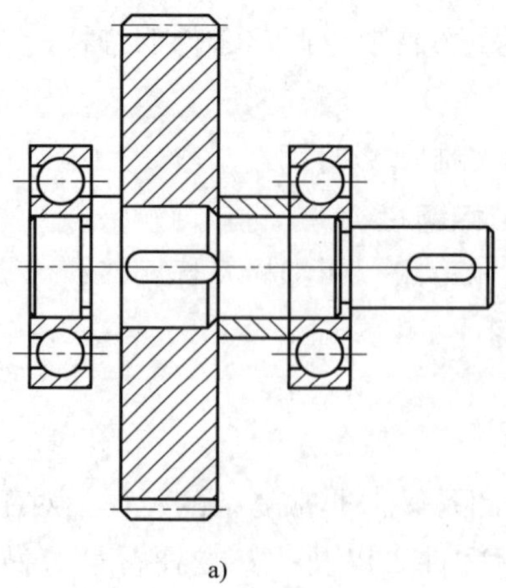

a)

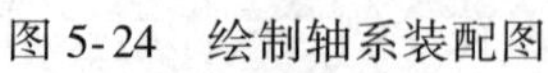

图5-24　绘制轴系装配图

a）轴系装配图

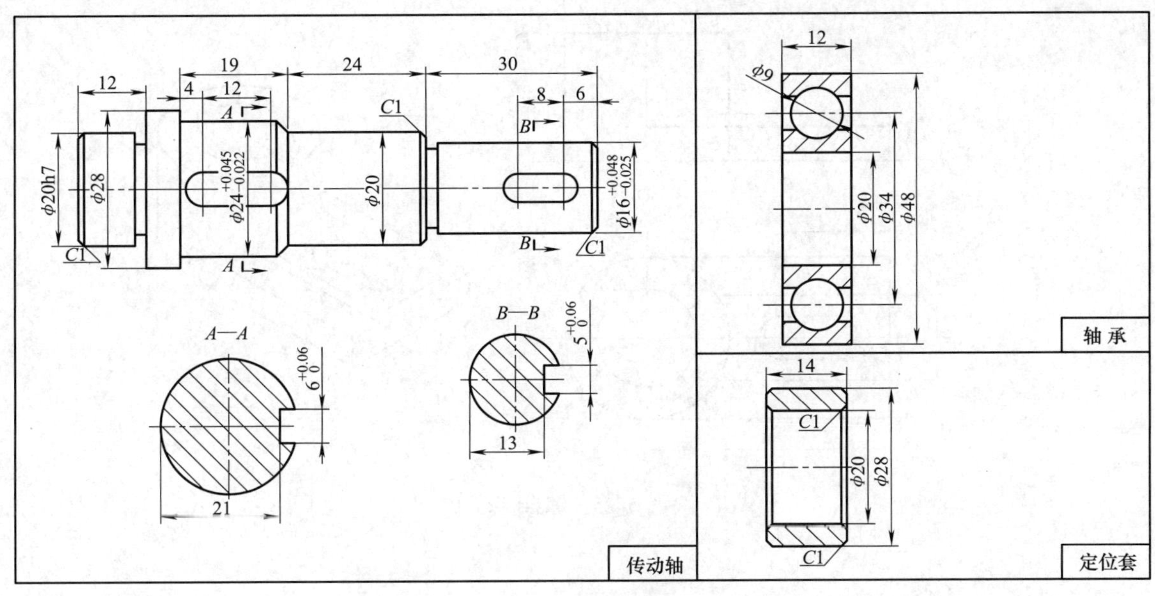


b)

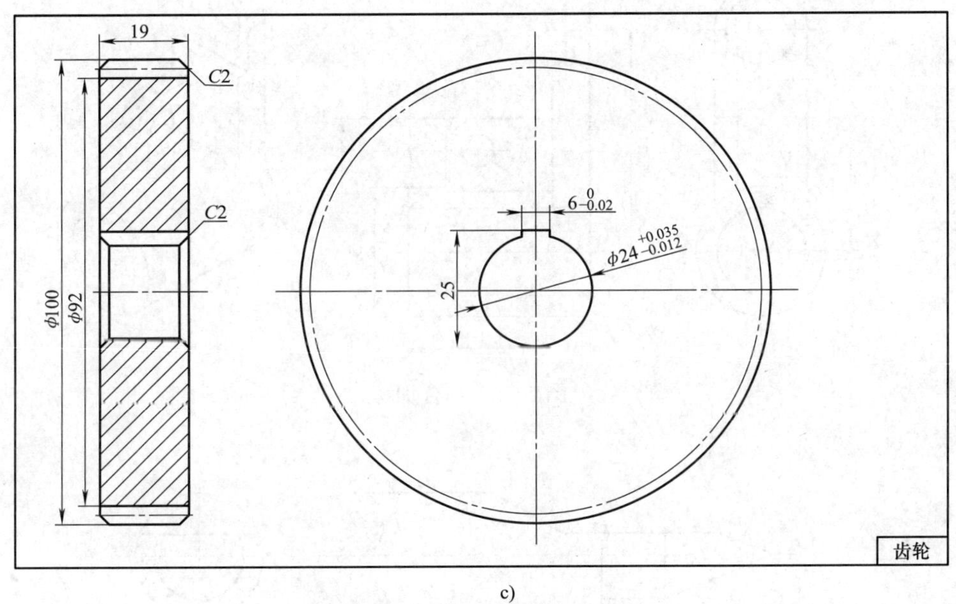


c)

图 5-24　绘制轴系装配图（续）

b）轴系零件图一　c）轴系零件图二

## 综合训练五

1. 如图 5-25 所示，抄画主、俯视图，补画左视图。
2. 如图 5-26 所示，按标注尺寸 1∶1 抄画主、左视图，补画俯视图。
3. 图 5-27 所示为模具顶尖的主、左视图。按尺寸 1∶1 抄画主、左视图，求作俯视图。

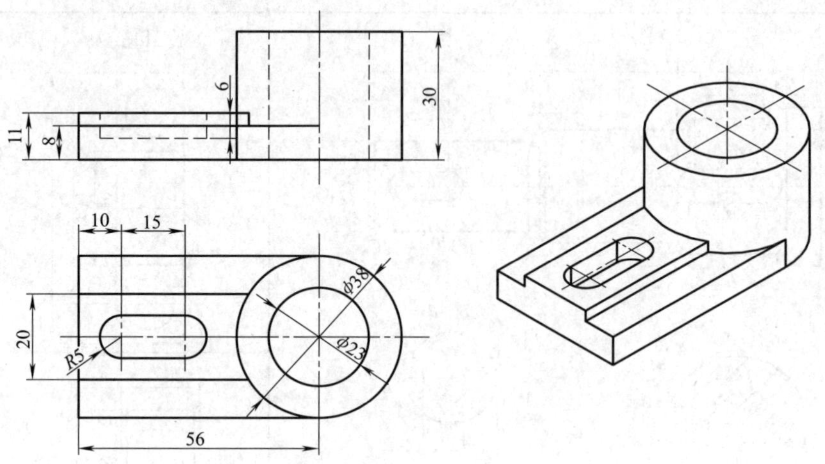


图 5-25　综合训练 1

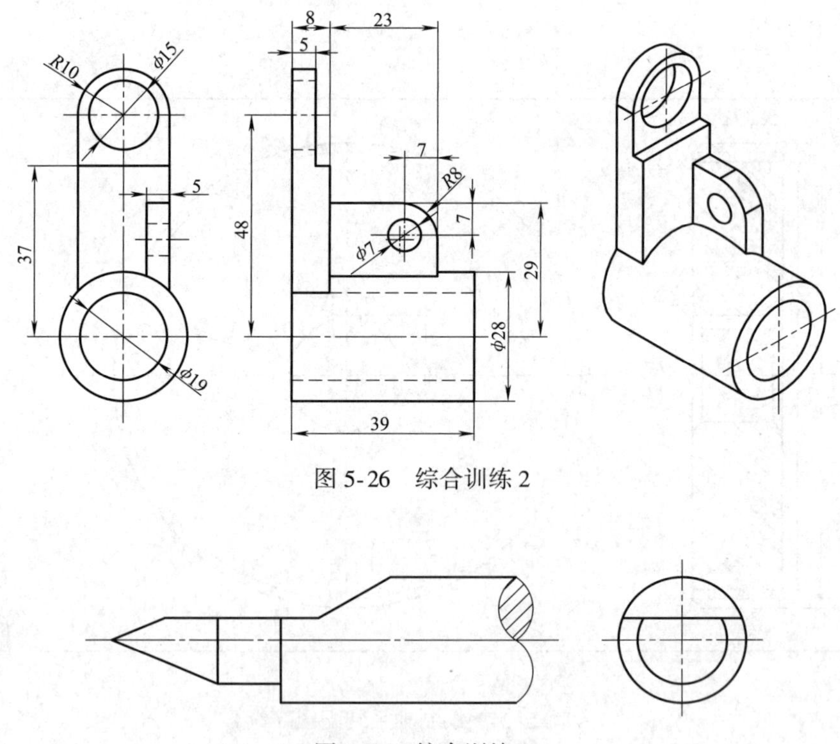


图 5-26　综合训练 2

图 5-27　综合训练 3

4. 如图 5-28 所示，按标注尺寸绘制移动压板的主、俯视图。

5. 如图 5-29 所示，按标注尺寸 1∶1 抄画零件图，选用合适的图纸，画上图框和标题栏，并标全尺寸和表面粗糙度。

6. 如图 5-30 所示，绘制螺栓的装配图，并标注尺寸和引出注释。

7. 如图 5-31 所示，画出轴类零件图和断面图，并标注尺寸。

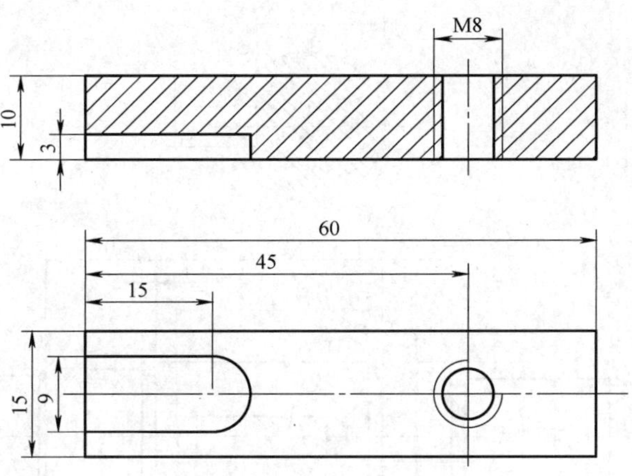


图 5-28　综合训练 4

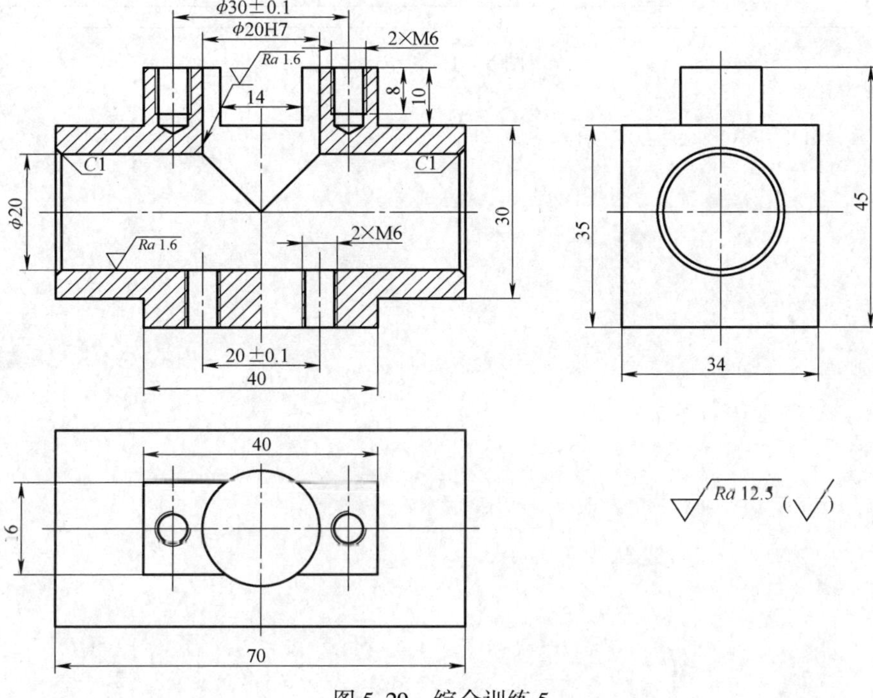


图 5-29　综合训练 5

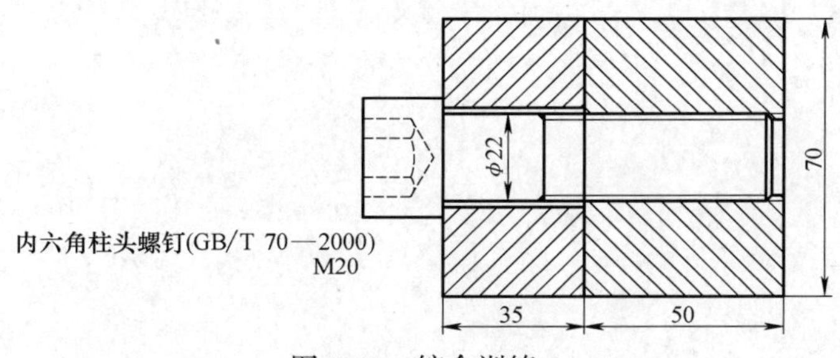


图 5-30　综合训练 6

12
5
18.5
ϕ22
6
2∶1
R2
R1.5
5
33
16
2×ϕ18
5
25
C1
C1
ϕ15
ϕ17
ϕ22
ϕ30
ϕ20
ϕ15
7
14
2×ϕ15
2×ϕ20
2×ϕ14
23
10
80
12
154

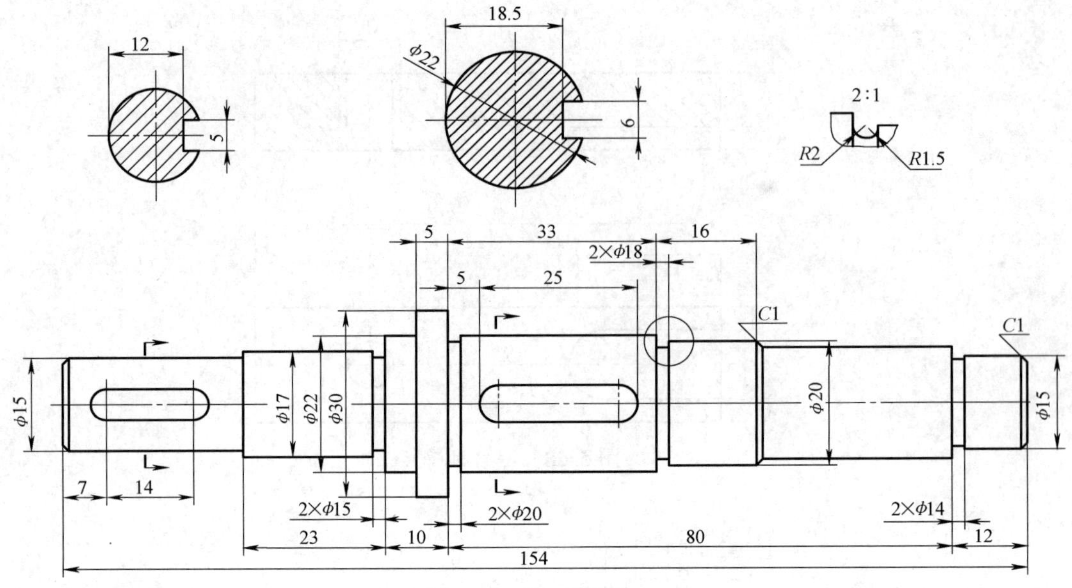

图 5-31　综合训练 7

# 项目六 实体建模

## 任务一 茶几的绘制

### 学习目标

❖ 掌握三维坐标系的应用。
❖ 掌握三维视点、视图、视觉样式的应用。
❖ 掌握使用建模中的长方体、圆柱体等命令创建三维实体的方法。

### 任务描述

复杂的三维实体都是由最基本的实体单元，如长方体、圆柱体、圆锥体等组合而成的。在三维绘图之前，要了解三维模型的显示，掌握应用三维坐标系、视觉样式显示三维模型，并控制显示三维系统变量。本任务是使用长方体命令、圆柱体命令等创建具有规则模型形状的实体——茶几，如图 6-1 所示。

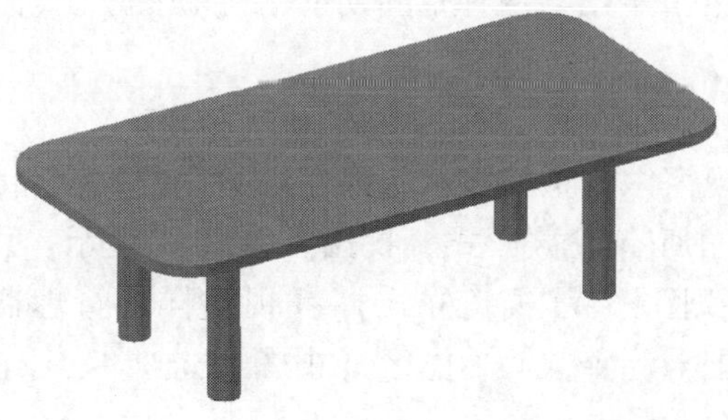

图 6-1 茶几

### 知识链接

#### 一、设置三维绘图环境

**1. 三维坐标系**

（1）世界坐标系　它也被称作绝对坐标系，它的原点和方向始终保持不变。三维世界

坐标系是在二维世界坐标系的基础上增加 $Z$ 轴而形成的。找出三维坐标系图标，可单击草图与注释空间【三维工具】选项卡→【坐标】面板中的【UCS，世界】按钮，或者单击三维建模空间【常用】选项卡→【坐标】面板中的【UCS，世界】按钮，或者在命令行中输入 UCS 后按<Enter>键。

（2）用户坐标系　它是一种可变的坐标系，定义一个用户坐标系即可改变原点的位置，$X$、$Y$ 平面和 $Z$ 轴的方向。找出用户坐标系图标，可单击草图与注释空间【三维工具】选项卡→【坐标】面板→【原点】按钮，或者单击建模空间【常用】选项卡→【坐标】面板中的【原点】按钮，或者在命令行中输入 UCS 后按<Enter>键，还可以选择【工具】→【新建 UCS】→【原点】命令。

**2. 三维视点和视图**

（1）视点　指在三维模型空间中观察模型的方向，对于三维模型，可以从任何方向进行观察，通过设置不同的三维观察视点，可以观察模型的不同侧面效果。在视点空间中，包含十字光标、指南针和三轴架三个要素。找出视点，可选择【视图】→【三维视图】→【视点】命令，或者在命令行中输入 VPOINT 后按<Enter>键。

（2）视点预设　在三维视图中，要从各个方向查看图形，就需要不断变化视点，用户可以通过视点预设命令来设置视点。找出视点预设，可选择【视图】→【三维视图】→【视点预设】命令，或者在命令行中输入 DDVPOINT 后按<Enter>键。

（3）三维动态观察器　用户利用三维动态观察器可以实时地控制和改变当前视口中创建的三维视图，以便得到期望的效果。动态观察分为三类，分别是受约束的动态观察、自由动态观察、连续动态观察。找出三维动态观察器，可选择【视图】→【动态观察】→【受约束的动态观察】命令，或者是单击功能区【视图】选项卡→【二维导航】面板→【动态观察】按钮，也可以选择【工具】→【工具栏】→【AutoCAD】→【动态观察】命令。

（4）三维标准视图　用户可以按照标准设置的三维视图观察模型。选择【视图】→【三维视图】命令，还可以单击草图与注释空间功能区【视图】选项卡→【视图】面板中相应的按钮。

**3. 视觉样式显示**

视觉样式用来控制视窗中模型的显示效果，相关联的视窗会自动更新，视觉样式管理器面板能显示图形中可用的所有视觉样式。找出视觉样式显示，可选择【视图】→【视觉样式】命令，或者单击【视图】→【视觉样式】→【视觉样式管理器】命令打开管理器对话框进行设置，或者选择草图与注释空间功能区【视图】选项卡→【视觉样式】面板→二维线框中的【视觉样式管理器】命令。

## 二、创建长方体

**1. 操作方法**

（1）菜单栏　选择【绘图】→【建模】→【长方体】命令。

（2）工具栏　单击【建模】工具栏中的【长方体】按钮，或者是单击三维建模空间【常用】选项卡→【建模】面板→【长方体】按钮。

（3）命令行　BOX。

**2. 操作步骤**

*命令：_box*

*指定第一个角点或[中心(C)]：*

*指定其他角点或[立方体(C)/长度(L)]：*

*指定高度或[两点(2P)]：*

**3. 选项说明**

1）立方体（C）：用于创建长、宽、高相等的长方体（立方体）。

2）长度（L）：按要求输入长、宽、高的值。

3）中心点（C）：利用指定的中心点创建长方体。

4）两点（2P）：两点之间的距离为高度。

## 三、创建圆柱体

**1. 操作方法**

（1）菜单栏　选择【绘图】→【建模】→【圆柱体】命令。

（2）工具栏　单击【建模】工具栏中的【圆柱体】按钮，或者是单击三维建模空间【常用】选项卡→【建模】面板→【圆柱体】按钮。

（3）命令行　CYLINDER。

**2. 操作步骤**

*命令：_cylinder*

*指定底面的中心点或[三点(3P)/两点(2P)/切点、切点、半径(T)/椭圆(E)]：*

*指定底面半径或[直径(D)]：*

*指定高度或[两点(2P)/轴端点(A)]：*

**3. 选项说明**

1）椭圆（E）：创建椭圆柱体。

2）轴端点（A）：轴线上另一个端点位置。

建模工具栏中，其他基本实体的创建方法和步骤与长方体类似，用户在操作练习中会逐步学习。

任务实施

## 一、准备工作

1）上课前仔细阅读本任务的内容。

2）复习坐标、坐标系等内容。

## 二、建模分析

本任务是用长方体和圆柱体绘制茶几，在绘图过程中要用到三维坐标来定位，并用视点、视图来查看图形。本任务中的实体是用建模工具栏中的长方体和圆柱体命令绘制基本实体组合而成的。

## 三、绘制茶几的操作步骤

### 1. 绘制长方体

单击【建模】工具栏中的【长方体】按钮，命令行提示如下：

*命令：_box*

*指定第一个角点或[中心(C)]:0,0,0*

*指定其他角点或[立方体(C)/长度(L)]:120,60,3*　　（将视图设为西南等轴测图）

### 2. 圆角

单击【修改】工具栏中的【圆角】按钮，命令行提示如下：

*命令：_fillet*

*当前设置：模式=修剪，半径=0.0000*

*选择第一个对象或[放弃(U)/多段线(P)/半径(R)/修剪(T)/多个(M)]:R*

*指定圆角半径<0.0000>:10*

*选择第一个对象或[放弃(U)/多段线(P)/半径(R)/修剪(T)/多个(M)]:*（单击高度为3mm的边）

*输入圆角半径或[表达式(E)]<10.0000>:*　　（按<Enter>键）

*选择边或［链（C）/环（L）/半径（R）］:*　　（选择另外三条边后按<Enter>键）

已选定4个边用于圆角。

### 3. 绘制圆柱体

单击【建模】工具栏中的【圆柱体】按钮，命令行提示如下：

*命令：_cylinder*

*指定底面的中心点或[三点(3P)/两点(2P)/切点、切点、半径(T)/椭圆(E)]:15,15,0*

*指定底面半径或[直径(D)]<0.0000>:3*

*指定高度或[两点(2P)/轴端点(A)]<0.0000>:-40*（方向与Z轴正方向相反取负值）

同理绘出另外3个圆柱：圆心分别是（15，45，0）、（105，45，0）、（105，15，0），半径都为3mm，高度为-40mm。

## 四、操作提示

1）绘制长方体的各边应与当前UCS的*X*、*Y*和*Z*轴方向平行，正方向为正值，负方向为负值。

2）圆柱体的底面应与*XY*面平行，高与*Z*轴平行。高为负值表示与*Z*轴方向相反。

3）绘制圆柱时可以只绘制一个圆柱，其他的圆柱采用复制的方法绘制。

**小技巧**

单击【工具】→【选项板】→【工具选项板】→【建模】选项卡，可以创建椭圆形圆柱体、平截面圆锥体、平截头棱锥体等。

## 五、结束任务

本任务是用长方体和圆柱体绘制茶几，它是用基本三维实体组合而成的。任务完成后，仔细检查所画图形，掌握在三维系统中计算坐标值的方法，并对自己所画图形做出评价。

## 拓展提高

布尔运算可把多个基本实体组合生成一个新的实体，它包括并集、差集、交集三种运算方式。并集可以将多个实体集合在一起，差集可以从某个实体中减去一个或多个实体，交集是运算实体之间的重叠部分。

### 1. 并集运算

并集运算是将两个或两个以上的实体组合成一个实体，如图 6-2 所示。

（1）菜单栏　选择【修改】→【实体编辑】→【并集】命令

（2）工具栏　单击三维建模空间功能区【常用】选项卡→【实体编辑】面板→【并集】按钮，或者是单击【实体编辑】工具栏中的【并集】按钮。

（3）命令行　UNION。

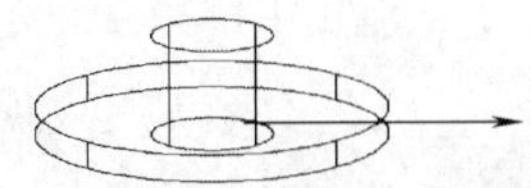
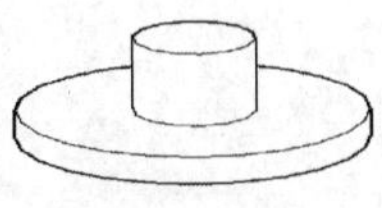

图 6-2　并集运算

### 2. 差集运算

差集运算是从一个实体中减去另一个实体，从而得到一个新的实体，如图 6-3 所示。

（1）菜单栏　选择【修改】→【实体编辑】→【差集】命令

（2）工具栏　单击功能区【三维工具】选项卡→【实体编辑】面板→【差集】按钮，或者是单击【实体编辑】工具栏中的【差集】按钮。

（3）命令行　SUBTRACT。

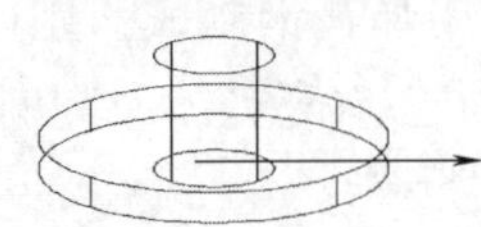
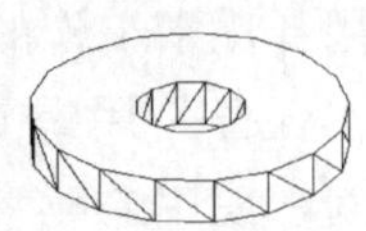

图 6-3　差集运算

### 3. 交集运算

交集运算是获取两相交实体的公共部分，如图 6-4 所示。

（1）菜单栏　选择【修改】→【实体编辑】→【交集】命令。

（2）工具栏　单击功能区【三维工具】选项卡→【实体编辑】面板→【交集】按钮，

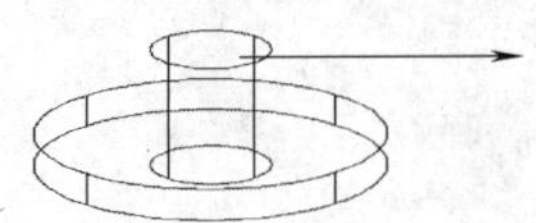

图 6-4　交集运算

或者是单击【实体编辑】工具栏中的【交集】按钮。

(3) 命令行 INTERSECT。

## 实战演练

用实体工具栏中的创建实体命令、布尔运算等绘制图6-5所示笔筒，尺寸自定。

图6-5 笔筒

# 任务二 弹簧的绘制

## 学习目标

❖掌握用建模工具栏中螺旋、扫掠命令创建弹簧的方法。

❖掌握用放样、按住并拖动命令创建实体的方法。

❖掌握创建三维网格模型的方法。

## 任务描述

弹簧是一种利用弹性来工作的机械零件，一般用弹簧钢制成，用以控制机件的运动、缓和冲击或振动等。本任务是用螺旋、扫掠等命令创建弹簧实体，同时，掌握放样命令的应用，以及在三维空间中使用的三维网格，如图6-6所示。

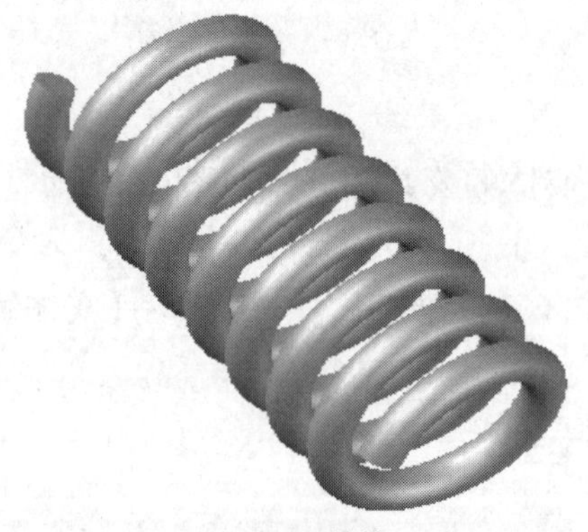

图6-6 弹簧

## 知识链接

### 一、螺旋

此命令用于创建螺旋线。

**1. 操作方法**

(1) 菜单栏 选择【绘图】→【螺旋】命令。

(2) 工具栏 单击三维建模空间功能区【常用】选项卡→【绘图】面板→【螺旋】按钮，或者单击【建模】工具栏的【螺旋】按钮。

(3) 命令行 HELIX。

除此之外，在工具选择面板中还可创建圆柱形螺旋。

**2. 操作步骤**

*命令:_Helix*

*圈数=3.0000　　扭曲=CCW*

*指定底面的中心点:*

*指定底面半径或[直径(D)]:*

*指定顶面半径或[直径(D)]:*

*指定螺旋高度或[轴端点(A)/圈数(T)/圈高(H)/扭曲(W)]:*

**3. 选项说明**

1) 轴端点 (A)：在默认情况下，无论光标向哪个方向移动，螺旋线只会沿着 $Z$ 轴方向上下移动，当移动到输入轴端点 (A) 时，螺旋线会沿着光标指定的方向做实时移动。

2) 圈数 (T) 和圈高 (H)：圈数是指螺旋有几圈，圈高是指上下两圈的间距。

3) 扭曲 (W)：可以通过扭曲选项指定螺旋线是按照顺时针 (CW) 旋转，还是按照逆时针 (CCW) 旋转。

### 二、扫掠

**1. 操作方法**

此命令可以沿开放或闭合的二维或三维路径扫掠开放或闭合的平面曲线，以创建新实体或曲面。

(1) 菜单栏 选择【绘图】→【建模】→【扫掠】命令。

(2) 工具栏 选择三维建模空间功能区【建模】面板→【拉伸】下拉菜单中的【扫掠】命令，或者单击【建模】工具栏的【扫掠】按钮。

(3) 命令行 SWEEP。

**2. 操作步骤**

*命令:_sweep*

*当前线框密度: ISOLINES=4,闭合轮廓创建模式=实体*

*选择要扫掠的对象或[模式(MO)]:_MO 闭合轮廓创建模式[实体(SO)/曲面(SU)]<实体>:_SO*

*选择要扫掠的对象或[模式(MO)]:找到1个*
*选择要扫掠的对象或[模式(MO)]:*
*选择扫掠路径或[对齐(A)/基点(B)/比例(S)/扭曲(T)]:*

**3. 选项说明**

1）对齐（A）：指定是否对齐轮廓，使其作为扫掠路径切向的法向。

2）基点（B）：指定要扫掠对象的基点。如果指定的点不在选定对象所在的平面上，则该点将被投影到该平面上。

3）比例（S）：指定比例因子进行扫掠操作。从扫掠路径的开始到结束，比例因子将统一应用到扫掠的对象上。

4）扭曲（T）：设置被扫掠对象的扭曲角度。扭曲角度指定沿扫掠路径全部长度的旋转量。倾斜B指定被扫掠的曲线是否沿三维扫掠路径自然倾斜，如图6-7所示。其中，图6-7a）为绘制正四边形原对象和一条路径，图6-7b）为将原对象沿路径扫掠时不扭曲的结果，图6-7c）为扫掠时扭曲45°的结果。

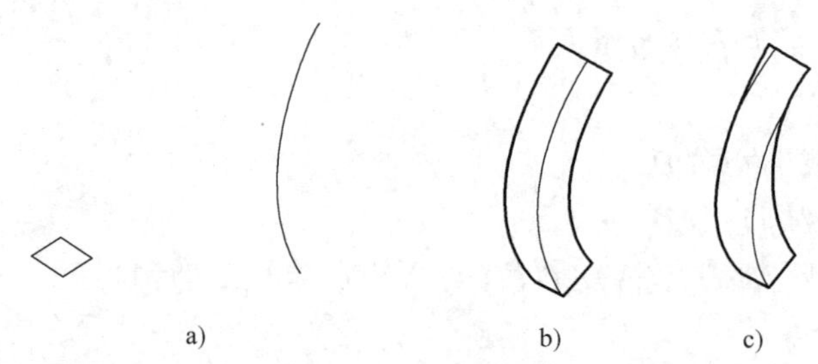


图6-7　扭曲扫掠
a）原对象和路径　b）不扭曲　c）扭曲45°

## 三、放样

放样是指在数个横截面之间的空间中创建三维实体或曲面，在放样时横截面不能少于两个，如图6-8所示。

（1）菜单栏　选择【绘图】→【建模】→【放样】命令。

（2）工具栏　选择三维建模空间功能区【常用】选择项卡→【建模】面板→【拉伸】下拉菜单中的【放样】命令，或者单击建模工具栏的【放样】按钮。

（3）命令行　LOFT。

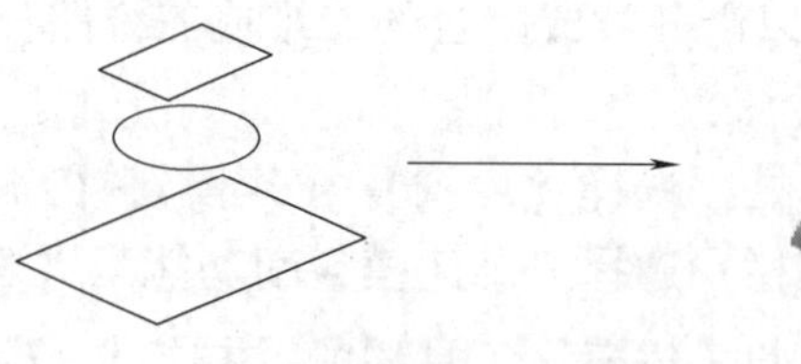
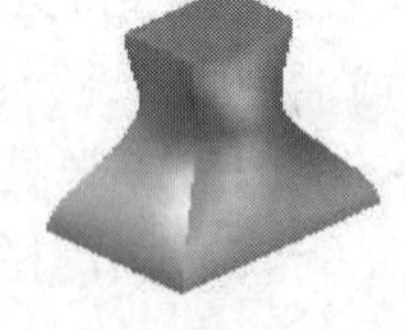

图6-8　放样

## 四、按住并拖动

**1. 操作方法**

（1）工具栏　单击三维建模空间功能区【建模】面板→【按住并拖动】按钮，或者单击【建模】工具栏的【按住并拖动】按钮。

（2）命令行　PRESSPULL。

**2. 操作说明**

选择区域后，按住鼠标左键上下拖动，该区域就会进行拉伸变形，如图 6-9 所示。

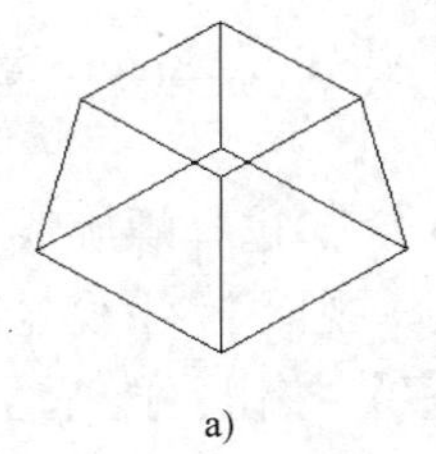
a)

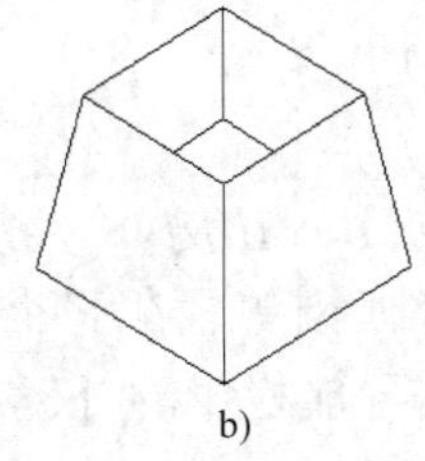
b)

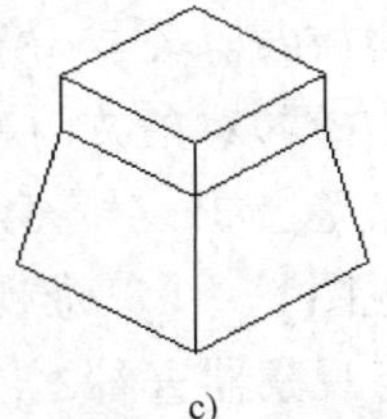
c)

图 6-9　按住并拖动

a）原图　b）向下拖动　c）向上拖动

## 任务实施

### 一、准备工作

1）上课前仔细阅读本任务的内容。

2）复习圆、视图等内容。

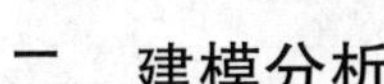

### 二、建模分析

本任务是用扫掠命令绘制弹簧，首先，要用螺旋命令绘制螺旋线，再绘制扫掠对象，如圆、矩形等。螺旋线为扫掠路径。

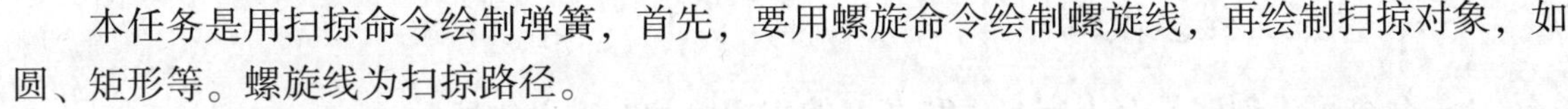

### 三、绘制弹簧的操作步骤

**1. 绘制螺旋线**

将视图设为西南等轴测图，单击【建模】工具栏的【螺旋】按钮，命令行提示如下：

*命令:_Helix*

*圈数=3. 0000　　扭曲=CCW*

*指定底面的中心点:0,0,0*

*指定底面半径或[直径(D)]<1. 0000>:40*

*指定顶面半径或[直径(D)]<40. 0000>:*

*指定螺旋高度或[轴端点(A)/圈数(T)/圈高(H)/扭曲(W)]<1. 0000>:*T

*输入圈数<3. 0000>:8*

*指定螺旋高度或[轴端点(A)/圈数(T)/圈高(H)/扭曲(W)]<1. 0000>:150*

**2. 绘制圆**

将视图设为前视图，以螺旋端点为圆心，画半径为 5mm 的圆。

**3. 扫掠**

单击【建模】工具栏的【扫掠】按钮，命令行提示如下：

*命令:_sweep*

*当前线框密度：　ISOLINES=8,闭合轮廓创建模式=实体*

*选择要扫掠的对象或[模式(MO)]:_MO 闭合轮廓创建模式[实体(SO)/曲面(SU)]<实体>:_SO*

*选择要扫掠的对象或[模式(MO)]:找到 1 个*　　（选择圆并按<Enter>键）

*选择要扫掠的对象或[模式(MO)]:*

*选择扫掠路径或[对齐(A)/基点(B)/比例(S)/扭曲(T)]:*（选择螺旋线）

选择【视图】→【三维视图】→【西南等轴测】命令或【视图】→【视觉视样】→【着色】命令，用动态观察器查看，或者单击导航栏中的【动态观察】按钮，选择合适的视图样式。

## 四、操作提示

1）扫掠主要用于沿指定路径以指定轮廓的形状创建实体或曲面，可以扫掠多个对象，但是这些对象必须在同一平面内。如果沿一条路径扫掠闭合的曲线，则生成实体。

2）若沿路径放样，则路径曲线必须与横截面的所有平面相交。

## 五、结束任务

绘制完成后对自己在绘图过程中所出现的问题加以纠正，并对此次工作任务做出评价，争取熟练掌握弹簧的绘制。

# 拓展提高

## 一、创建三维多段体

该命令可以创建具有固定高度和宽度的直线段和曲线段的墙。

### 1. 操作方法

（1）菜单栏　选择【绘图】→【建模】→【多段体】命令。

（2）工具栏　单击【建模】工具栏→【多段体】按钮。

（3）命令行　POLYSOLID。

### 2. 操作说明

默认情况下，多段体始终带有一个矩形轮廓，可以指定轮廓的高度和宽度。另外，还可以从直线、二维多段线、圆弧、圆等创建多段体，如图 6-10 所示。

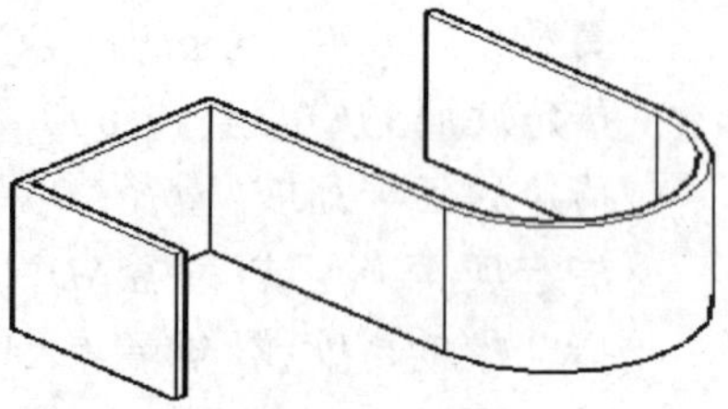

图 6-10　多段体

## 二、创建三维网格图形

### 1. 旋转网格

可以将曲线或轮廓绕指定的旋转轴旋转一定的角度，从而创建旋转网格。找出旋转网格，可依次选择【绘图】→【建模】→【网格】→【旋转网格】命令，或者是单击三维建模空间的【网格】选项卡→【图元】面板→【建模、网格、旋转曲面】按钮。

### 2. 边界网格

边界网格是指创建一个多边形网格。选择【绘图】→【建模】→【网格】→【边界网格】命令，或是单击三维建模空间的【网格】选项卡→【图元】面板→【边界】按钮。

### 3. 直纹网格

直纹网格是在两条直线或曲面之间创建一个多边形网格。

### 4. 平面网格

平面网格是通过指定的方向和距离拉伸直线或曲面定义的常规平移曲面，它可以创建多边形网格。

## 实战演练

用圆、圆柱、螺旋线、扫掠、路径阵列等命令绘制旋转楼梯，如图 6-11 所示，尺寸自定。

图 6-11　旋转楼梯

# 任务三　压轴盖的绘制

## 学习目标

❖掌握三维移动、三维镜像、三维旋转、三维阵列等命令的使用。

❖掌握剖切等命令的操作并学会三维标注。

## 任务描述

本任务是利用三维编辑操作、剖切等命令绘制压轴盖，它是由一个长方体、两个圆柱体、一个半圆柱体和一个楔体组成的，通过编辑和布尔运算而形成的较复杂的实体，如图 6-12 所示。

## 知识链接

在 AutoCAD 2014 中，二维图形编辑中的许多命令（如移动、复制、删除等）同样适用于三维对象，它同时也提供了专业的三维对象编辑工具。

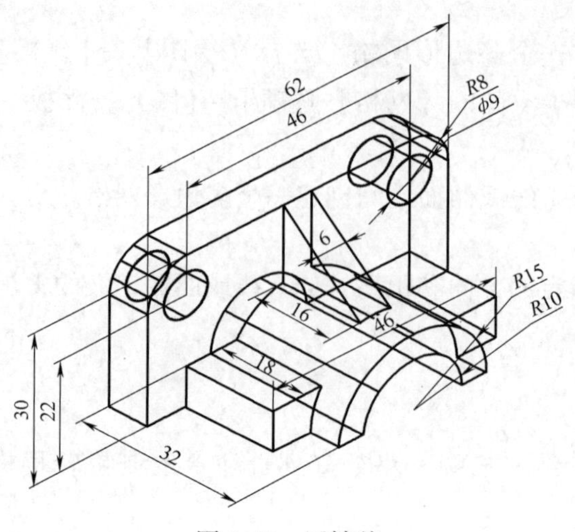


图 6-12 压轴盖

## 一、三维移动

三维移动是通过指定基点和移动距离对三维对象进行移动操作。

**1. 操作方法**

（1）菜单栏 选择【修改】→【三维操作】→【三维移动】命令。

（2）工具栏 单击三维建模空间功能区中的【常用】选项卡→【修改】面板→【三维移动】按钮，或者是单击【建模】工具栏中的【三维移动】按钮。

（3）命令行 3DMOVE。

**2. 操作步骤**

*命令:_3dmove*

*选择对象:找到 1 个* （选择要移动的对象）

*选择对象:*

*指定基点或[位移(D)]<位移>:* （指定基点）

*指定第二个点或<使用第一个点作为位移>:正在重生成模型* （移动到目标点）

## 二、三维旋转

该命令可以自由地旋转三维对象或将旋转约束到轴。

**1. 操作方法**

（1）菜单栏 选择【修改】→【三维操作】→【三维旋转】命令。

（2）工具栏 单击三维建模空间功能区中的【常用】选项卡→【修改】面板→【三维旋转】按钮，或者是单击【建模】工具栏中的【三维旋转按钮】。

（3）命令行 3DROTATE。

**2. 操作步骤**

*命令:_3drotate*

*UCS 当前的正角方向: ANGDIR=逆时针 ANGBASE=0*

*选择对象:找到 1 个*

*选择对象:*　　　　　　　　(选择要旋转的对象,绘图区显示坐标系图标)

*指定基点:*　　　　　　　　(选择一个基准点)

*拾取旋转轴:*　　　　　　　(指定要绕其旋转的轴)

*指定角的起点或键入角度:*

*指定角的端点:正在重生成模型*

## 三、三维镜像

三维镜像是通过一个镜像面来操作的，镜像面可以通过三点确定，可以是对象、最近定义的面、*Z* 轴、视图、*XY* 面、*YZ* 面和 *ZX* 面等。

### 1. 操作方法

(1) 菜单栏　选择【修改】→【三维操作】→【三维镜像】命令。

(2) 工具栏　单击三维建模空间功能区中的【常用】选项卡→【修改】面板→【三维镜像】按钮。

(3) 命令行　MIRROR3D。

### 2. 操作步骤

*命令:_mirror3d*

*选择对象:找到 1 个*

*选择对象:*

*指定镜像平面(三点)的第一个点或[对象(O)/最近的(L)/Z 轴(Z)/视图(V)/XY 平面(XY)/YZ 平面(YZ)/ZX 平面(ZX)/三点(3)]<三点>:*

*在镜像平面上指定第二点:*

*在镜像平面上指定第三点:*

*是否删除源对象?[是(Y)/否(N)]<否>:*

### 3. 选项说明

1) 对象 (O)：将指定对象所在的平面作为镜像平面。

2) 最近的 (L)：相对于最后定义的镜像平面对选定的对象进行三维镜像。

3) Z 轴 (Z)：通过指定平面的法线方向确定镜像平面。

4) 视图 (V)：指定一个平行于当前视图的平面作为镜像平面。

5) XY \ YZ \ ZX 平面：指定一个平行于当前坐标系的平面作为镜像平面。

## 四、三维阵列

三维阵列工具可以在三维空间中按矩形阵列或环形阵列方式创建三维图形。

### 1. 操作方法

(1) 菜单栏　选择【修改】→【三维操作】→【三维阵列】命令。

(2) 工具栏　单击三维建模空间功能区中的【常用】选项卡→【修改】面板→【三维阵列】按钮，或者单击【建模】工具栏中的【三维阵列】按钮，也可选择【环形阵列】按钮及【沿路径阵列】按钮。

（3）命令行　3DARRAY。

**2. 操作步骤**

（1）矩形阵列

命令：_3darray

选择对象：找到 1 个

选择对象：

输入阵列类型[矩形(R)/环形(P)]<矩形>：

输入行数(---)<1>：

输入列数(|||)<1>：

输入层数(...)<1>：

指定行间距(---)：

指定列间距(|||)：

指定层间距(...)：

（2）环形阵列

命令：_3darray

选择对象：找到 1 个

选择对象：

输入阵列类型[矩形(R)/环形(P)]<矩形>：P

输入阵列中的项目数目：

指定要填充的角度(+=逆时针，-=顺时针)<360>

旋转阵列对象？[是(Y)/否(N)]<Y>：

指定阵列的中心点：

指定旋转轴上的第二点：

## 五、剖切

利用假想的平面对实物进行剖切。

**1. 操作方法**

（1）菜单栏　选择【修改】→【三维操作】→【剖切】命令。

（2）工具栏　单击三维建模空间功能区中的【常用】选项卡→【实体编辑】面板→【剖切】按钮。

（3）命令行　SLICE。

**2. 操作步骤**

命令：_slice

选择要剖切的对象：找到 1 个

选择要剖切的对象：

指定 切面 的起点或[平面对象(O)/曲面(S)/Z 轴(Z)/视图(V)/XY(XY)/YZ(YZ)/ZX(ZX)/三点(3)]<三点>：

指定平面上的第二个点：

在所需的侧面上指定点或[保留两个侧面(B)]<保留两个侧面>：

如果保留一侧就在该侧单击。

## 任务实施

### 一、准备工作

1）上课前仔细阅读本任务的内容。

2）复习布尔运算、长方体、圆柱体、新建用户坐标系等内容。

### 二、建模分析

本任务中的压轴盖是由一些简单实体通过三维移动、三维镜像、剖切等命令的操作组合而成的一个复杂实体。

### 三、绘制压轴盖的操作步骤

#### 1. 长方体的绘制

单击【建模】工具栏中的【长方体】按钮，第一个角点为（0，0，0），绘制长为62mm、宽为8mm、高为30mm的长方体，再绘制一个第一个角点任意，长为46mm、宽为18mm、高为8mm的长方体。

#### 2. 三维移动

单击建模工具栏中的【三维移动】按钮，以边上中点为基点，将小长方体移到大长方体的右侧中间点，如图6-13所示。

#### 3. 圆柱体的绘制

1）新建用户坐标系将*XOY*面与长方体左侧面平齐，如图6-14所示。

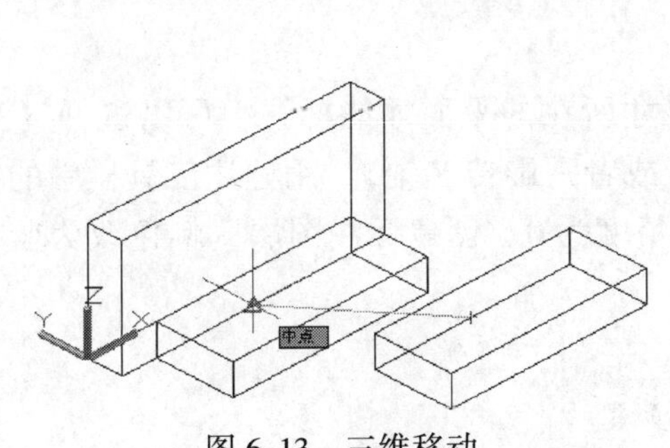


图6-13　三维移动

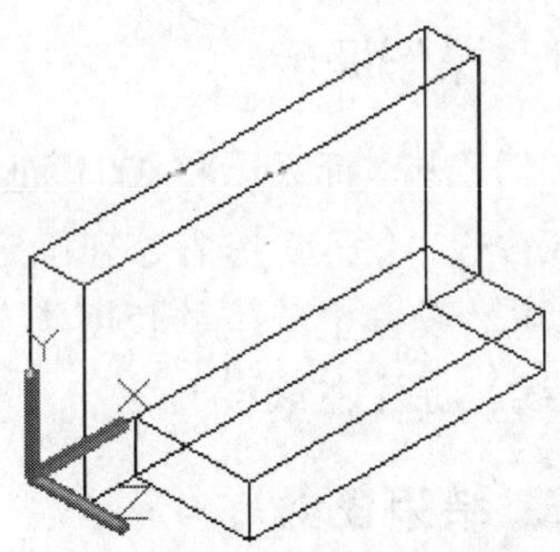


图6-14　新建用户坐标系

2）单击【建模】工具栏中的【圆柱体】按钮，它的圆心坐标为（8，22，0），半径为4.5mm，高为8mm。同时以（31，0，0）为圆心，半径为15mm和10mm，高为32mm，绘制两个圆柱体。

#### 4. 三维镜像

选择【修改】→【三维操作】→【三维镜像】命令，将半径为4.5mm的圆柱镜像。

#### 5. 绘制楔体

将坐标系中的*XOY*面移到长方体的底面上，单击【建模】工具栏的【楔体】按钮，

绘制长为18mm，宽为6mm，高为17mm的楔体，并将其以顶边中点为基点移动到大长方体的上边的中间点上。

**6. 布尔运算和圆角边**

除三个小圆柱体外，求其他所有实体的并集，再求该实体与所有小圆柱体的差集，并将长方体倒圆角，半径为8mm。

**7. 剖切**

利用剖切命令，将前方打孔的圆柱体剖切掉下半部分。

*命令:_slice*

*选择要剖切的对象:找到1个*

*选择要剖切的对象:*

*指定切面的起点或[平面对象(O)/曲面(S)/Z轴(Z)/视图(V)/XY(XY)/YZ(YZ)/ZX(ZX)/三点(3)]<三点>:XY*　　（要剖切的平面与XOY面平行）

*指定XY平面上的点<0,0,0>:*　　（在要剖切的平面上指定两点）

*在所需的侧面上指定点或[保留两个侧面(B)]<保留两个侧面>:*　　（在所需的一侧单击一点）

*在所需的侧面上指定点或[保留两个侧面(B)]<保留两个侧面>:*

**小技巧**

在操作过程中可以选中坐标系坐标，并将光标放在蓝色小方块上，出现菜单，并选择相应的项来移动或旋转坐标系；也可右击坐标系，在弹出的快捷菜单中选择。

## 四、操作提示

新建用户坐标系，将XOY面移到标注尺寸所在的平面才能标注。可以选择【工具】→【新建UCS】→【三点】命令来确定XOY面（或者是旋转Y轴）。用标注工具栏中的相应命令进行标注。设置主单位的长度类型为小数，精度为0。创建标注图层，颜色改为蓝色，线型为细实线，标注在该层上。

## 五、结束任务

本次工作任务结束后，自己对所画图形做出评价，找出不足的地方加以改正。掌握剖切、三维镜像、三维阵列等操作。

## 拓展提高

实体三维操作有的是二维和三维绘图共有的命令，但在实际操作中有所不同。

**1. 操作方法**

（1）菜单栏　选择【修改】→【实体编辑】→【倒角边】和【圆角边】命令。

（2）工具栏　分别单击【实体编辑】工具栏中的【倒角边】和【圆角边】按钮。

2. 操作步骤

（1）倒角边命令行

*_CHAMFEREDGE 距离 1=1.0000,距离 2=1.0000*

*选择一条边或[环(L)/距离(D)]:*

（2）圆角边命令行

*命令:_FILLETEDGE*

*半径=1.0000*

*选择边或[链(C)/环(L)/半径(R)]:*

*选择边或[链(C)/环(L)/半径(R)]:*

## 实战演练

用长方体、圆柱、剖切、三维移动、镜像、布尔运算等命令绘制机座图形，并标注尺寸。建立标注层，颜色为蓝色，线型为细实线，如图 6-15 所示。

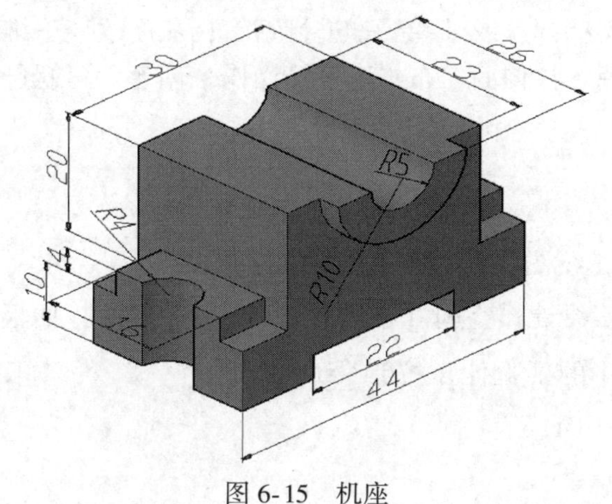

图 6-15　机座

# 任务四　六角螺母的绘制

## 学习目标

- ❖掌握六角螺母的绘制。
- ❖掌握拉伸和拉伸面的操作。
- ❖掌握螺母中螺纹的绘制方法。
- ❖掌握拉伸与拉伸面的区别。

## 任务描述

六角螺母与螺栓、螺钉配合使用，起连接紧固机件作用，多用于需要经常装拆的场合及被连接机件的表面空间受限制的场合。六角螺母的绘制要通过多边形的绘制、圆锥的绘制，拉伸、拉伸面、剖切、布尔运算、扫掠等操作才能实现。本任务是学会用拉伸二维平面的方法及拉伸面、扫掠等操作来绘制六角螺母，如图 6-16 所示。

图 6-16　六角螺母

## 知识链接

对单个三维实体的某些部分或某些要素进行编辑，从而改变三维实体的造型。本任务是运用拉伸二维平面、扫掠、拉伸面、布尔运算等操作来创建六角螺母。

### 一、拉伸命令

**1. 操作方法**

（1）菜单栏　选择【绘图】→【建模】→【拉伸】命令。

（2）工具栏　单击三维建模空间【常用】选项卡→【建模】面板→【拉伸】按钮，或者单击【建模】工具栏中的【拉伸】按钮。

（3）命令行　EXTRUDE。

**2. 操作步骤**

*命令：_extrude*

*当前线框密度：　ISOLINES=4，闭合轮廓创建模式=实体*

*选择要拉伸的对象或[模式(MO)]：_MO 闭合轮廓创建模式[实体(SO)/曲面(SU)]<实体>：_SO*

*选择要拉伸的对象或[模式(MO)]：找到 1 个*

*选择要拉伸的对象或[模式(MO)]：*

*指定拉伸的高度或[方向(D)/路径(P)/倾斜角(T)/表达式(E)]<>*　（输入拉伸的高度）

**3. 选项说明**

1）拉伸高度：按指定的高度拉伸出三维实体对象，并根据实际需要指定拉伸的倾斜角度。若倾斜角为 0°，则把二维对象按指定的高度拉伸成柱体；若输入倾斜角度值，则拉伸后实体截面沿拉伸方向变化成为一个有角度的实体，如图 6-17 所示。

2）路径（P）：指定曲线对象的拉伸路径。沿选定路径拉伸选定对象的剖面以创建实体。拉伸路径可以是直线、圆、圆弧、椭圆、多段线或样条曲线。路径不能与轮廓共面，也不能是具有高曲率的区域。

3）不能拉伸在块中的对象，也不能拉伸具有相交或自交线段的多段线。

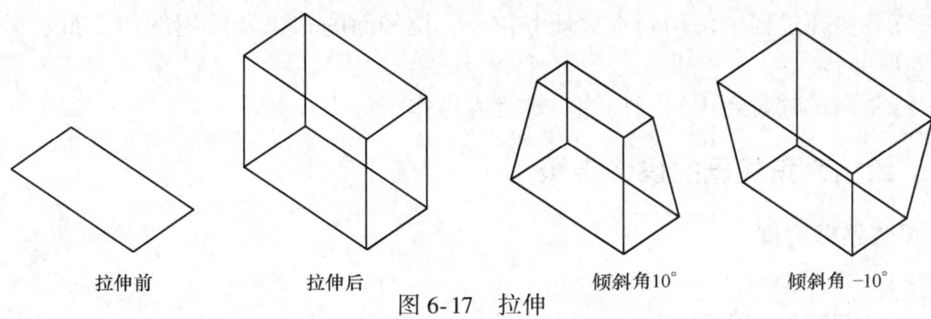

图 6-17 拉伸

## 二、拉伸面命令

### 1. 操作方法

（1）菜单栏 选择【修改】→【实体编辑】→【拉伸面】命令。

（2）工具栏 单击三维建模空间【常用】选项卡→【实体编辑】面板→【拉伸面】按钮 ，或者是单击【实体编辑】工具栏中的【拉伸面】按钮 。

（3）命令行 SOLIDEDIT。

### 2. 操作步骤

*命令：_solidedit*

*实体编辑自动检查：SOLIDCHECK＝1*

*输入实体编辑选项［面(F)/边(E)/体(B)/放弃(U)/退出(X)］<退出>：_face*

*输入面编辑选项［拉伸(E)/移动(M)/旋转(R)/偏移(O)/倾斜(T)/删除(D)/复制(C)/颜色(L)/材料(A)/放弃(U)/退出(X)］<退出>：_extrude*

*选择面或［放弃(U)/删除(R)］：* （选择要进行拉伸的面）

*选择面或［放弃(U)/删除(R)/全部(ALL)］：*

*指定拉伸高度或［路径(P)］：*

### 3. 选项说明

1）指定拉伸高度：按指定的高度值来拉伸面。通过指定拉伸的倾斜角度值来完成拉伸操作。如果输入一个正值，则沿正方向拉伸面（通常向外）；若输入一个负值，则沿负方向拉伸面（通常向内）。

2）路径（P）：将按指定的路径曲线拉伸面。拉伸路径可以是直线、圆弧、多段线或样条曲线。

# 任务实施

## 一、准备工作

1）上课前仔细阅读本任务的内容。

2）将建模工具栏和实体编辑工具栏调出。

3）复习多段线、剖切、镜像实体等操作。

## 二、建模分析

1）六角螺母由主体外形部分和内螺纹部分组成。

2）任务实施过程中将用到本次任务拉伸、拉伸面的知识及使用剖切、布尔运算等操作来绘制外形部分。

3）绘制内螺纹时还用到了扫掠、螺旋等操作。

## 三、绘制六角螺母的操作步骤

### 1. 设置线框密度

*命令:ISOLINES*

*输入 ISOLINES 的新值<4>:10*

### 2. 创建圆锥体

单击【建模】工具栏中的【圆锥体】按钮，创建圆锥体。命令行提示如下:

*命令:Cone*

*指定底面的中心点或[三点(3P)/两点(2P)/切点、切点、半径(T)/椭圆(E)]:0,0,0*

*指定底面半径或[直径(D)]:12*

*指定高度或[两点(2P)/轴端点(A)/顶面半径(T)]:20*

切换视图到西南等轴测图，结果如图 6-18 所示。

### 3. 绘制正六边形

单击【绘图】工具栏中的【正多边形】按钮，绘制正六边形。命令行提示如下:

*命令:Pol*

*输入侧面数<4>:6*

*指定正多边形的中心点或[边(E)]:_cen 于*　　（捕捉圆锥底面圆心）

*输入选项[内接于圆(I)/外切于圆(C)] <I>:*　　（按<Enter>键）

*指定圆的半径:12*

### 4. 拉伸正六边形

单击【建模】工具栏中的【拉伸】按钮，将上一步中绘制的六边形拉伸。命令行提示如下:

*命令:Ext*

*选择要拉伸的对象:*　　（选取正六边形,然后按<Enter>键）

*指定拉伸的高度或[方向(D)/路径(P)/倾斜角(T)/表达式(E)]:7*

结果如图 6-19 所示。

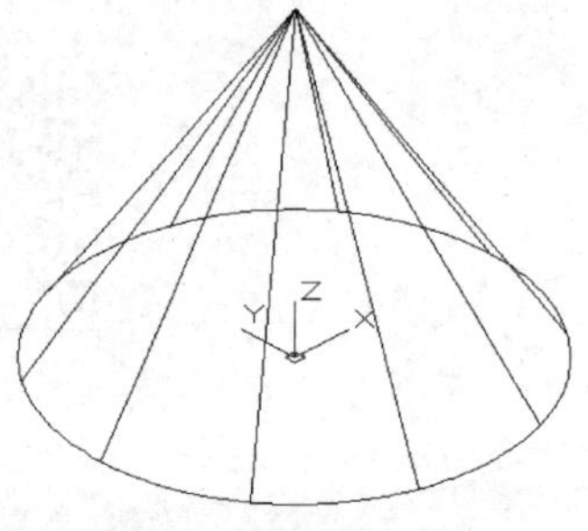


图 6-18　创建圆锥体

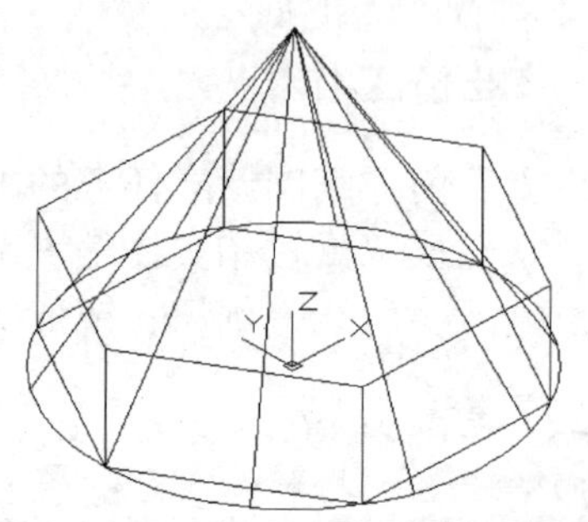


图 6-19　拉伸正六边形

**5. 交集运算**

单击【实体编辑】工具栏中的【交集】按钮，将圆柱体和拉伸体进行交集运算。命令行提示如下：

*命令：Intersect*

*选择对象：*　　　　　(分别选取圆锥及正六棱柱，然后按<Enter>键)

结果如图 6-20 所示。

**6. 剖切处理和剖切实体**

选择【修改】菜单中的【三维操作】中的【剖切】命令，对形成的实体进行剖切。命令行提示与操作如下：

*命令：Slice*

*选择要剖切的对象：*　　　　(选取交集运算形成的实体，然后按<Enter>键)

*指定切面的起点或[平面对象(O)/曲面(S)/Z 轴(Z)/视图(V)/XY/YZ/ZX/三点(3)]<三点>：XY*　　　　(切面与 *XOY* 面平行，所以选择 *XY*)

*指定 XY 平面上的点<0,0,0>：_mid 于*　　　　(捕捉曲线的中点，如图 6-21 所示)

*在要保留的一侧指定点或[保留两侧(B)]：*　　　　(在中点下方点取一点，保留下部)

结果如图 6-22 所示。

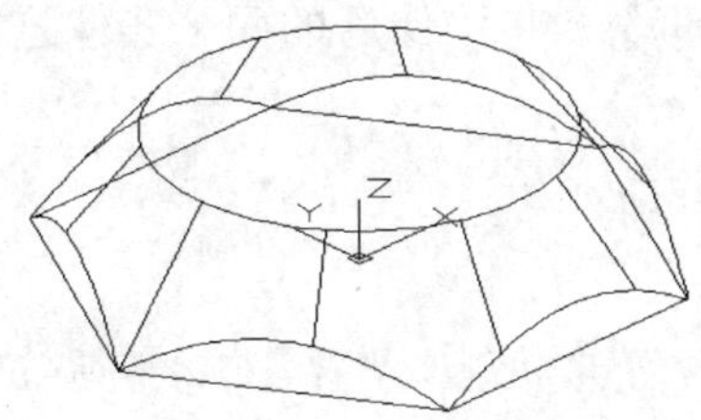


图 6-20　交集运算

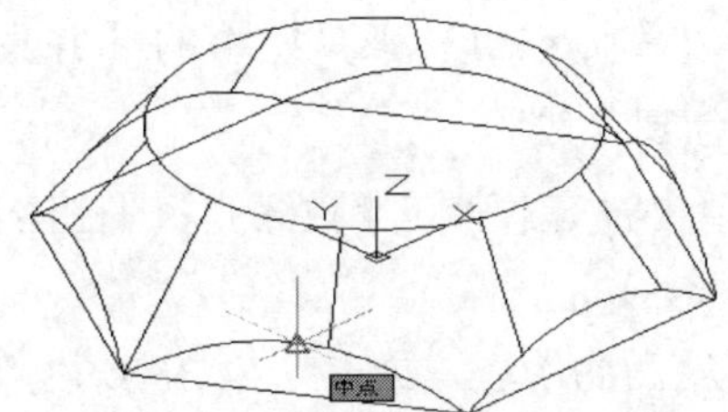


图 6-21　剖切处理

**7. 选取底面及拉伸实体底面**

单击【实体编辑】工具栏中的【拉伸面】按钮，对实体底面进行拉伸，拉伸高度为 2mm。命令行提示与操作如下：

*命令：_solidedit*

*实体编辑自动检查：SOLIDCHECK = 1*

*输入实体编辑选项[面(F)/边(E)/体(B)/放弃(U)/退出(X)]<退出>：_face*

*输入面编辑选项[拉伸(E)/移动(M)/旋转(R)/偏移(O)/倾斜(T)/删除(D)/复制(C)/颜色(L)/材质(A)/放弃(U)/退出(X)]<退出>：_extrude*

*选择面或[放弃(U)/删除(R)]：*(如图 6-23 所示，选取实体底面虚线，注意不要将侧面选上)

*指定拉伸高度或[路径(P)]：2*

*指定拉伸的倾斜角度<0>：*　　　　(按<Enter>键)

结果如图 6-24 所示。

**8. 镜像实体**

选择【修改】菜单中的三维操作中的【三维镜像】命令，将实体沿 *XOY* 平面镜像，结果如图 6-25 所示。

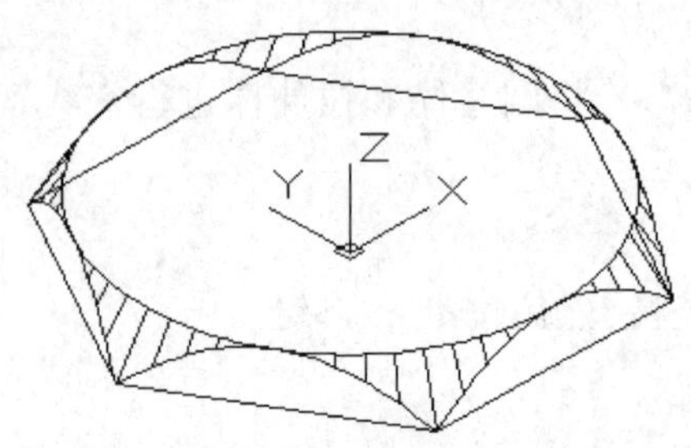

图 6-22 剖切实体

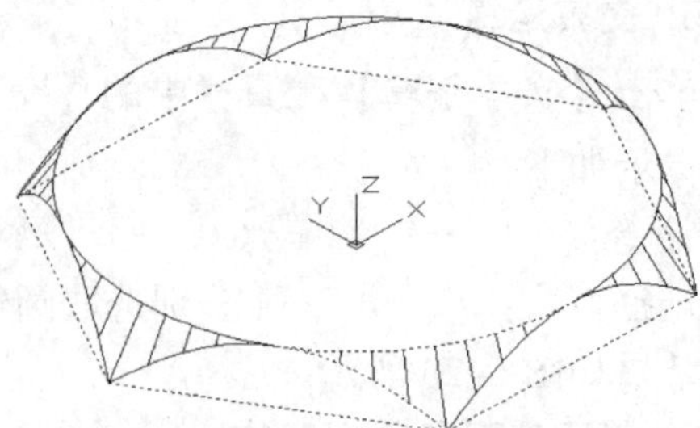

图 6-23 选取底面

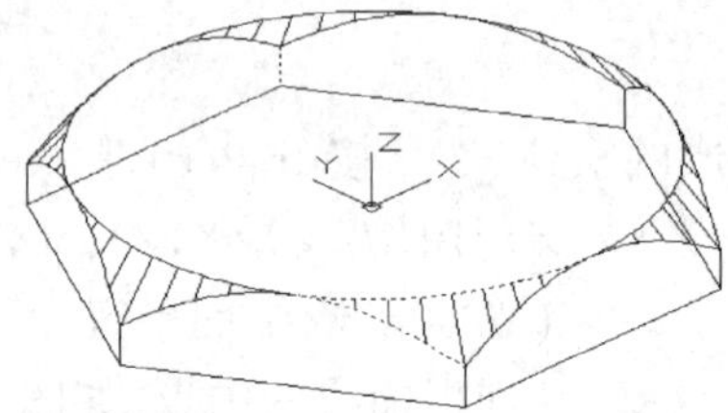

图 6-24 拉伸实体底面

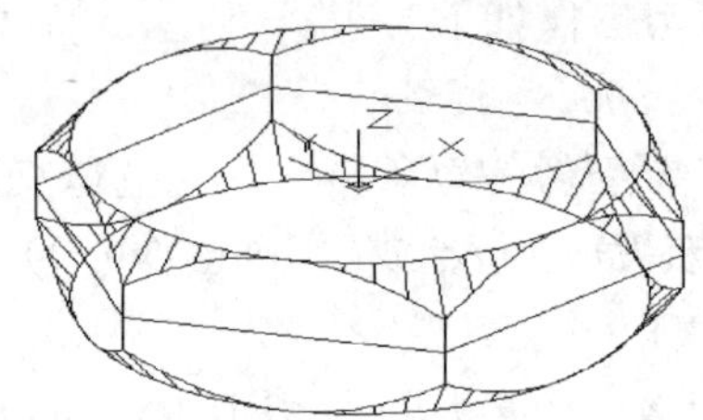

图 6-25 镜像实体

**9. 并集运算**

单击【实体编辑】工具栏中的【并集】按钮，将镜像后的两个实体进行并集运算。

**10. 创建螺纹**

1）单击【建模】工具栏的【圆柱体】按钮。

*命令:_cylinder*

*指定底面的中心点或[三点(3P)/两点(2P)/切点、切点、半径(T)/椭圆(E)]:* （在任意一点单击）

*指定底面半径或[直径(D)]:8*

*指定高度或[两点(2P)/轴端点(A)]:15*

2）单击【建模】工具栏的【螺旋】按钮。

*命令:_Helix*

*圈数=3.0000　　扭曲=CCW*

*指定底面的中心点:*　　　　（捕捉圆柱底面圆心）

*指定底面半径或[直径(D)]<1.0000>:8*

*指定顶面半径或[直径(D)]<8.0000>:*　　（按<Enter>键）

*指定螺旋高度或[轴端点(A)/圈数(T)/圈高(H)/扭曲(W)]<1.0000>:T*

*输入圈数<3.0000>:16*

*指定螺旋高度或[轴端点(A)/圈数(T)/圈高(H)/扭曲(W)]<1.0000>:20*

在圆柱体外面画一个螺旋线。

3）新建图层 1，将圆柱体放在图层 1 中并单击小灯泡隐藏按钮，只看到螺旋线。

4）新建 UCS，将原点移到螺旋线的端点上并改变方向，如图 6-26 所示。

5）用多段线或者直线命令绘制底边边长为 1mm 的正三角形，*AB* 中点为原点，并将其设为面域，如图 6-27 所示。

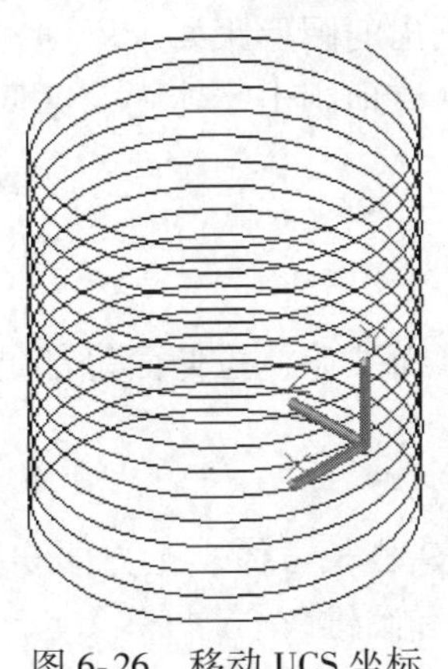

图 6-26　移动 UCS 坐标

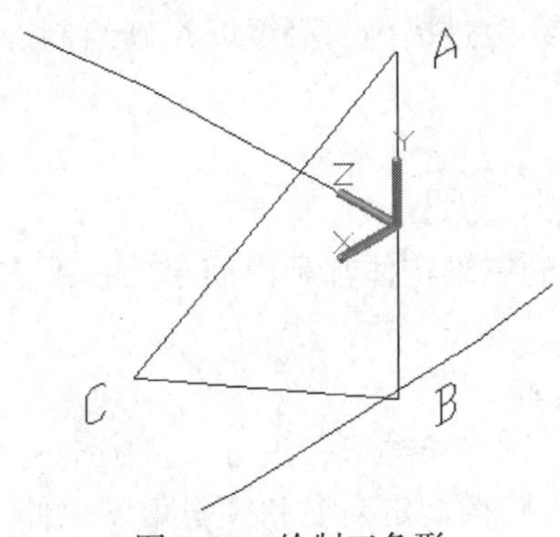


图 6-27　绘制三角形

6）新建 UCS，将其绕 $X$ 轴旋转 90°，使 $Z$ 轴朝下。

7）单击【建模】工具栏的【扫掠】按钮，对正三角形进行路径为螺旋线的扫掠操作，效果如图 6-28 所示，并将图层 1 隐藏的圆柱体显示出来。

8）求圆柱体和螺旋体的差集，如图 6-29 所示。

9）将求差集后的实体移动到六角螺母中，使中心对齐，如图 6-30 所示。最后，求得六角螺母与螺旋体的差集。

图 6-28　扫掠

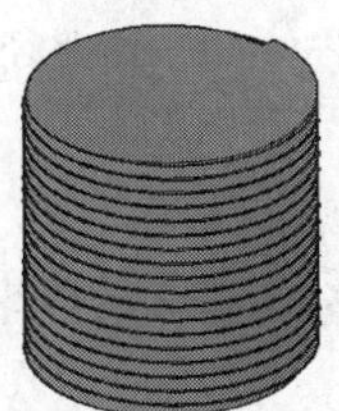

图 6-29　差集

图 6-30　移动螺旋体

**小技巧**

选择【绘图】菜单→【边界】命令，可以创建一个闭合区域。

## 四、操作提示

1）拉伸是将平面拉成实体，拉伸面是将实体中的面拉伸。

2）注意布尔运算中并集、交集、差集操作时，选择方式不同。

3）拉伸时，图形对象必须闭合。

4）面域如果不能成功，应检查所画图形是否闭合。

5）选择面时如果选择了不需要编辑的面，可以将其从选择集中删除。方法是，在“选择面或［放弃（U）/删除（R）/全部（ALL）］:”提示下，输入 R，然后单击要删除的面或按<Shift>键，再单击不需要的面。

## 五、结束任务

六角螺母绘制完成后，对自己绘制的图形用动态观察器全方位查看，仔细检查所画的图形是否符合要求，并对自己的绘图练习进行评价。如果画出的图形跟要求不同，要找出出错原因并总结改进措施，必要时重新绘制。最后，要求能熟练地画出实体图，掌握六角螺母的绘制。

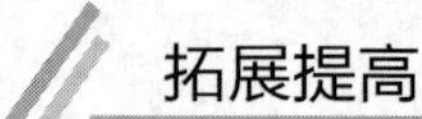

## 拓展提高

复杂的三维实体都是由简单的三维实体组合而成的，而拉伸、拉伸面等都是常见的操作方法。

### 1. 拉伸

1）分别将长方形、正方形、圆按指定的高度拉伸创建成长方体、正方体和圆柱体。

2）将圆按指定高度和倾斜角度拉伸，可以创建圆台和圆锥。

3）将三角形按指定方向拉伸可以创建楔体。

4）将不规则 图形拉伸后，可以创建各种形状的实体。

5）沿路径拉伸要有对象和路径。将对象沿某一路径拉伸成实体，如图 6-31 所示。

图 6-31　沿路径拉伸

### 2. 拉伸面

1）按角度拉伸面：实体的面将按一定倾斜角度拉伸，如图 6-32 所示。

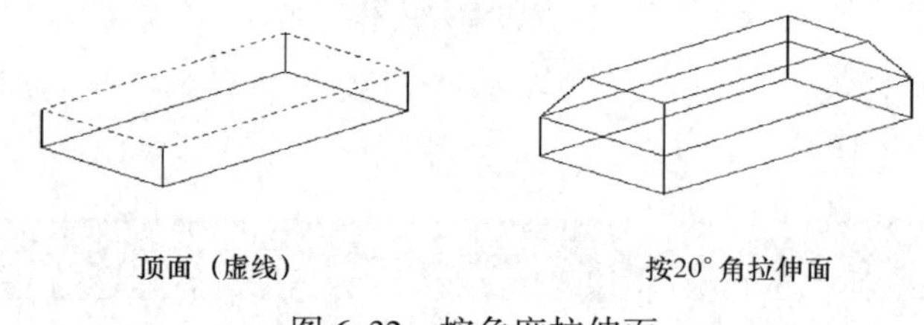


图 6-32　按角度拉伸面

2）按路径拉伸面：实体的面将按一定的路径线拉伸，如图 6-33 所示。

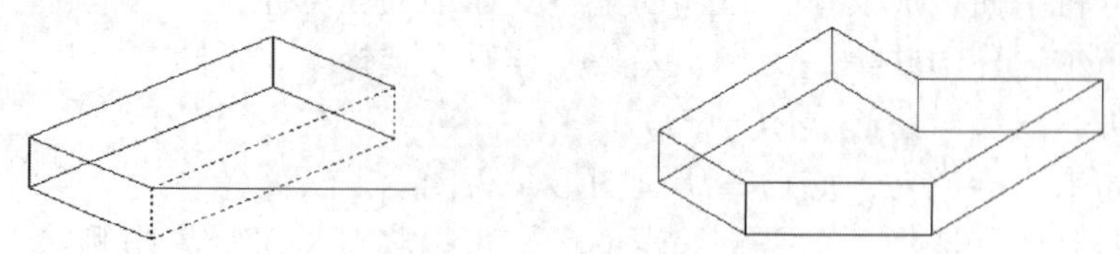

图 6-33　按路径拉伸面

## 实战演练

用拉伸和拉伸面等操作方法（也可用扫掠）绘制如图 6-34 所示的弯管，尺寸自定。

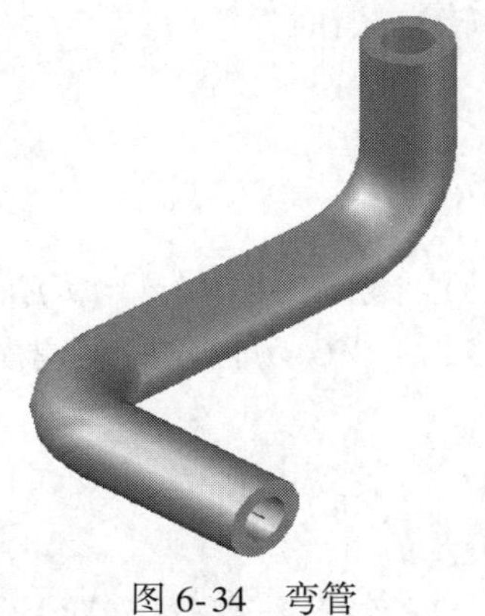

图 6-34　弯管

## 任务五　法兰盘的绘制

### 学习目标

❖掌握使用旋转命令创建实体的方法。

❖掌握实体编辑中的旋转面、倾斜面、移动面、偏移面等操作。

### 任务描述

通过本任务的学习，掌握用旋转二维平面的方法来创建三维实体，并通过实体面的编辑来改变实体的形状，从而生成新的实体。本次任务是法兰盘的创建，如图 6-35 所示。

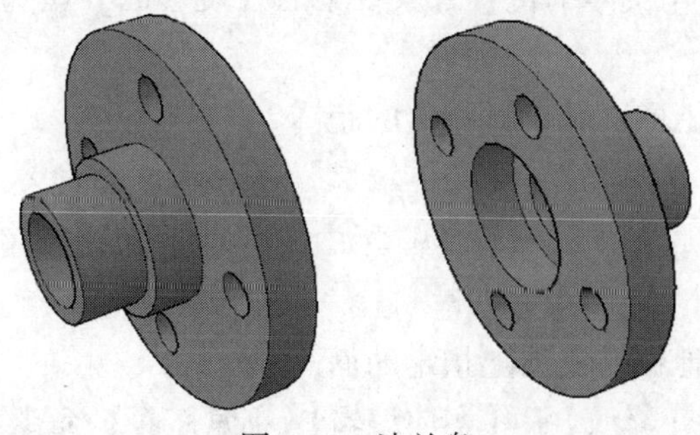

图 6-35　法兰盘

### 知识链接

三维旋转实体的创建，可以通过旋转二维开放或闭合对象的方法来实现。

### 一、旋转

**1. 操作方法**

（1）菜单栏　选择【绘图】→【建模】→【旋转】命令。

（2）工具栏　单击三维建模空间【常用】选项卡→【建模】面板→【旋转】按钮，

或者单击【建模】工具栏中的【旋转】按钮。

（3）命令行 REVOLVE。

2. 操作步骤

*命令:_revolve*

*当前线框密度: ISOLINES=4,闭合轮廓创建模式=实体*

*选择要旋转的对象或[模式(MO)]:_MO 闭合轮廓创建模式[实体(SO)/曲面(SU)]<实体>:_SO*

*选择要旋转的对象或[模式(MO)]:找到 1 个*

*选择要旋转的对象或[模式(MO)]:*

*指定轴起点或根据以下选项之一定义轴[对象(O)/X/Y/Z]<对象>:*

*指定轴端点:*

*指定旋转角度或[起点角度(ST)/反转(R)/表达式(EX)]<360>:*

3. 选项说明

1）对象（O）：选择已经绘制好的直线作为旋转轴。

2）X/Y/Z：将二维对象绕当前坐标系的 *X/Y/Z* 轴旋转。

## 二、实体编辑

1. 旋转面

该命令可以绕指定的轴旋转实体上的面。

（1）菜单栏 选择【修改】→【实体编辑】→【旋转面】命令。

（2）工具栏 单击【实体编辑】工具栏中的【旋转面】按钮。

2. 移动面

该命令可以将实体上的面移动到指定的距离。

（1）菜单栏 选择【修改】→【实体编辑】→【移动面】命令。

（2）工具栏 单击【实体编辑】工具栏中的【移动面】按钮。

3. 偏移面

该命令可以等距离地偏移实体上指定的面。

（1）菜单栏 选择【修改】→【实体编辑】→【偏移面】命令。

（2）工具栏 单击【实体编辑】工具栏中的【偏移面】按钮。

4. 倾斜面

该命令可以将实体上指定的面倾斜一个角度。

（1）菜单栏 选择【修改】→【实体编辑】→【倾斜面】命令。

（2）工具栏 单击【实体编辑】工具栏中的【倾斜面】按钮。

5. 删除面

该命令可以删除实体上指定的面，从而得到新的实体。

（1）菜单栏 选择【修改】→【实体编辑】→【删除面】命令。

（2）工具栏 单击【实体编辑】工具栏中的【删除面】按钮。

### 6. 复制面

该命令可以复制实体上指定的面，以便对复制出来的面继续进行编辑。

（1）菜单栏　选择【修改】→【实体编辑】→【复制面】命令。

（2）工具栏　单击【实体编辑】工具栏中的【复制面】按钮。

### 7. 着色面

该命令可以改变实体上指定面的颜色。

（1）菜单栏　选择【修改】→【实体编辑】→【着色面】命令。

（2）工具栏　单击【实体编辑】工具栏中的【着色面】按钮。

## 任务实施

## 一、准备工作

1）上课前仔细阅读本任务的内容。

2）将建模工具栏和实体编辑工具栏调出。

3）复习直线、边界、坐标系等操作。

## 二、建模分析

法兰盘是一个典型的旋转体零件，也是比较规则的零件。其主视图轮廓多为直线，且关于轴对称，通过旋转二维线段将其生成三维实体。

## 三、绘制法兰盘的操作步骤

### 1. 绘制法兰盘轮廓线

根据图 6-36 所示的尺寸，在视图中绘制法兰盘剖切面轮廓图形，并将其设置成面域。

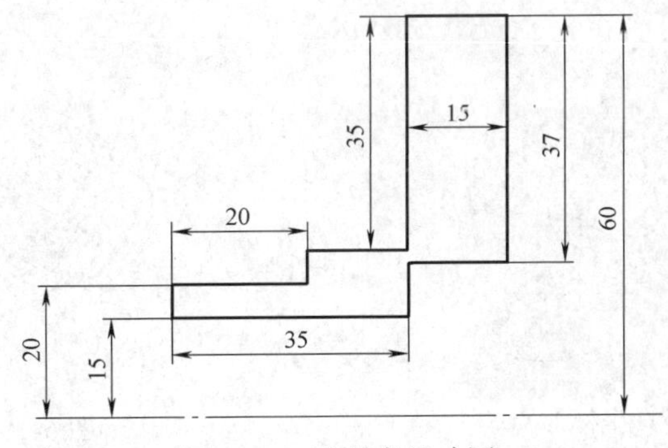


图 6-36　法兰盘尺寸图

### 2. 旋转

单击【建模】工具栏中的【旋转】按钮，将其旋转成实体。

*命令：_revolve*

*当前线框密度：　ISOLINES=8，闭合轮廓创建模式=实体*

*选择要旋转的对象或[模式(MO)]：_MO 闭合轮廓创建模式[实体(SO)/曲面(SU)]<实*

体>:_SO

选择要旋转的对象或[模式(MO)]:找到1个　　(选择所有轮廓线)

选择要旋转的对象或[模式(MO)]:找到1个,总计2个

选择要旋转的对象或[模式(MO)]:　　(按<Enter>键)

指定轴起点或根据以下选项之一定义轴[对象(O)/X/Y/Z]<对象>:　在中心线左端单击

指定轴端点:　　(在中心线右端单击)

指定旋转角度或[起点角度(ST)/反转(R)/表达式(EX)]<360>:(按<Enter>键)

**3. 删除轮廓线**

删除第一步中的轮廓线，将视图设置为西南等轴测。

**4. 绘制孔**

1）将坐标轴绕 Y 轴旋转 90°，将 XOY 面与底面平行。

命令:_ucs

当前 UCS 名称:*世界*

指定 UCS 的原点或[面(F)/命名(NA)/对象(OB)/上一个(P)/视图(V)/世界(W)/X/Y/Z/Z 轴(ZA)]<世界>:_y

指定绕 Y 轴的旋转角度<90>:-90　　(按<Enter>键)

2）将坐标原点移至半径为 60mm 的底面圆的圆心，如图 6-37 所示。

3）绘制圆柱：选择【圆柱体】命令，圆心（42.5，0，0），半径为 7mm，高为 15mm。

命令:_cylinder

指定底面的中心点或[三点(3P)/两点(2P)/切点、切点、半径(T)/椭圆(E)]:42.5,0,0

指定底面半径或[直径(D)]<0.0000>:7

指定高度或[两点(2P)/轴端点(A)]<0.0000>:15　　(如图 6-38 所示)

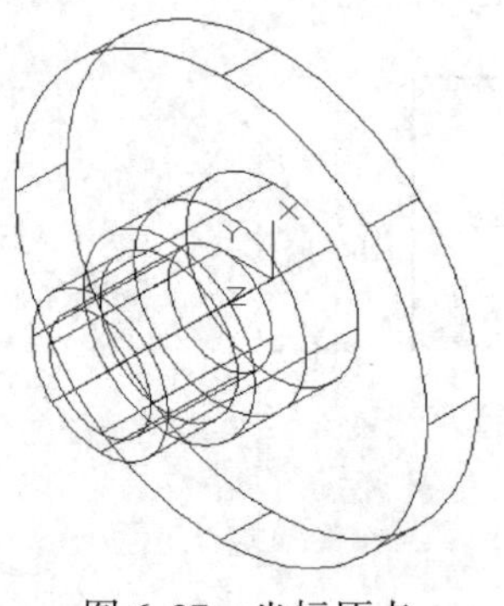

图 6-37　坐标原点

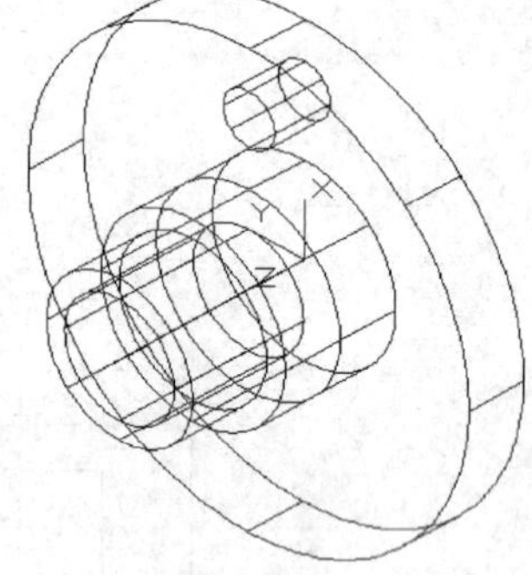

图 6-38　圆柱体

4）三维阵列：将圆柱体三维阵列，环形阵列，数目为 4，旋转轴为法兰盘的中心轴，如图 6-39 所示。

命令:_3darray

选择对象:找到1个

选择对象:

输入阵列类型[矩形(R)/环形(P)]<矩形>:P

*输入阵列中的项目数目:4*

*指定要填充的角度(+=逆时针,-=顺时针)<360>:*

*旋转阵列对象?[是(Y)/否(N)]<Y>:*

*指定阵列的中心点:*　　　　　　　　　　(单击中心线的一个端点)

*指定旋转轴上的第二点:*　　　　　　　　(再单击中心线另一个端点)

5）求法兰盘与四个小圆柱的差集，如图 6-40 所示。

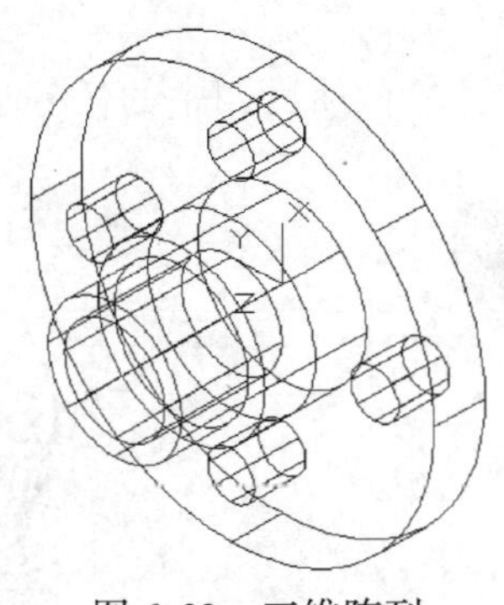

图 6-39　三维阵列

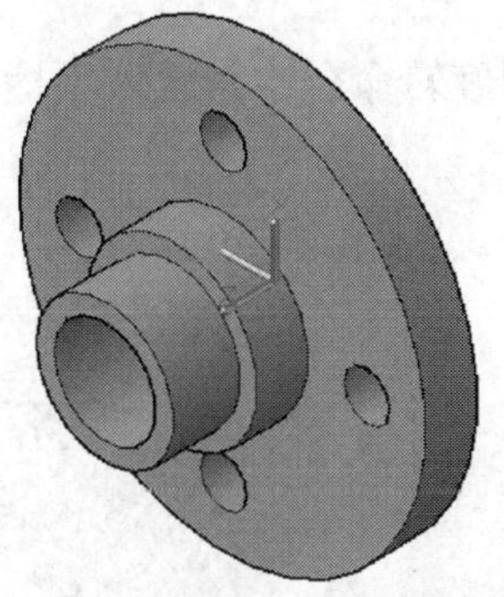

图 6-40　差集和并集

**小技巧**

夹点编辑功能与二维对象夹点编辑功能相似。单击要编辑的对象，系统显示编辑夹点为蓝色小方块，选择某个夹点，按住鼠标，待夹点变成红色后拖动，则三维对象随之改变，红色夹点为当前编辑夹点。选择不同的夹点，可以编辑对象的不同参数。

## 四、操作提示

1）旋转操作要用【建模】工具栏中的【旋转】，将二维图形旋转成三维实体，而不要用【修改】菜单中的【三维旋转】。

2）绘图时，要将坐标系放在合适的位置上，以便能较好地计算坐标值。

3）用【修改】菜单中的【三维阵列】按钮时，旋转轴为法兰盘的轴线。

## 五、结束任务

本任务是利用旋转的方法绘制旋转体，如手柄、带轮等都可以用此方法绘制。请对自己的绘制图形做出评价，掌握利用二维图形经拉伸、旋转变成实体的方法。

# 拓展提高

## 一、绘制基本三维网格

(1) 菜单栏　选择【绘图】→【建模】→【网格】→【图元】命令。

(2) 工具栏　单击【平滑网格图元】工具栏中的【三维网格】按钮。

这些命令中包括网格长方体、网格圆锥体、网格圆柱体、网格棱锥体、网格球体、网格楔体、网格圆环体等。

## 二、通过转换创建网格

在菜单栏中选择【绘图】→【建模】→【网格】→【平滑网格】命令。

*命令:_MESHSMOOTH*

*选择要转换的对象:找到 1 个*

### 实战演练

利用旋转命令绘制立体手柄，如图 6-41 所示。尺寸可参考项目四中的任务三。

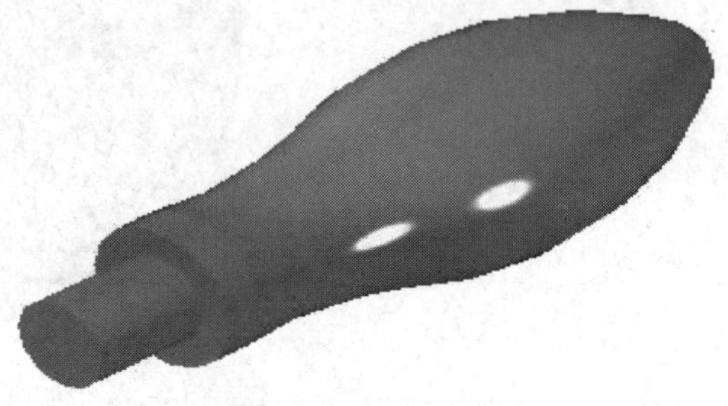

图 6-41 立体手柄

# 任务六 齿轮的绘制

### 学习目标

❖掌握绘制齿轮的简易方法。

❖掌握渲染三维实体的方法。

### 任务描述

本任务是学习渲染实体的基本方法，包括贴图、材质、配景、灯光及场景的设置。通过这些设置来表现三维实体自身的材质属性，以及真实的光照效果，从而获得更加逼真、形象、贴近现实的三维图像场景，渲染后的齿轮如图 6-42 所示。

图 6-42 齿轮

## 知识链接

### 渲染三维对象

**1. 附着材质**

(1) 菜单栏　选择【视图】→【渲染】→【材质浏览器】命令。

(2) 工具栏　单击功能区【渲染】选项卡→【材质】面板→【材质浏览器】按钮，也可以调出【渲染】工具栏单击【材质浏览器】按钮。

执行上述操作后，打开材质浏览器对话框，选择需要的材质类型，直接拖动到对象上，即可为对象附着材质。当选择【视觉样式】→【真实】命令时，会显示出材质效果。如果要设置材质的参数，可以依次选择【视图】→【渲染】→【材质编辑器】命令。

**2. 贴图**

(1) 菜单栏　选择【视图】→【渲染】→【贴图】命令。

(2) 工具栏　单击功能区【渲染】选项卡→【材质】面板→【材质贴图】按钮。也可以调出【渲染】工具栏中的【材质贴图】按钮。

执行上述命令后，会在实体附着带纹理的材质，可调整实体纹理贴图方向。它可模拟纹理、反射、折射等效果。材质被映射后，可调整材质适应对象的形状，将合适的材质贴图类型应用到对象上，使之更加适合对象。贴图分为平面贴图、长方体贴图、柱面贴图和球面贴图。

**3. 设置点光源**

(1) 菜单栏　选择【视图】→【渲染】→【光源】→【新建点光源】命令。

(2) 工具栏　单击功能区【渲染】选项卡→【光源】面板→【创建光源】右侧的下拉按钮，并单击【点光源】按钮，也可以调出【渲染】工具栏单击【新建点光源】按钮。

光源是渲染的重要因素之一，若场景中没有光源，将使用默认光源。点光源是从光源处向四周辐射的光源，主要作用是照亮模型，从而显示出光照效果，如同灯泡照明。除点光源外，灯光的类型还包括平行光和聚光灯。平行光是在一个方向上发射平行光束，它无衰减，无论距离多远，发射光都保持恒定的强度，就像太阳光。聚光灯是从一点向一个方向发射且呈圆锥形的光，可以指定光的方向和圆锥的大小。与点光源相似，聚光灯的强度也随着距离的增加而衰减，如台灯、汽车前照灯及舞台上用的聚光灯。除此之外，选择【光源】选项卡中的【创建光源】，还可以创建【光域网灯光】。

## 任务实施

### 一、准备工作

1）上课前仔细阅读本任务的内容。

2）将建模工具栏和实体编辑工具栏及渲染工具栏调出。

3）复习镜像、偏移、拉伸等操作。

## 二、建模分析

齿轮是能互相啮合的有齿的机械零件。轮缘上有齿能连续啮合传递运动和动力。齿轮能将一根轴的转动传递给另一根轴，也可以实现减速、增速、变向和换向等动作。本任务是直线代替渐开线绘制齿轮，它是一种齿轮的近似画法。

## 三、绘制齿轮操作步骤

### 1. 绘制齿轮的轮廓线

1）设置合适绘图环境和图层：选择【格式】→【图形界限】命令，设定左下角坐标为（0，0），右上角坐标为（100，100）。选择【格式】→【图层】命令，打开【图层】对话框，新建图层1，将图层1命名为中心线，颜色为红色，线型为CENTER。选择【视图】→【缩放】→【范围】命令，在俯视图中心线层中绘制两条相互垂直的中心线和分度圆，直径为60mm，齿顶圆直径为66mm，齿根圆直径为52.5mm，中心孔直径为20mm，如图6-43所示。

2）垂直中心线向左和向右各偏移1.25mm两次，并用直线连接交点，如图6-44所示。

3）修剪为轮齿形状。将齿根圆与轮齿间进行倒圆角，半径为1mm，如图6-45所示。将轮齿环形阵列，数目为20。再修剪成形即可，如图6-46所示。

4）选择【绘图】→【边界】命令拾取点，在中间空白处单击，拾取点时可以将中心线隐藏不显示。

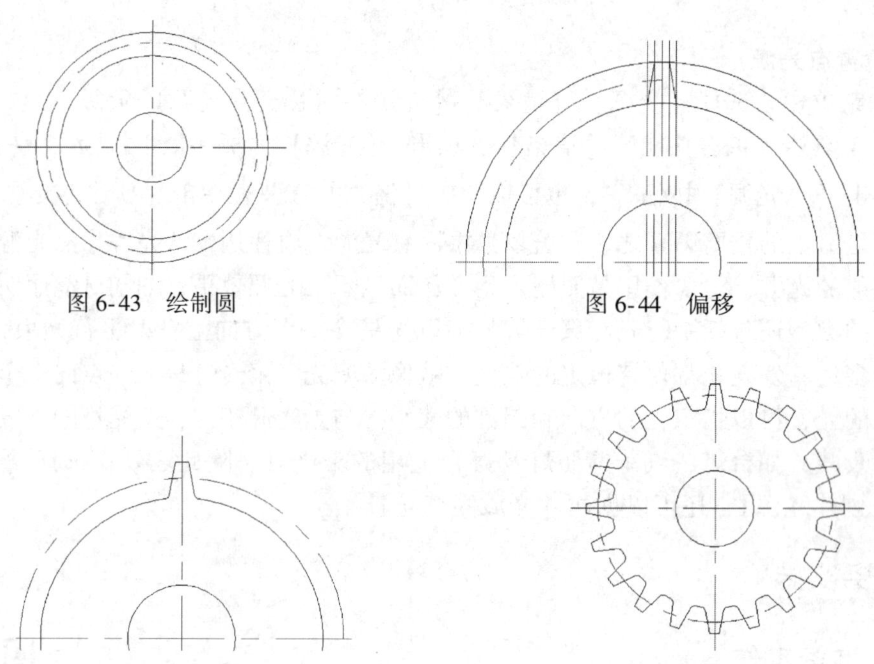

图6-43 绘制圆　图6-44 偏移

图6-45 圆角　图6-46 环形阵列

### 2. 绘制立体齿轮

1）单击【建模】工具栏的【拉伸】按钮，高度为24mm，如图6-47所示。

命令:_extrude

当前线框密度: ISOLINES=4,闭合轮廓创建模式=实体

选择要拉伸的对象或[模式(MO)]:_MO 闭合轮廓创建模式[实体(SO)/曲面(SU)]<实体>:_SO

选择要拉伸的对象或[模式(MO)]:找到 1 个　　　　　　　　（单击轮廓线）

选择要拉伸的对象或[模式(MO)]:　　　　　　　　（按<Enter>键）

指定拉伸的高度或[方向(D)/路径(P)/倾斜角(T)/表达式(E)]<0.0000>:24

2）将垂直中心线向左、右各偏移 3mm，水平中心线向上偏移 12.8mm。用直线和修剪命令绘制轮廓线图形。

3）单击【绘图】→【面域】选择轮廓线后按<Enter>键，然后进行拉伸，高度为 24mm，如图 6-48 所示。

4）求齿轮实体与齿轮孔实体的差集。

图 6-47　拉伸

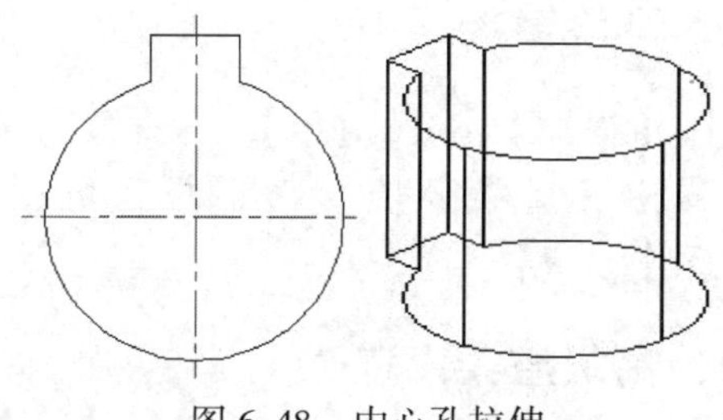

图 6-48　中心孔拉伸

### 3. 渲染齿轮

1）单击功能区的【渲染】选项卡→【材质】面板→【材质浏览器】按钮，弹出对话框，选择【金属（1800F 火灼）】，在右边单击【将材质添加到文档】按钮，如图 6-49 所示。

2）将文档材质列表中的所需材质拖到实体上。选择【视图】→【视觉视样】→【真实】命令，单击功能区的【渲染】选项卡→【渲染】面板→【渲染面域】按钮，用鼠标拖动一个矩形区域查看渲染效果。

**小技巧**

在进行渲染操作时，对象和各部分之间如果需要不同的材料，在不影响整体效果时可以不进行并集操作，分别渲染。

## 四、操作提示

1）在附着材质操作中，打开【材质浏览器】对话框后，选中实体，单击文档材质列表中所需要的材质。

2）在附着材质操作中，打开【材质浏览器】对话框后，选中实体，右击文档材质列表中的材质，选择【指定给当前选择】。在附着材质操作中，要选择【视觉视样】中的【真实】选项。

3）如果想用下载的图片做贴图，可以在材质编辑器中单击【常规】选项组的【图像】右侧空白处，弹出【材质编辑器打开文件】对话框，选择所需图片，单击【打开】按钮。在绘图区选择模型对象，为其赋予新创建的漫射贴图材料。

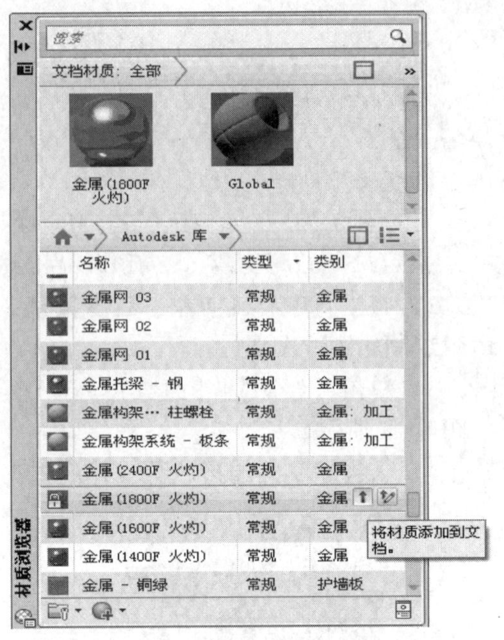


图 6-49 材质浏览器

## 五、结束任务

本任务是了解渲染的基本知识，通过学习，对自己的作品进行评价，尽量使自己的作品有真实感，提高作品的感染力。

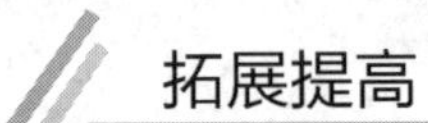

## 拓展提高

### 一、环境渲染

选择【视图】→【渲染】→【渲染环境】命令，弹出【渲染环境】对话框，可以进行【雾化/深度设置】。

### 二、高级渲染设置

选择【视图】→【渲染】→【高级渲染设置】命令，弹出对话框，在对话框中可以进行综合设置，如全局照明等。

### 三、阴影

单击功能区的【渲染】选项卡→【渲染】面板→【无阴影】按钮的下拉菜单，可以看到有【无阴影】、【地面阴影】、【全阴影】三个选项。

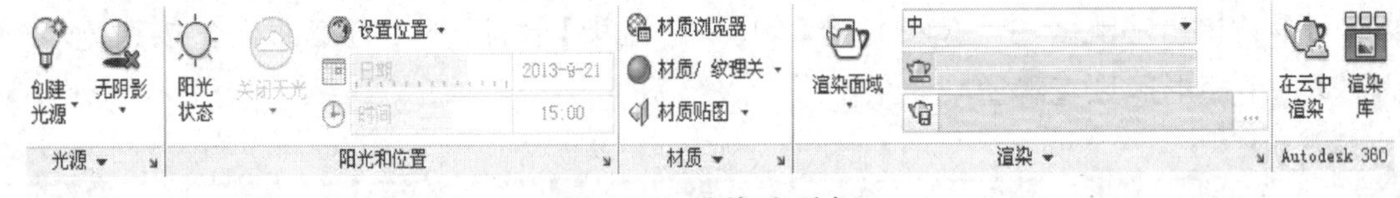


图 6-50 渲染选项卡

### 四、阳光状态

单击功能区的【渲染】选项卡→【阳光和位置】面板→【阳光状态】按钮，可以在当前视窗中打开或关闭日光的光照效果。将鼠标放在滑块上选中拖动，会出现早晚不同的光照效果。

### 五、渲染选项卡

渲染时可以应用【渲染】选项卡进行操作，单击光源右边的下拉按钮可以设置光源的亮度、对比度等；单击材质右边的下拉按钮可以进行删除材质等操作；单击渲染右边的下拉按钮可以进行渲染输出尺寸和调整曝光等设置，如图 6-50 所示。

## 实战演练

设置图形界限为 30mm×30mm，绘制青花瓷碗，尺寸自定。打开青花瓷图片素材，将碗进行贴图渲染，如图 6-51 所示。

图 6-51　青花瓷碗

## 综合训练六

1. 按尺寸绘制组合体并标注尺寸，建立合适的图形界限及栅格，创建标注图层，将其颜色设置为蓝色，线型为细实线，绘制方法不限，完成后如图 6-52 所示。

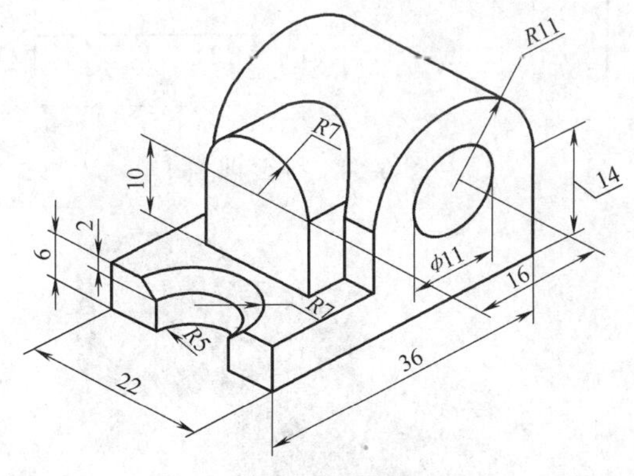


图 6-52　综合训练 1

2. 建立合适的图形界限，按尺寸绘制三维实体，绘制方法不限，如图 6-53 所示。

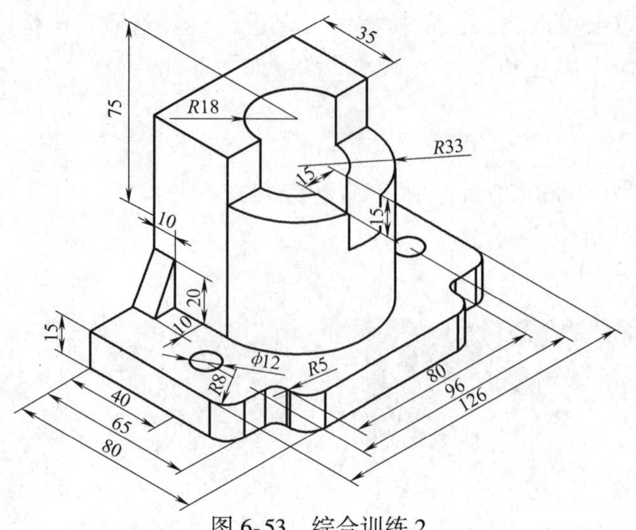


图 6-53　综合训练 2

3. 绘制支撑架，根据图 6-54 所示尺寸绘制底板和中间的连接构件，加强肋长为 46mm，宽度为 12mm，与支架相切。半径为 7. 5mm 的圆柱高度为 15mm，底板总厚度为 18mm。大圆柱的直径分为 50mm，孔径为 25mm，高为 34mm，圆柱与支架相切。最后绘制出图 6-55 所示的支撑架。

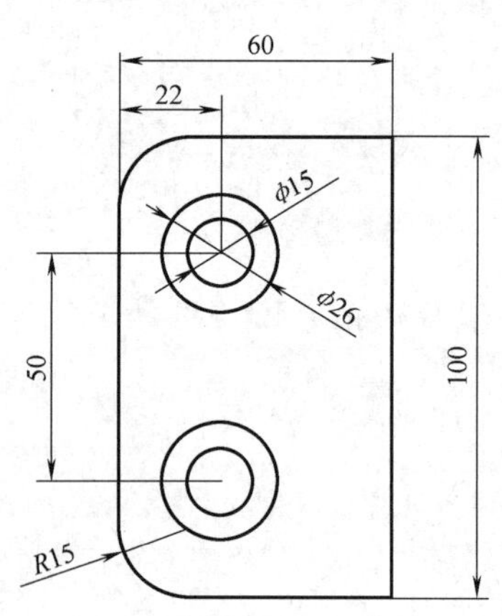


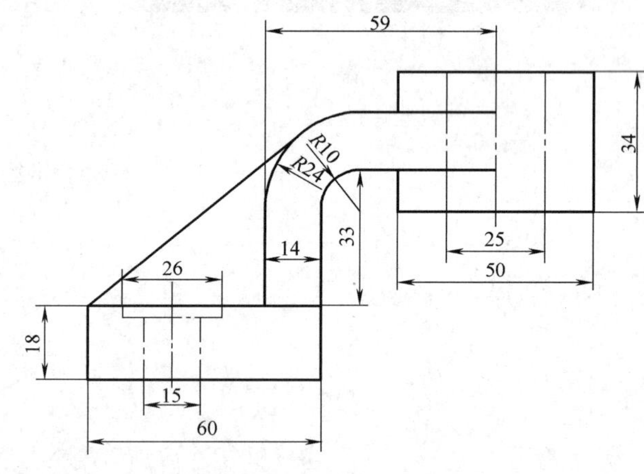


图 6-54　综合训练 3

图 6-55　综合训练 3

4. 按尺寸绘制图 6-56 所示半径为 20mm 的弯管。

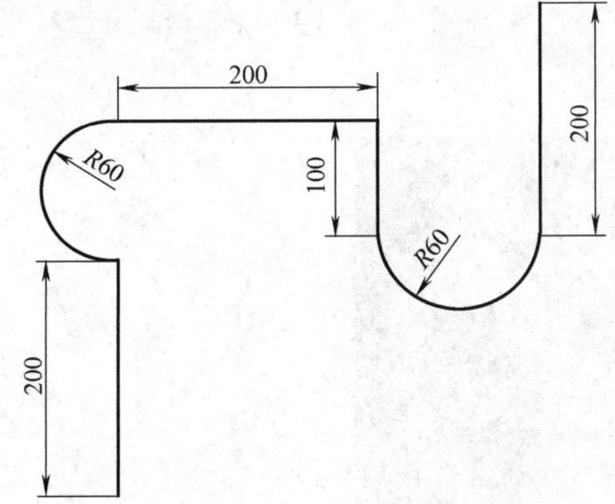


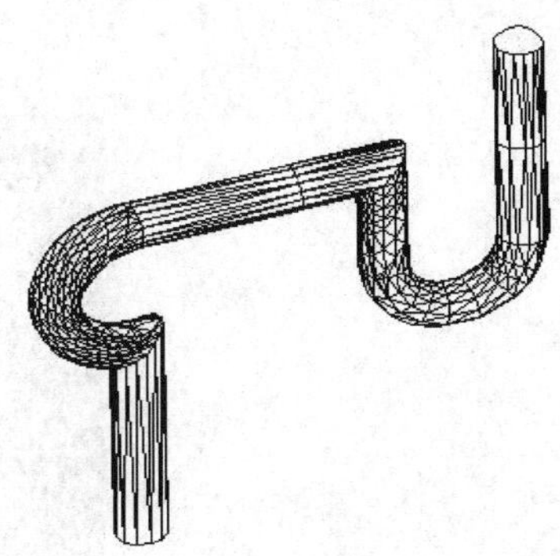

图 6-56　综合训练 4

5. 按尺寸绘制图 6-57 所示的带轮。

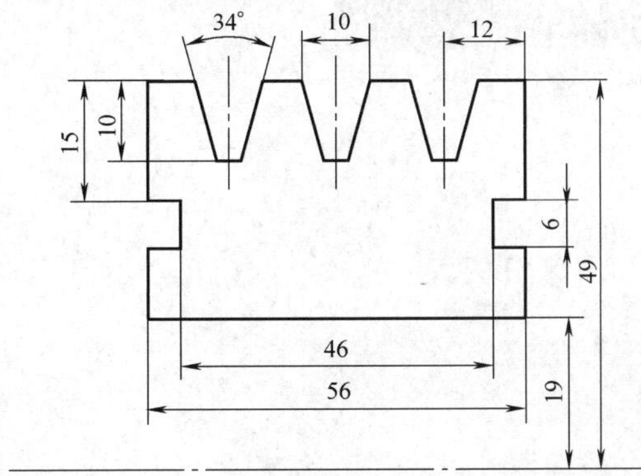

图 6-57　综合训练 5

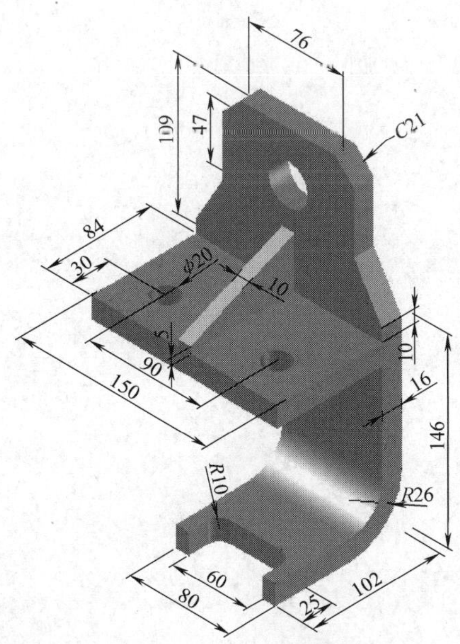


图 6-58　综合训练 6

6. 根据给定的尺寸，绘制图6-58所示的三维机械图。

7. 绘制图6-59所示的茶杯，并进行贴图渲染。杯子总高为120mm，顶面直径为80mm，其他尺寸自定。

图6-59 综合训练7

# 项目七

# 三维产品设计

## 任务一　烟灰缸的绘制

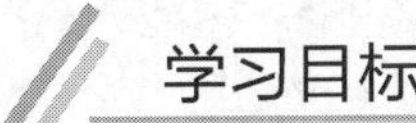

### 学习目标

❖掌握视口的设置方法并运用其辅助绘制图形。

❖掌握带角度拉伸命令的应用。

### 任务描述

视口可以从多个方向上对图形进行编辑，每个视口可以给图形设置不同的视角。本任务是学习在不同视口中绘制烟灰缸，如图 7-1 所示。掌握运用基本知识设计简单的产品，并加深对基本知识的理解和应用。

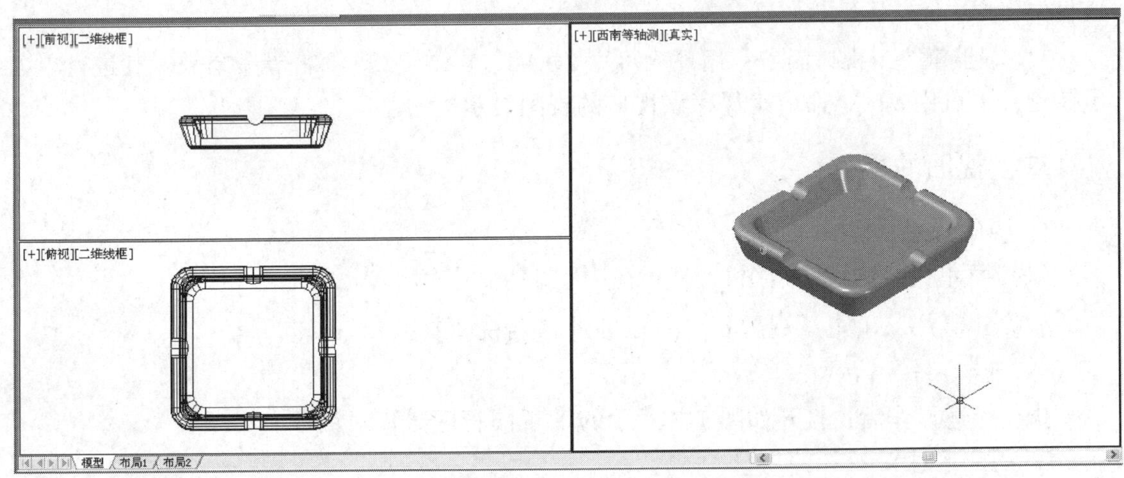


图 7-1　烟灰缸

## 知识链接

### 一、视口的操作

**1. 视口的打开和设置**

（1）菜单栏　选择【视图】→【视口】→【新建视口】命令。

（2）工具栏　单击【视口】工具栏中的【显示视口对话框】按钮。

（3）命令行　VPORTS。

执行上述操作后，可弹出如图 7-2 所示的【视口】对话框从中进行设置。

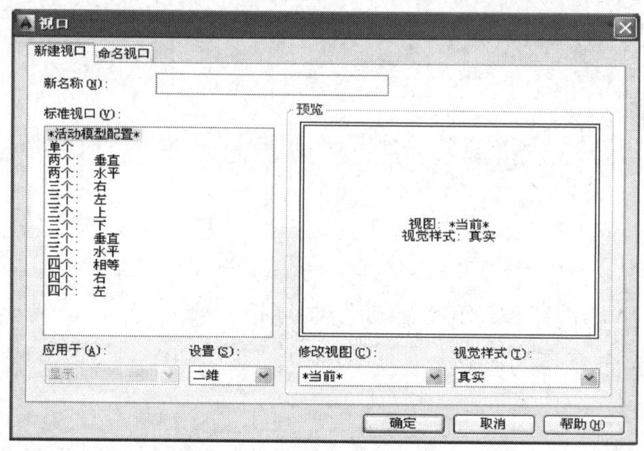


图 7-2　【视口】对话框

**2. 视口的特点**

1）视口是通过划分当前视口来生成的，这说明附加的视口在尺寸上比生成它的视口要小。对于每个视口来说，最多可将其细分为 4 个视口。

2）层的可见性设置对所有视口有效。不能在一个视口中关闭一个层，而在另一个视口里显示该层。

3）对于每一个视口而言，用户均可用 ZOOM、PAN、VPOINT 等命令来对其进行单独显示控制，也可用 VIEW 命令来保存该视口的视图显示。

### 二、视图的操作

**1. 操作方法**

（1）菜单栏　选择【视图】→【命名视图】命令。

（2）工具栏　单击【视图】工具栏的【命名视图】按钮。

（3）命令行　VIEW。

执行上述操作后，打开如图 7-3 所示的【视图管理器】对话框。

**2. 视图的意义**

命名视图是指用户可以将某个显示画面的状态（包括中心点、视图方向、放缩比例因子，以及透视图等）以某种名称保存起来，然后在需要时将其恢复成为当前显示状态。

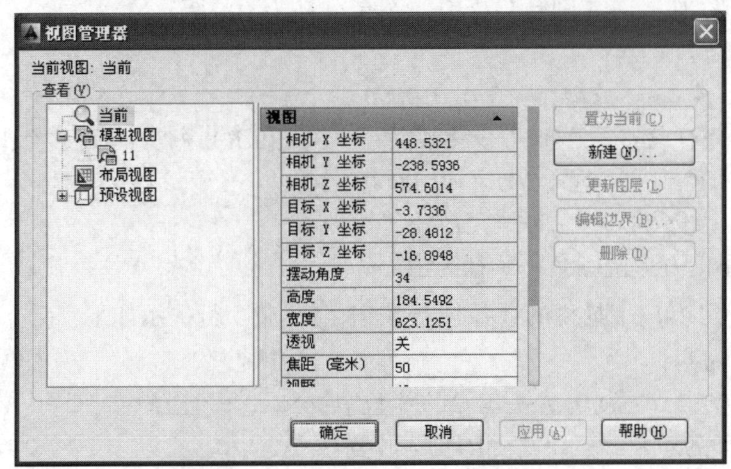


图 7-3 【视图管理器】对话框

## 任务实施

### 一、准备工作

1）上课前仔细阅读本任务的内容。

2）将建模工具栏、实体编辑工具栏、渲染工具栏调出。

3）复习正多边形、圆柱体、拉伸、布尔运算等操作。

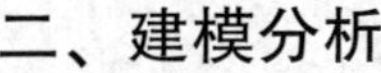

### 二、建模分析

烟灰缸是日常生活中经常用到的小物品，用学过的 AutoCAD 基础知识设计一款新颖独特的烟灰缸。本任务设计的烟灰缸只是一种样式，用户可以发挥自己的想象力设计其他款式的烟灰缸等小物品。

### 三、绘制烟灰缸操作步骤

#### 1. 设置视口

选择【视图】→【视口】→【四个视口】命令，分别单击各个视口左上角的设置视图按钮，将左上视口设为【前视】、左下视口设为【俯视】、右上视口设为【左视】、右下视口设为【西南等轴测】。

#### 2. 绘制棱台体

1）单击【绘图】工具栏的【多边形】按钮，在俯视图中绘制正方形。命令行提示如下：

*命令：_polygon 输入侧面数 <4>：*　　　　　（按<Enter>键）

*指定正多边形的中心点或［边(E)］：0,0*

*输入选项［内接于圆(I)/外切于圆(C)］<I>：C*

*指定圆的半径：60*

同理，再画一个边长为 100mm，中心点为（0，0，10）的小正方形。

2）选择【修改】→【圆角】命令。圆角半径为10mm。

*命令：FILLET*

*当前设置：模式 = 修剪，半径 = 0.0000*

*选择第一个对象或［放弃(U)/多段线(P)/半径(R)/修剪(T)/多个(M)］：*

*输入圆角半径或［表达式(E)］<0.0000>：10*

*选择边或［链(C)/环(L)/半径(R)］：*

同理，对小正方形倒圆角，半径为10mm。

3）单击【建模】工具栏的【拉伸】按钮，命令行提示如下：

*命令：_extrude*

*当前线框密度： ISOLINES=4，闭合轮廓创建模式 = 实体*

*选择要拉伸的对象或［模式(MO)］：找到 1 个* （单击大正方形）

*选择要拉伸的对象或［模式(MO)］：*

*指定拉伸的高度或［方向(D)/路径(P)/倾斜角(T)/表达式(E)］<1>：T*

*指定拉伸的倾斜角度或［表达式(E)］<1>：-20*

*指定拉伸的高度或［方向(D)/路径(P)/倾斜角(T)/表达式(E)］<1>：30*

拉伸小正方形时高度为20mm，其他值不变。

4）单击【实体编辑】工具栏的【差集】按钮，求大台体与小台体的差集。

5）再一次倒圆角，底面四个边采用链（C）形式圆角，半径为10mm，顶面边圆角半径为5mm。

*命令：_fillet*

*当前设置：模式 = 修剪，半径 = 0.0000*

*选择第一个对象或［放弃(U)/多段线(P)/半径(R)/修剪(T)/多个(M)］：* （单击一条边）

*输入圆角半径或［表达式(E)］<0.0000>：5*

*选择边或［链(C)/环(L)/半径(R)］：C*

*选择边链或［边(E)/半径(R)］：* （将其他边全选中并按<Enter>键）

**3. 绘制圆柱体**

1）单击左视图视口，再单击【建模】工具栏的【圆柱体】按钮。创建中心点为（0，30，80），半径为8mm，高为-160mm的圆柱体，如图7-4所示。

2）单击西南等轴测视口，将圆柱体原位复制并且将复制体旋转90°，基点为（0，0，30），求台体与圆柱的差集。

**4. 渲染**

渲染效果为四英寸方形柔和粉红色陶瓷（可根据自己的意愿选择材质）。

## 四、操作提示

1）在视口中可以输入VPOINT命令来设置观察的视点，用ZOOM命令来设置比例。

2）在操作过程中要仔细观察每个视口坐标的位置及方向，坐标位置和方向不同，某个点的表达方式也会有所不同。

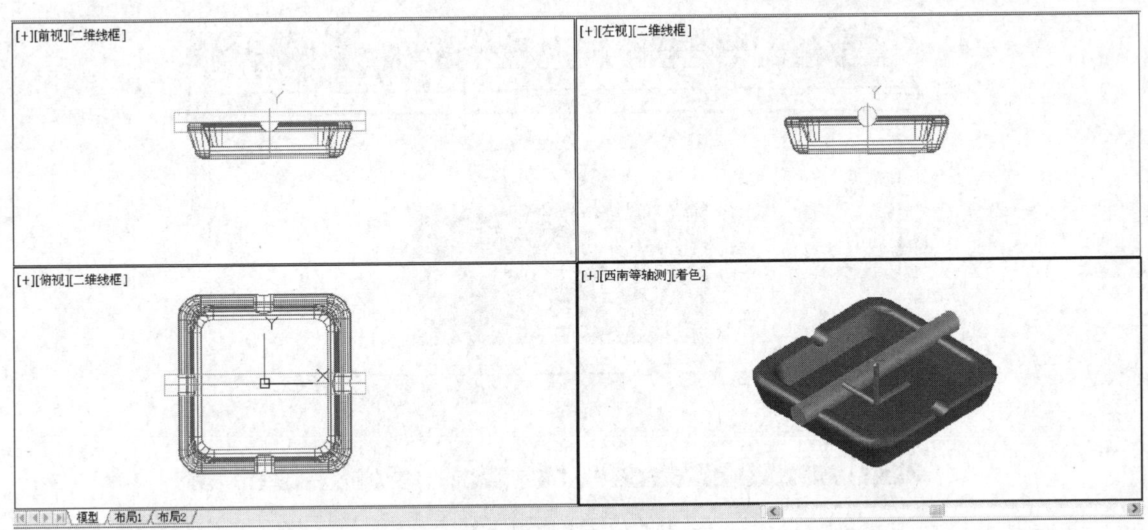


图 7-4　四个视口

3）在圆角的链（C）和环（L）操作中，链表示与此边相邻的边都选中，并进行倒圆角操作；同一平面上，可以形成一个封闭的环的棱线时用环的形式倒圆角。

4）倒圆角时，分别选择每条边倒圆角和选择所有的边后一起倒圆角结果会有所不同。

## 五、结束任务

通过这次学习，检查自己是否掌握了本任务要求学习的内容。对自己的绘图学习进行评价，以便能很好地掌握所学的知识。

# 拓展提高

## 一、添加图片背景

1）选择【视图】→【命名视图】命令，打开【视图管理器】对话框。

2）单击【新建】按钮，打开【新建视图/快照特性】对话框。

3）在视图名称框中输入名称。

4）单击【背景】栏中的右面下拉按钮，选择【图像】。

5）打开【背景】对话框，单击【浏览】按钮，选择用户喜欢的图片，单击确定。

6）选择【视图】→【视觉视样】→【真实】命令，如图 7-5 所示。

## 二、平截头棱锥体的绘制

选择【工具】→【选项板】→【工具选项板】命令打开工具选项板，或者是单击【常用】工具栏的【工具选项板】按钮，单击【建模】选项卡，再选择【平截头棱锥体】命令，也可以绘制棱台体。命令行提示如下：

*命令：_pyramid*

*4 个侧面外切*

*指定底面的中心点或［边(E)/侧面(S)］：0,0,0*

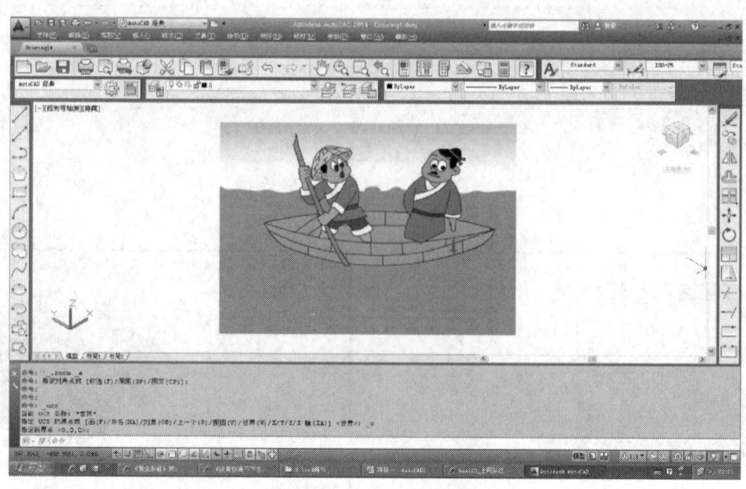

图 7-5　添加背景图片

*指定底面半径或［内接(I)］<0.0000>：60*
*指定高度或［两点(2P)/轴端点(A)/顶面半径(T)］<0.0000>：_top*
*指定顶面半径 <0.0000>：50*
*指定高度或［两点(2P)/轴端点(A)］<0.0000>：30*

## 实战演练

根据下图尺寸利用视口绘制图形，孔径为 10mm。如图 7-6 所示。

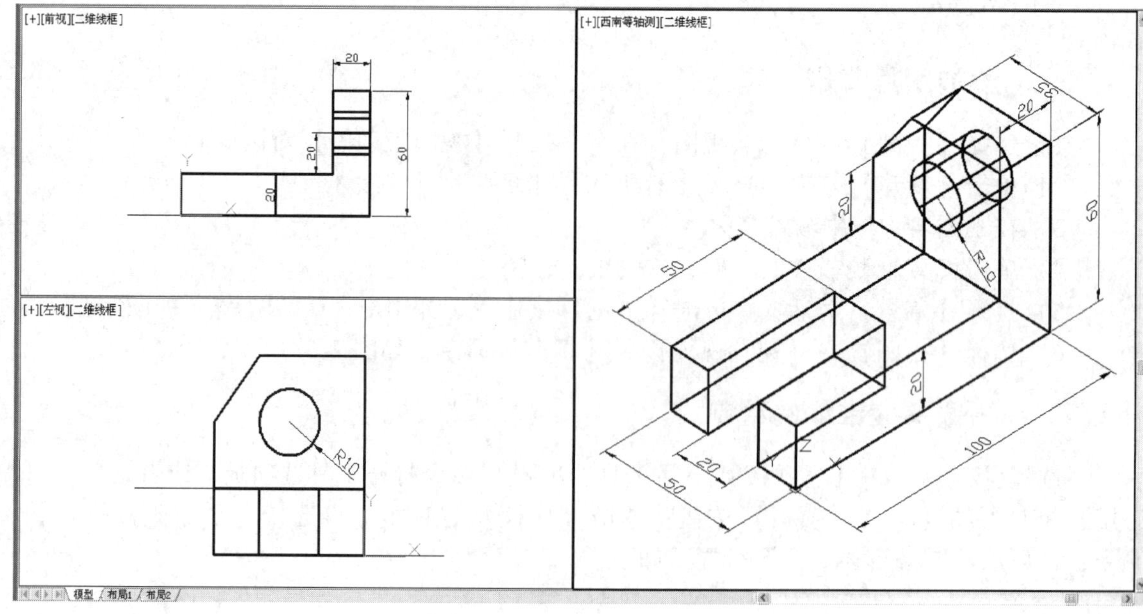


图 7-6　利用视口绘制图形

# 任务二　音箱的绘制

## 学习目标

❖掌握运用圆柱体、拉伸等命令绘制音箱的方法。

❖掌握利用旋转面和倾斜面来绘制图形的方法。

## 任务描述

音箱的绘制是利用建模工具栏和实体编辑工具栏及相关命令的综合应用，将知识转化为产品，同时在设计产品过程中可以加深对知识的理解。本任务就是通过音箱的绘制学会实体编辑中旋转面和倾斜面的应用，如图 7-7 所示。

图 7-7　音箱

## 知识链接

### 一、旋转面

#### 1. 旋转面的操作方法

（1）菜单栏　选择【修改】→【实体编辑】→【旋转面】命令。

（2）工具栏　单击【实体编辑】工具栏中的【旋转面】按钮。

#### 2. 操作步骤

*命令：_solidedit*

*实体编辑自动检查：　SOLIDCHECK=1*

*输入实体编辑选项［面(F)/边(E)/体(B)/放弃(U)/退出(X)］<退出>：_face*

*输入面编辑选项*

*［拉伸(E)/移动(M)/旋转(R)/偏移(O)/倾斜(T)/删除(D)/复制(C)/颜色(L)/材质(A)/放弃(U)/退出(X)］<退出>：_rotate*

*选择面或［放弃(U)/删除(R)］：找到一个面。*

*选择面或［放弃(U)/删除(R)/全部(ALL)］：*

*指定轴点或［经过对象的轴(A)/视图(V)/X 轴(X)/Y 轴(Y)/Z 轴(Z)］<两点>：*

*指定旋转原点 <0,0,0>：*

*指定旋转角度或［参照(R)］：*

### 二、倾斜面

#### 1. 操作方法

（1）菜单栏　选择【修改】→【实体编辑】→【倾斜面】命令。

（2）工具栏　单击【实体编辑】工具栏中的【倾斜面】按钮。

### 2. 操作步骤

命令：_solidedit

实体编辑自动检查：　SOLIDCHECK=1

输入实体编辑选项［面(F)/边(E)/体(B)/放弃(U)/退出(X)］<退出>：_face

输入面编辑选项

［拉伸(E)/移动(M)/旋转(R)/偏移(O)/倾斜(T)/删除(D)/复制(C)/颜色(L)/材质(A)/放弃(U)/退出(X)］<退出>：_taper

选择面或［放弃(U)/删除(R)］：找到一个面。

选择面或［放弃(U)/删除(R)/全部(ALL)］：

指定基点：

指定沿倾斜轴的另一个点：

指定倾斜角度：

## 三、复制边

### 1. 操作方法

（1）菜单栏　选择【修改】→【实体编辑】→【复制边】命令。

（2）工具栏　单击【实体编辑】工具栏中的【复制边】按钮。

### 2. 操作步骤

命令：_solidedit

实体编辑自动检查：　SOLIDCHECK=1

输入实体编辑选项［面(F)/边(E)/体(B)/放弃(U)/退出(X)］<退出>：_edge

输入边编辑选项［复制(C)/着色(L)/放弃(U)/退出(X)］<退出>：_copy

选择边或［放弃(U)/删除(R)］：

选择边或［放弃(U)/删除(R)］：

指定基点或位移：

指定位移的第二点：

输入边编辑选项［复制(C)/着色(L)/放弃(U)/退出(X)］<退出>：

# 任务实施

## 一、准备工作

1）上课前仔细阅读本任务的内容。

2）将建模工具栏和实体编辑工具栏及渲染工具栏调出。

3）复习圆柱体、拉伸、布尔运算等操作。

## 二、建模分析

音箱是日常生活中常见的电子产品，也是整个音响系统的终端，其作用是把音频信号转换成相应的声能，并把它辐射到空间去。本任务是用学过的 AutoCAD 基础知识设计一款新颖时尚的音箱，用户也可以发挥自己的想象力设计其他款式的音箱。

## 三、操作步骤

1）绘制长方体，将视图转化为西南等轴测。命令行提示如下：

*命令：_box*

*指定第一个角点或［中心(C)］：0,0,0*

*指定其他角点或［立方体(C)/长度(L)］：l*（光标放在正交方向）

*指定长度 <0.0000>：12*

*指定宽度 <0.0000>：15*

*指定高度或［两点(2P)］<0.0000>：20*

2）旋转面。将前、后两面绕着 *X* 轴旋转−15°，如图 7-8 所示。

*命令：_solidedit*

*实体编辑自动检查：　SOLIDCHECK＝1*

*输入实体编辑选项［面(F)/边(E)/体(B)/放弃(U)/退出(X)］<退出>：_face*

*输入面编辑选项*

*［拉伸(E)/移动(M)/旋转(R)/偏移(O)/倾斜(T)/删除(D)/复制(C)/颜色(L)/材质(A)/放弃(U)/退出(X)］<退出>：_rotate*

*选择面或［放弃(U)/删除(R)］：　　　　　　　(单击前面或后面)*

*选择面或［放弃(U)/删除(R)/全部(ALL)］：　　(按<Enter>键)*

*指定轴点或［经过对象的轴(A)/视图(V)/X 轴(X)/Y 轴(Y)/Z 轴(Z)］<两点>：X*

*指定旋转原点 <0,0,0>：*　(按<Enter>键)

*指定旋转角度或［参照(R)］：-15*

3）倾斜面。以 *A* 点为基点，沿倾斜轴的另一个点为 *B* 点，将顶面倾斜−15°，如图 7-9 所示。

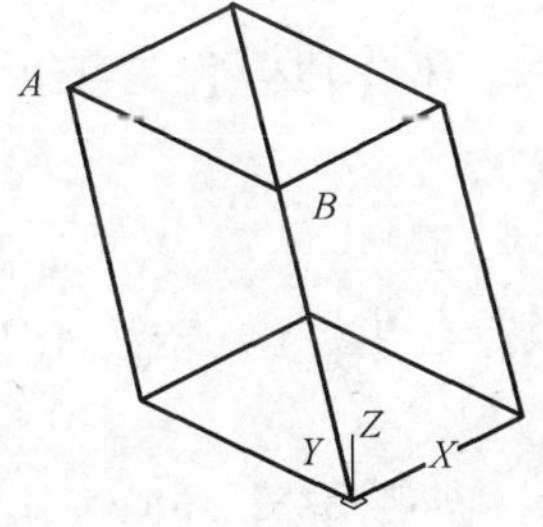


图 7-8　旋转面

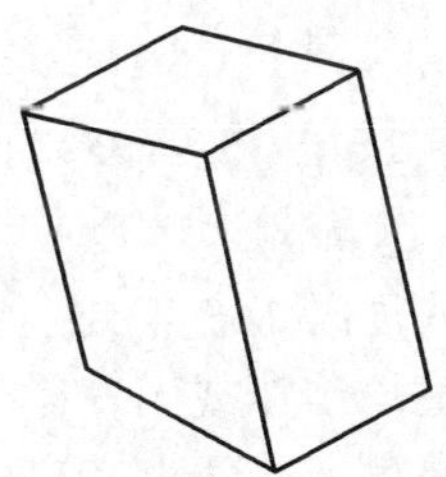

图 7-9　倾斜面

4）倒圆角。箱体圆角半径为 3mm，如图 7-10 所示。

5）平截面圆锥体。先移动坐标轴，将 *XOY* 面移到最前那个面上。中心点在“前面”的中心，画出底面半径为 2.5mm 和顶面半径为 1.8mm，高为 2.5mm 的平截面圆锥体。然后，画出底面半径为 1.8mm 的圆柱体，高度不出箱体即可，如图 7-11 所示。

6）求箱体和平截面圆锥体、圆柱的差集。

7）画球体。中心点在圆柱与圆锥相交面的中心，半径为 1.8mm。

8）剖切。将箱体内的球体切掉。

9）倒圆角。将平截面圆锥体的底面边圆角，半径为 1mm，如图 7-11 所示。

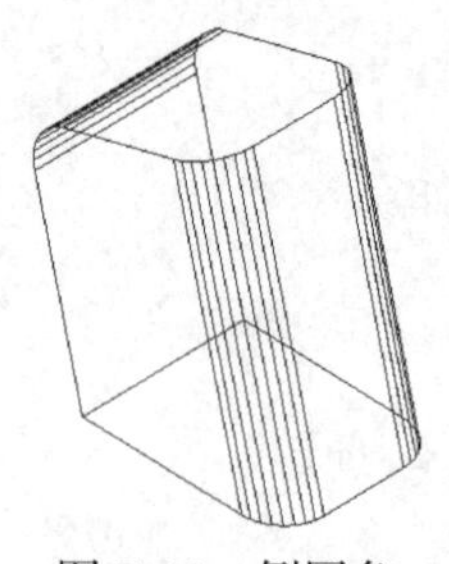
图 7-10　倒圆角

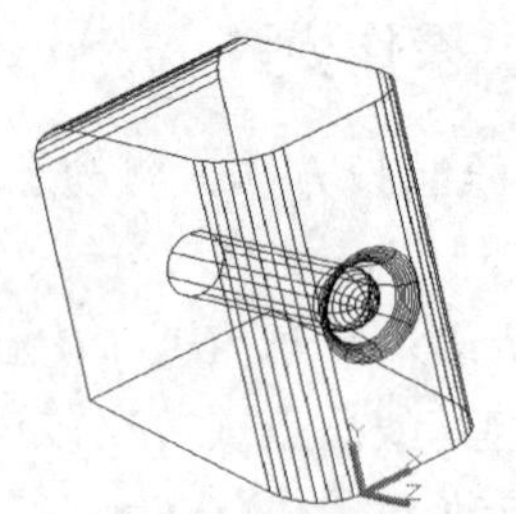
图 7-11　平截面圆锥体

10）渲染。箱体为釉面耐火金属漆，中间小球为铝黑色金属。

## 四、操作提示

1）在进行旋转面的操作时，要注意坐标轴的方向。指定旋转轴时，指定两个点的方向不同，旋转面的方向也不同。

2）在进行旋转面的操作时，指定轴点是用来选择一种确定轴线的方式。

3）在进行倾斜面操作时，指定基点是用来指定倾斜后不动的点，指定沿倾斜轴的另一点是用来选择倾斜后改变方向的点。

## 五、结束任务

检查自己是否掌握了本任务要求学习的内容。对自己的绘图学习进行评价，以便能很好地掌握所学的知识。

# 拓展提高

## 一、平截面圆锥体的绘制

选择【工具】→【选项板】→【工具选项板】命令，在【建模】选项卡中单击【平截面圆锥体】按钮。命令行提示如下：

*命令：_cone*
*指定底面的中心点或［三点(3P)/两点(2P)/切点、切点、半径(T)/椭圆(E)］：*
*指定底面半径或［直径(D)］：*
*指定高度或［两点(2P)/轴端点(A)/顶面半径(T)］<1.0000>：_top*
*指定顶面半径 <0.0000>：60*
*指定高度或［两点(2P)/轴端点(A)］<1.0000>：*　　（如图 7-12 所示）

## 二、椭圆形圆柱体的绘制

选择【工具】→【选项板】→【工具选项板】命令，在【建模】选项卡中单击【椭圆形圆柱体】按钮。命令行提示如下：

*命令：_cylinder*
*指定底面的中心点或［三点(3P)/两点(2P)/切点、切点、半径(T)/椭圆(E)］：_e*
*指定第一个轴的端点或［中心(C)］：*

*指定第一个轴的其他端点：*

*指定第二个轴的端点：*

*指定高度或［两点(2P)/轴端点(A)］：*　　（如图 7-12 所示）

图 7-12　平截面圆柱体和椭圆形圆柱体

## 三、二维螺旋的绘制

选择【工具】→【选项板】→【工具选项板】命令，在【建模】选项卡中单击【二维螺旋】按钮，绘制中心点（0，0，0），底面半径为 20mm，顶面半径为 5mm，高为 0，圈数为 8 的二维螺旋，如图 7-13 所示。命令行提示如下：

*命令：_helix*

*圈数 = 8.0000　　扭曲=CCW*

*指定底面的中心点：*

*指定底面半径或［直径(D)］<20.0000>：*

*指定顶面半径或［直径(D)］<5.0000>：*

*指定螺旋高度或［轴端点(A)/圈数(T)/圈高(H)/扭曲(W)］<0.0000>：*

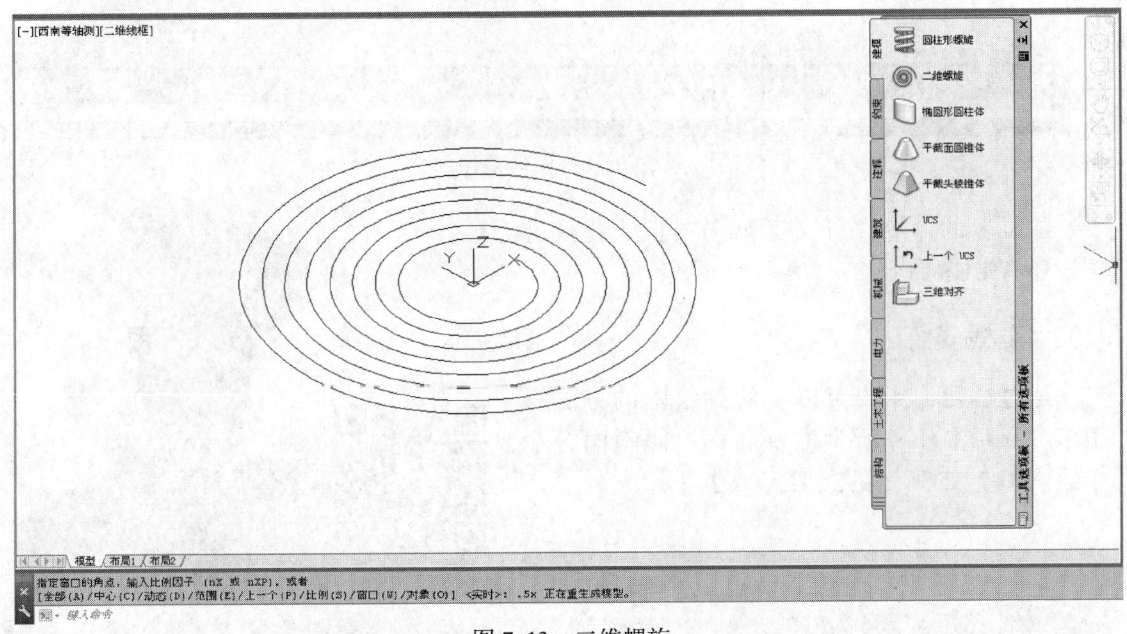


图 7-13　二维螺旋

## 四、圆柱形螺旋的绘制

选择【工具】→【选项板】→【工具选项板】命令，在【建模】选项卡中单击【圆柱形螺旋】按钮，绘制中心点为（0，0，0），底面半径为 20mm，顶面半径为 20mm，高为 20mm，圈数为 8 的圆柱形螺旋，如图 7-14 所示。命令行提示如下：

*命令：_helix*

*圈数 = 8.0000　　扭曲=CCW*

*指定底面的中心点：*
*指定底面半径或［直径(D)］<20.0000>：*
*指定顶面半径或［直径(D)］<20.0000>：*
*指定螺旋高度或［轴端点(A)/圈数(T)/圈高(H)/扭曲(W)］<20.0000>：*

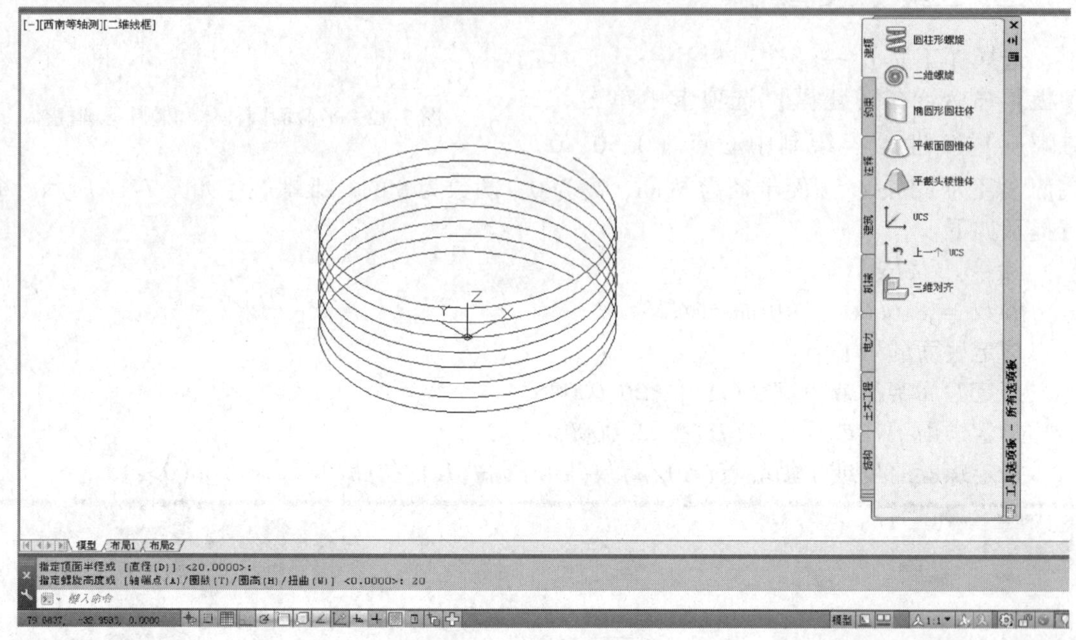


图 7-14　圆柱形螺旋

除以上的命令以外，工具选项板的建模选项卡还有 UCS 命令。

## 实战演练

通过学习，用户可以了解到绘图的方法有很多，利用本任务所学的旋转面、倾斜面等命令绘制图 7-15 所示的支架，尺寸自定。

图 7-15　支架

# 任务三　螺钉旋具的绘制

## 学习目标

❖掌握运用圆柱体、拉伸、布尔运算等命令绘制螺钉旋具的方法。
❖掌握利用着色面和着色边来绘制和亮显三维图形及其细节的方法。

## 任务描述

螺钉旋具是一种用来拧转螺钉以迫使其就位的工具，通常有一个薄楔形头，可插入螺钉

头部的槽缝或凹口内，常用的是一字槽和十字槽螺钉旋具。本任务就是运用所学的知识绘制日常生活中常用到的十字槽螺钉旋具，如图 7-16 所示。

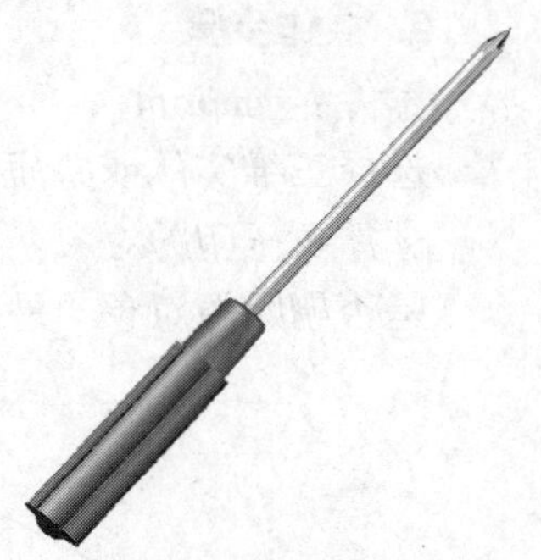

图 7-16　螺钉旋具

## 知识链接

### 一、着色面和着色边

#### 1. 着色面

更改三维实体上选定面的颜色。

(1) 菜单栏　选择【修改】→【实体编辑】→【着色面】命令。

(2) 工具栏　单击【实体编辑】工具栏中的【着色面】按钮。

执行上述操作后，命令行提示如下：

*命令：_solidedit*

*实体编辑自动检查：　SOLIDCHECK=1*

*输入实体编辑选项 [面(F)/边(E)/体(B)/放弃(U)/退出(X)] <退出>：_face*

*输入面编辑选项*

*[拉伸(E)/移动(M)/旋转(R)/偏移(O)/倾斜(T)/删除(D)/复制(C)/颜色(L)/材质(A)/放弃(U)/退出(X)] <退出>：_color*

*选择面或 [放弃(U)/删除(R)]：*　　　　(选择一个面按<Enter>键)

弹出选择颜色对话框，选择所需颜色后确定。

#### 2. 着色边

更改三维实体上选定边的颜色。

(1) 菜单栏　选择【修改】→【实体编辑】→【着色边】命令。

(2) 工具栏　单击【实体编辑】工具栏中的【着色边】按钮。

执行上述操作后，命令行提示如下：

*命令：_solidedit*

*实体编辑自动检查：　SOLIDCHECK=1*

*输入实体编辑选项 [面(F)/边(E)/体(B)/放弃(U)/退出(X)] <退出>：_edge*

*输入边编辑选项 [复制(C)/着色(L)/放弃(U)/退出(X)] <退出>：_color*

*选择边或 [放弃(U)/删除(R)]：*　　　　(选择一条边，按<Enter>键)

弹出选择颜色对话框，选择所需颜色后确定。

### 二、压印边

#### 1. 操作方法

将二维几何图形压印到三维实体上，从而在平面上创建更多的边，可以创建新的面或三维实体。

(1) 菜单栏　选择【修改】→【实体编辑】→【压印边】命令。

(2) 工具栏　单击【实体编辑】工具栏中的【压印边】按钮。

2. 操作步骤

*命令：_imprint*

*选择三维实体或曲面：*

*选择要压印的对象：*

*是否删除源对象［是(Y)/否(N)］<N>:*　　　　（如图 7-17 所示）

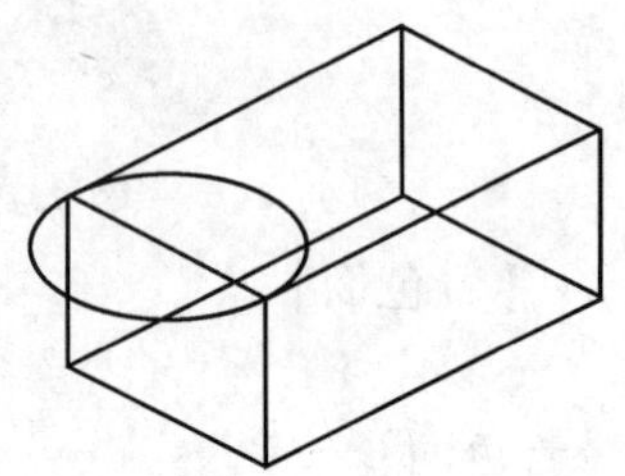

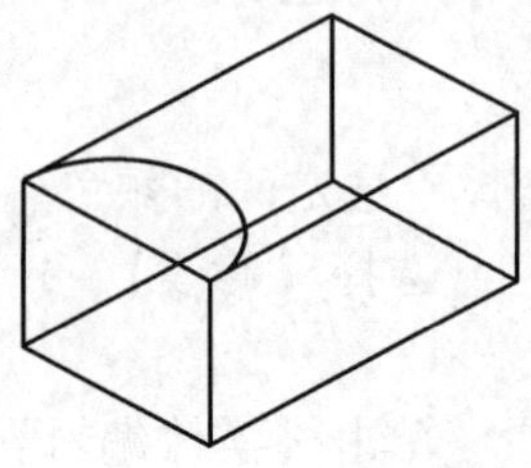

图 7-17　压印

## 任务实施

### 一、准备工作

1）上课前仔细阅读本任务的内容。

2）将建模工具栏和实体编辑工具栏调出。

3）复习圆柱体、球体、拉伸、阵列、布尔运算等操作。

### 二、建模分析

螺钉旋具是日常生活中常见的工具。本任务是用面域、拉伸、阵列、圆柱体、布尔运算等命令来绘制螺钉旋具。螺钉旋具的手柄可以根据日常生活中看到的样式进行设计，也可以发挥自己的想象力设计其他样式的手柄。

### 三、操作步骤

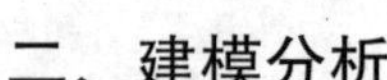

1. 绘制二维图形

设置绘图环境 300mm×200mm，再选择【视图】→【缩放】→【范围】命令。建中心线图层，颜色为红色，线型为 Center，绘制中心线。将视图转化为左视图，在 0 层中绘制圆，在左视图中以（0，0）为圆心，绘制半径为 12mm 的圆，再将水平中心线向上偏移 14mm，以与垂直中心线的交点为圆心，半径为 3mm 画圆，修剪、阵列成图 7-18 所示的图形。

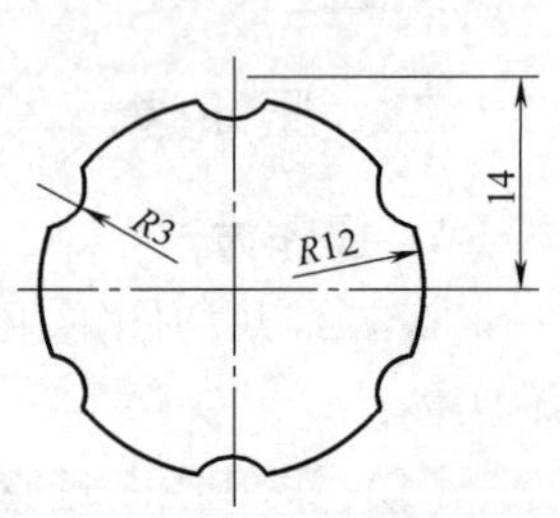


图 7-18　绘制二维图形

2. 拉伸

先将上一步所画二维图形的中心线层隐藏，再选择【绘图】菜单中的【边界】命令，将其边界封闭，或者制作成面域。然

后，将上图拉伸，高度为 80mm。

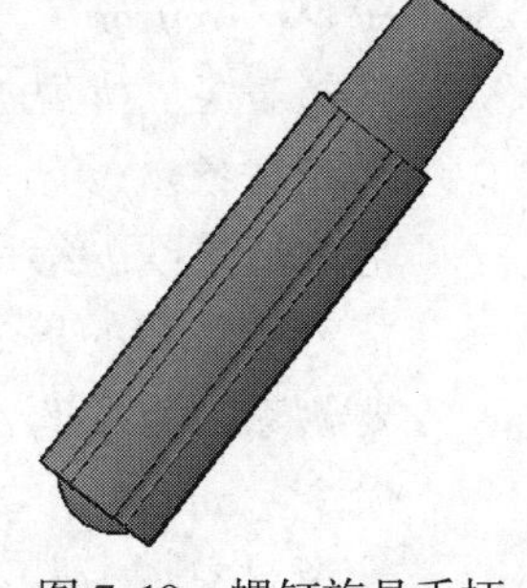
图 7-19　螺钉旋具手柄

**3. 画平截面圆锥体**

将视图转化为西南等轴测，将坐标原点移到底面中心点。打开【工具选项板】，以顶面圆心为圆心，底面半径为 10mm，顶面半径为 9mm，绘制一个高为 25mm 的平截面圆锥体。

**4. 画球体**

在西南等轴测视图中以（0，0，-6）为圆心，半径为 10mm 画球体，求球体和柱体的并集，如图 7-19 所示。

**5. 画圆柱体**

以平截面顶面圆心为圆心，半径为 3.5mm，高为 130mm 画圆柱体。

**6. 绘制平截面圆锥体**

以圆柱顶面圆心为圆心，绘制底面半径为 3.5mm，顶面半径为 0.5mm，高为 8mm 的平截面圆锥体，求圆柱与平截面圆锥体的并集。

**7. 绘制顶端凹槽**

1）在前视图中绘制图 7-20 所示的三角形。将视图转化为前视图，用直线命令画长 1.25mm 的直线 *cd*，以 *c* 点为起点画三角形 *abc*，只要角度正确即可，三角形 *bc* 边长超过圆柱半径即可。

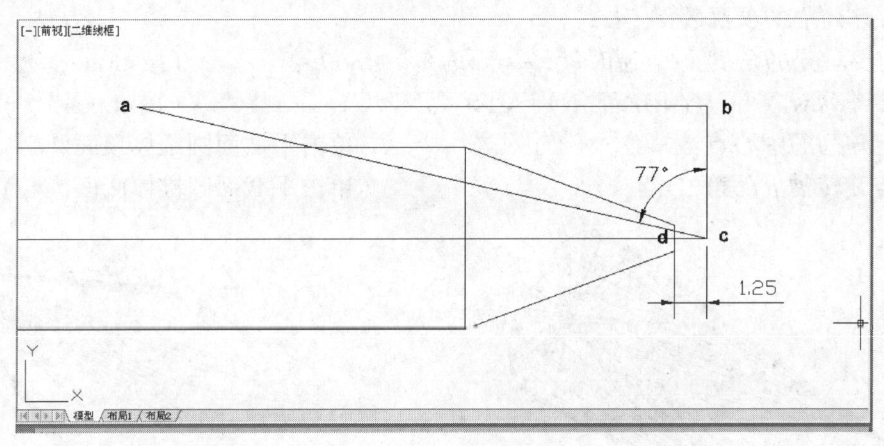

图 7-20　三角形

2）将三角形创建成面域，并将视图转化为西南等轴测。单击【绘图】→【建模】→【旋转】，将其以斜边为轴线旋转 65°。

3）将坐标轴移至合适位置。

以平截面圆锥体的上下两个面的中心点为对称轴，单击【修改】工具栏的【镜像】按钮，镜像 65°旋转体，然后将两个旋转体求并集，如图 7-21 所示。

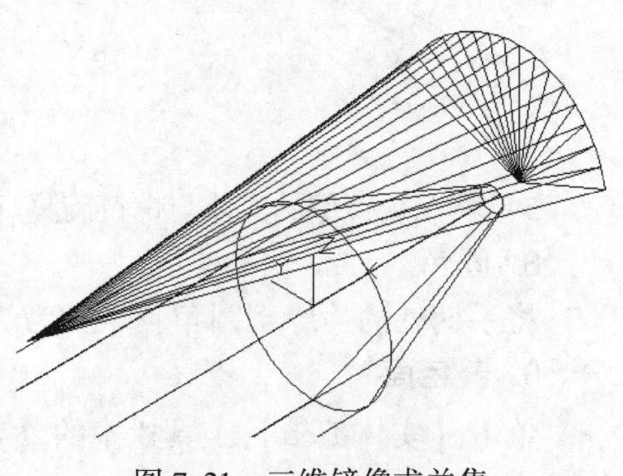
图 7-21　三维镜像求并集

命令行提示如下：

*命令：_mirror*　　　　（将65°旋转体镜像）
*选择对象：找到 1 个*　　　　（单击65°旋转体）
*选择对象：*　　　　（按<Enter>键）
*指定镜像线的第一点：*　　　　（单击平截面圆锥体顶面中心点）
*指定镜像线的第二点：*　　　　（单击平截面圆锥体底面中心点）
*要删除源对象吗？［是(Y)/否(N)］<N>：*
*命令:_union*　　　　（求两个65°旋转体的并集）
*选择对象:找到1个*　　　　（单击一个65°旋转体）
*选择对象:找到1个,总计2个*　　　　（单击另一个65°旋转体）
*选择对象：*　　　　（按<Enter>键）

4）三维阵列上述镜像的实体，如图7-22a所示。

命令行提示如下：

*命令：_3darray*
*选择对象：指定对角点：找到 0 个*
*选择对象：找到 1 个*　　　　（按<Enter>键）
*选择对象：*
*输入阵列类型［矩形(R)/环形(P)］<矩形>:P*
*输入阵列中的项目数目：4*
*指定要填充的角度（+=逆时针，-=顺时针）<360>：*　　　　（按<Enter>键）
*旋转阵列对象？［是(Y)/否(N)］<Y>：*　　　　（按<Enter>键）
*指定阵列的中心点：*　　　　（单击平截面圆锥体顶面圆心）
*指定旋转轴上的第二点：*　　　　（单击平截面圆锥体底面圆心）

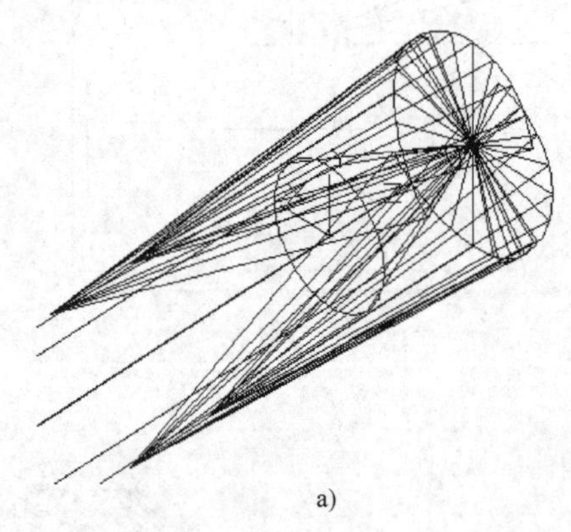
a)

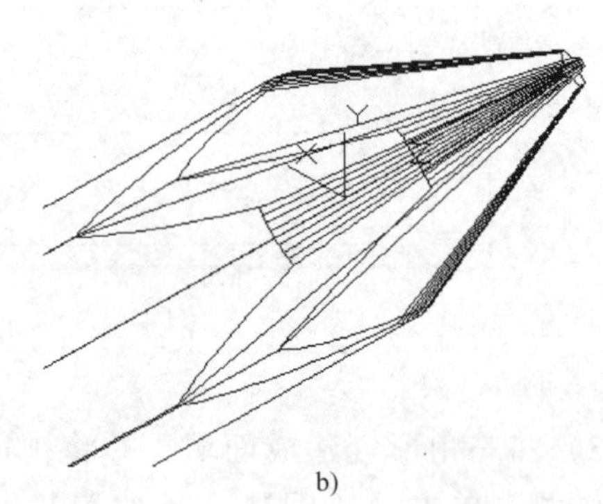
b)

图7-22　阵列与差集

5）将四个镜像的实体与螺钉旋具（长圆柱和平截面圆锥体）求差集，如图7-22b所示。

**8. 圆角**

将手柄处的边缘倒圆角，半径为2mm。

**9. 着色面**

单击【实体编辑】工具栏中的【着色面】按钮，选择不同的面和不同的颜色，对螺钉旋具进行着色面处理。选择【视图】→【视觉样式】→【着色】命令，即可看到效果，如图 7-23 所示。

命令行提示如下：

*命令：_solidedit*

*实体编辑自动检查： SOLIDCHECK=1*

*输入实体编辑选项［面(F)/边(E)/体(B)/放弃(U)/退出(X)］<退出>：_face*

*输入面编辑选项*

*［拉伸(E)/移动(M)/旋转(R)/偏移(O)/倾斜(T)/删除(D)/复制(C)/颜色(L)/材质(A)/放弃(U)/退出(X)］<退出>：_color*

*选择面或［放弃(U)/删除(R)］：找到一个面。*

*选择面或［放弃(U)/删除(R)/全部(ALL)］：* (按<Enter>键)

*输入面编辑选项*

*［拉伸(E)/移动(M)/旋转(R)/偏移(O)/倾斜(T)/删除(D)/复制(C)/颜色(L)/材质(A)/放弃(U)/退出(X)］<退出>：*

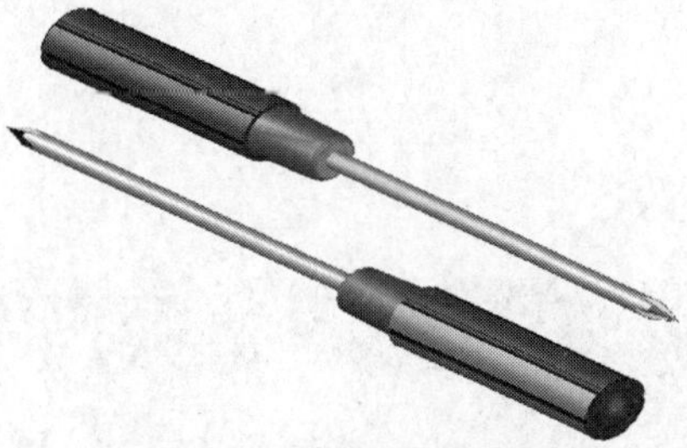

图 7-23　螺钉旋具着色

## 四、操作提示

1）在进行螺钉旋具凹槽绘制时，三维镜像要注意旋转面的选择，三维旋转要注意旋转轴的选择，否则，效果不能达到要求，并注意【旋转】与【三维旋转】是不同的两个命令。注意坐标轴的位置和方向。

2）在进行压印操作时，被压印的对象必须与选定对象的一个或多个面相交，压印仅限于圆弧、圆、直线、二维和三维多段线、椭圆、样条曲线、面域和三维实体。

## 五、结束任务

通过这次学习，检查自己是否掌握了本任务要求学习的内容，特别是螺钉旋具凹槽的绘制及着色面的应用。对自己的绘图学习进行评价，以便能很好地掌握所学的知识。

# 拓展提高

## 一、剖切截面

操作方法

命令行提示如下：

*命令行：SECTION*

*命令：SECTION*

*选择对象：找到 1 个*

*指定截面上的第一个点，依照［对象(O)/Z 轴(Z)/视图(V)/XY(XY)/YZ(YZ)/ZX(ZX)/三点(3)］<三点>：*

## 二、截面平面

操作方法

(1) 菜单栏　选择【绘图】→【建模】→【截面平面】命令。

(2) 命令行　SECTIONPLANE。

## 实战演练

根据本任务及以前学过的 AutoCAD 知识，绘制小木锤并着色，方法不限，尺寸自定，如图 7-24 所示。

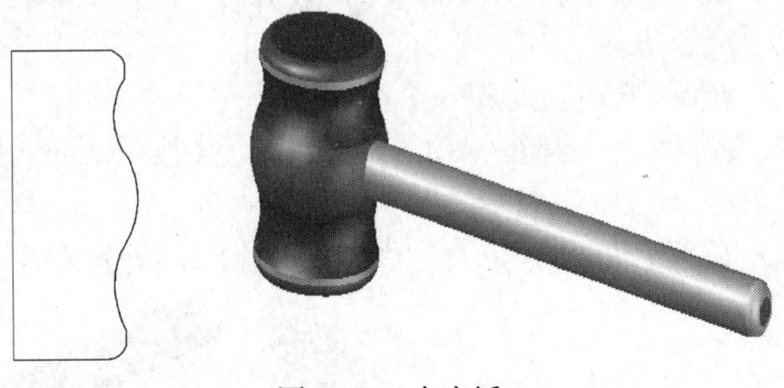

图 7-84　小木锤

# 任务四　手机外壳的绘制

## 学习目标

❖掌握运用长方体、矩形、拉伸、圆角、布尔运算等命令绘制手机外壳的方法。

❖掌握运用抽壳等命令来绘制三维实体。

## 任务描述

手机外壳是一种流行产品，随着手机的普及，给手机美容逐渐成了年轻人展示个性的一种方式。手机外壳的特点有：防滑、防振、防刮、防摔、耐磨。既可以增强手机使用寿命，也可以表现出一个人的个性。本任务就是运用 AutoCAD 的相关知识来设计富有时代感的手机外壳，如图 7-25 所示。

图 7-25　手机外壳

## 知识链接

### 一、抽壳

将三维实体转换为中空壳体，其抽壳距离会指定。

**1. 操作方法**

(1) 菜单栏　选择【修改】→【实体编辑】→【抽壳】命令。

(2) 工具栏　单击【实体编辑】工具栏中的【抽壳】按钮。

(3) 命令行　SOLIDEDIT。

2. 操作步骤

*命令：_solidedit*

*实体编辑自动检查：　SOLIDCHECK=1*

*输入实体编辑选项［面(F)/边(E)/体(B)/放弃(U)/退出(X)］<退出>：_body*

*输入体编辑选项*

*［压印(I)/分割实体(P)/抽壳(S)/清除(L)/检查(C)/放弃(U)/退出(X)］<退出>：_shell*

*选择三维实体：*

*删除面或［放弃(U)/添加(A)/全部(ALL)］：找到一个面，已删除 1 个*

*删除面或［放弃(U)/添加(A)/全部(ALL)］：*

*输入抽壳偏移距离：*

## 二、分割

将具有多个不连续部分的三维实体对象分割成独立的三维实体。

1. 操作方法

(1) 菜单栏　选择【修改】→【实体编辑】→【分割】命令。

(2) 工具栏　单击【实体编辑】工具栏中的【分割】按钮。

(3) 命令行　SOLIDEDIT。

2. 操作步骤

*命令：_solidedit*

*实体编辑自动检查：　SOLIDCHECK=1*

*输入实体编辑选项［面(F)/边(E)/体(B)/放弃(U)/退出(X)］<退出>：_body*

*输入体编辑选项*

*［压印(I)/分割实体(P)/抽壳(S)/清除(L)/检查(C)/放弃(U)/退出(X)］<退出>：_separate*

*选择三维实体：*

## 三、清除

删除三维实体上所有多余的边和顶点。

1. 操作方法

(1) 菜单栏　选择【修改】→【实体编辑】→【清除】命令。

(2) 工具栏　单击【实体编辑】工具栏中的【清除】按钮。

(3) 命令行　SOLIDEDIT。

2. 操作步骤

*命令：_solidedit*

*实体编辑自动检查：　SOLIDCHECK=1*

*输入实体编辑选项［面(F)/边(E)/体(B)/放弃(U)/退出(X)］<退出>：_body*

*输入体编辑选项*

*[压印(I)/分割实体(P)/抽壳(S)/清除(L)/检查(C)/放弃(U)/退出(X)] <退出>：_clean*

*选择三维实体：*

## 四、检查

检查三维实体中的几何数据。

**1. 操作方法**

（1）菜单栏　选择【修改】→【实体编辑】→【检查】命令。

（2）工具栏　单击【实体编辑】工具栏中的【检查】按钮。

（3）命令行　SOLIDEDIT。

## 任务实施

## 一、准备工作

1）上课前仔细阅读本任务的内容。

2）将建模工具栏和实体编辑工具栏调出。

3）复习长方体、矩形、圆角、拉伸、布尔运算等操作。

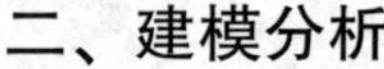

## 二、建模分析

手机外壳可以根据日常生活中看到的样式进行绘制，也可以发挥自己的想象力设计其他样式的手机外壳。绘图方法有很多，本任务通过长方体的抽壳、圆角等命令来进行实体建模。

## 三、操作步骤

**1. 绘制大圆角长方体**

1）在俯视图中绘制图7-26所示的矩形。第一个角点为（0，0），并根据尺寸绘制圆角矩形。

2）拉伸。将上述圆角矩形拉伸，高度为8mm。

3）选择【视图】→【三维视图】→【西南等轴测】命令。

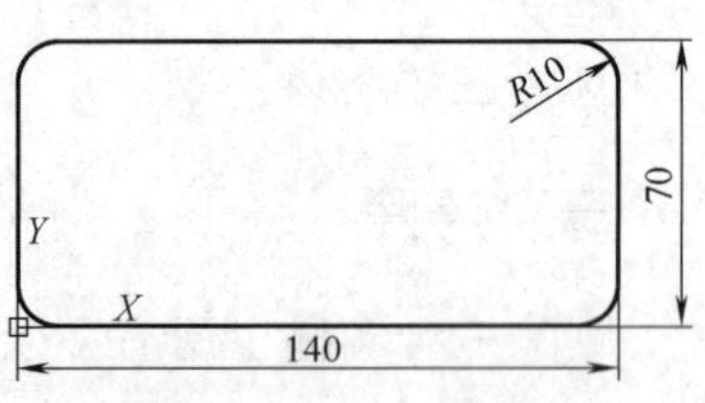

图7-26　圆角矩形

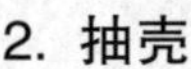

**2. 抽壳**

单击【实体编辑】工具栏中的【抽壳】按钮，命令行提示如下：

*命令：_solidedit*

*实体编辑自动检查：　SOLIDCHECK=1*

*输入实体编辑选项[面(F)/边(E)/体(B)/放弃(U)/退出(X)] <退出>：_body*

*输入体编辑选项*

*[压印(I)/分割实体(P)/抽壳(S)/清除(L)/检查(C)/放弃(U)/退出(X)] <退出>：_*

*shell*

*选择三维实体： 单击上述的圆角长方体。*

*删除面或［放弃(U)/添加(A)/全部(ALL)］：找到一个面，已删除 1 个* （单击顶面）

*删除面或［放弃(U)/添加(A)/全部(ALL)］：* （按<Enter>键）

*输入抽壳偏移距离：1* （按<Enter>键）

**3. 圆角**

单击【修改】工具栏的【圆角】按钮，对抽壳后的实体进行倒圆角，对上、下外边倒圆角半径为3mm，命令行提示如下：

*命令：_fillet*

*当前设置：模式 = 修剪，半径 = 0.0000*

*选择第一个对象或［放弃(U)/多段线(P)/半径(R)/修剪(T)/多个(M)］：R*

*指定圆角半径 <0.0000>：3*

*选择第一个对象或［放弃(U)/多段线(P)/半径(R)/修剪(T)/多个(M)］：*

（单击底面一条边或顶面外边）

*输入圆角半径或［表达式(E)］<3.0000>：* （按<Enter>键）

*选择边或［链(C)/环(L)/半径(R)］：C*

*选择边链或［边(E)/半径(R)］：* （单击其他三个边）

**4. 绘制小圆角长方体**

1）将视图转换为左视图，绘制图 7-27 所示的图形。

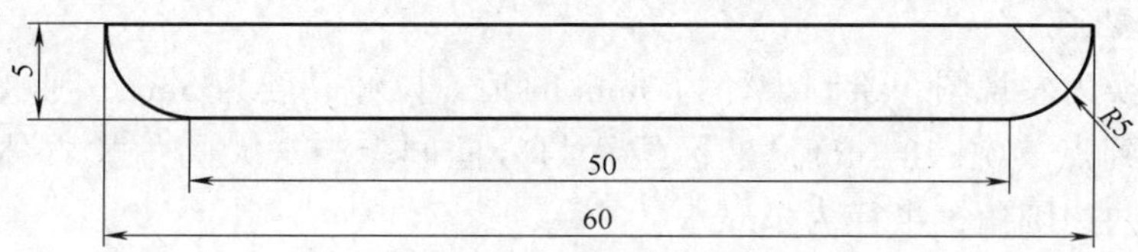


图 7-27 圆角矩形

2）拉伸。将上述图形创建成面域并拉伸，高度为 140mm。

3）将视图转换为俯视图再转换为西南等轴测。单击【修改】工具栏的【移动】按钮，以小圆角长方体的最边上的中点为基点，移动到（0，35，8），如图 7-28 所示，并注意坐标的位置与方向。

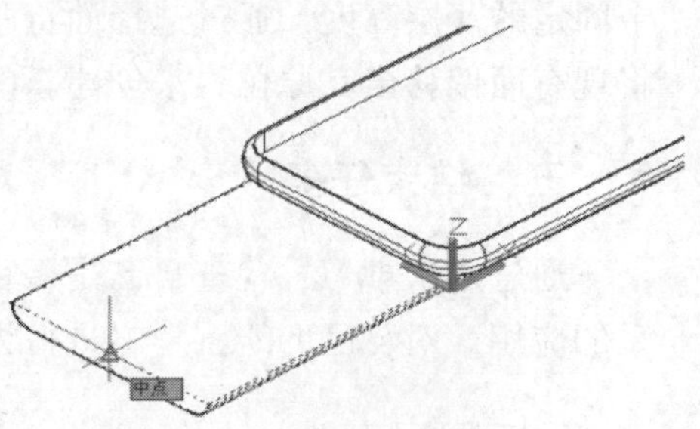


图 7-28 移动基点

4）求大圆角长方体和小圆角长方体的差集。

**5. 绘制小孔**

1）将视图转换为俯视图。绘制大圆柱，圆心为（120，35，0），半径为 5mm，高为 3mm，绘制小圆柱，圆心为（120，52，0），半径为 2.5mm，高为 3mm。求手机外壳与大、小两个圆柱的差集。

2）绘制图 7-29 所示的槽孔图形，将其面域后拉伸，高度为 3mm。

3）将视图转换为西南等轴测，单击【修改】工具栏的【移动】按钮，捕捉上述实体以底面中点为基点，将其移动到（120，18，0），求大圆角长方体与槽孔实体的差集。

6. 绘制按键孔

1）将视图转换为后视图，绘制图7-30所示的按键孔图形。

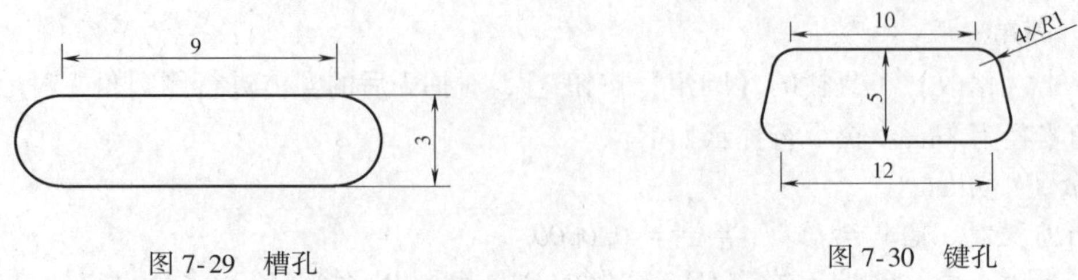


图7-29　槽孔

图7-30　键孔

2）将上述按键孔图形面域后，拉伸高度为5mm。

3）将视图转换为俯视图后再转换为西南等轴测，坐标轴的位置和方向同图7-28所示。单击【修改】工具栏的【移动】按钮，捕捉键孔底面的中点，将其移动到（20，2，2），再复制一个键孔，同样以底面中点为基点将其移动到（100，2，2），求大圆角长方体与两个键孔体的差集。

4）同理绘制上述图形，将图7-30所示的尺寸10mm和12mm改为20mm和24mm。将其面域后拉伸，高度为5mm，并将其移动到（42，2，2）点上。求大圆角长方体与该实体的差集。

7. 绘制耳机孔

将视图转换为左视图，绘制半径为3mm的圆，拉伸高度为5mm，捕捉圆柱底面的中心点，将其移动到点（0，18，5），坐标位置与方向同上。求大圆角长方体与耳机孔体的差集。将耳机孔内边圆角，半径为1mm。

## 四、操作提示

1）在操作过程中，在西南等轴测中，以长方体的角点为原点来计算坐标，原点不同，坐标也不同，用户在操作时注意根据坐标系位置来计算坐标。

2）抽壳命令可以用指定的厚度从三维实体中创建一个空的薄层，可以为所有面指定一个固定的薄层高度，通过选择面将所有面排除在壳外，且一个三维实体只能有一个壳。通过将现有面偏移出其原位置来创建新的面。

## 五、结束任务

通过这次学习，检查自己是否掌握了本任务要求学习的内容，特别是抽壳的操作及坐标系的应用。对自己的绘图学习进行评价，以便能很好地掌握所学的知识。

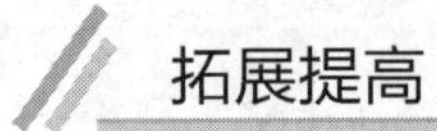

## 拓展提高

AutoCAD所绘制的图形，需要打印在图纸上用于指导生产，或者将图形打印形成拷贝进行相互交流。用户可以使用模型空间和图纸空间来对图形文件进行输入与打印设置。

## 一、模型空间

模型空间是完成绘图和设计工作的工作空间。在模型空间中建立的模型可以完成二维或三维物体的造型，并且可以根据需要，用多个二维或三维视图来表示物体，同时有尺寸标注和注释等，以完成所需要的绘图工作。用户可以创建多个不重叠的视口，以展示图形的不同视图。模型空间中的每一个视口都可以分别定义坐标。不论改变哪一个视口中的对象，其他视口中的对象也会相应地改变，也就是说，不同视口中的对象其实是同一个对象，改变的只是不同的观察方向。

## 二、图纸空间（布局空间）

图纸空间用于图形排列、绘制局部放大图及绘制视图。通过移动或改变视口的尺寸，可以在图纸空间中排列视图。用户可以将图纸空间看作一张绘图纸，通常模型空间中绘制好图形以后，将图形以一定的比例放置在图纸空间中，在图纸空间中不能进行绘图，但可以标注尺寸和文字。在图纸空间中，视口被作为对象来看待并且可用标准编辑命令对其进行编辑。在同一绘图页中可以进行不同视图的放置和绘制，而在模型空间中，只能在当前活动的视口中绘制。每个视口都能展现出模型不同部分的视图或不同视点的视图。在此视图中，每个视口中的视图都可以独立编辑，绘制成不同的比例，冻结和解冻特定的图层，给出不同标注或注释。

## 三、模型空间与图纸空间的切换

### 1. 标签按钮

单击绘图区左下角的【模型】或【布局】标签，可以进行二者的转换。【模型】标签对应的是【模型空间】,【布局】标签对应的是【图纸空间】。

### 2. 命令行

在命令行中输入 TILEMODE 命令，当其值设为 1 时，切换到【模型】标签，即模型空间；当其值设为 0 时，切换到【布局】标签，即图纸空间。

## 四、坐标系图标

模型空间和图纸空间中坐标系的图标显示是不同的，模型空间中的坐标系图标是两个相互垂直的箭头，而在图纸空间中，是一个三角形。

## 实战演练

设置合适的模型空间范围为 30mm×40mm，利用长方体、圆柱体、抽壳、倒角、圆角、布尔运算等命令绘制图 7-31 所示的三维箱体。长方体的长 20mm、宽 24mm、高 10mm；倒角距离为 0.5mm；圆角半径为 3mm，圆柱体底面半径为 1mm，抽壳距离为 0.2mm（画出图形即可，可不

图 7-31　箱体

用渲染）。

# 任务五 扳手的绘制

## 学习目标

❖掌握运用多边形、多段线、拉伸、布尔运算等命令绘制扳手的方法。

❖掌握运用布局空间来设置投影视图的方法。

❖掌握运用布局空间来设置全剖、半剖等视图的方法。

## 任务描述

扳手是一种常用的安装与拆卸工具。它是利用杠杆原理拧转螺栓、螺钉、螺母、螺栓或螺母的开口或套孔固件的手工工具。本任务是利用 AutoCAD 中多边形、拉伸等命令绘制简单的内八角扳手，并利用布局对其进行投影设置，如图 7-32 所示。

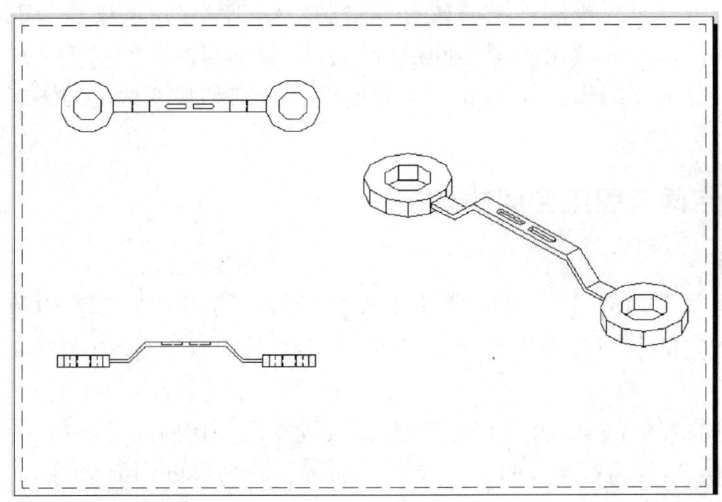

图 7-32 扳手视图

## 知识链接

### 一、创建布局

#### 1. 使用样板创建布局

（1）菜单栏 选择【插入】→【布局】→【来自样板的布局】命令。

（2）状态栏 右击状态栏的【快速查看布局】按钮，在快捷菜单中选择【来自样板】命令，或者单击【布局】选项卡→【布局】面板→【新建】→【从样板】按钮。

#### 2. 使用向导创建布局

在菜单栏中选择【插入】→【布局】→【创建布局向导】命令，或者选择【工具】→【向导】→【创建布局】命令。

执行上述命令并在向导中选择【标准三维工程视图】，可生成三视图。

## 二、投影视图

### 1. 从立体图转化为工程图

（1）基本操作　选择【布局】选项卡→【创建视图】面板→【基点】中的【从模型空间】命令，可创建来自模型空间的基础视图。命令行提示如下：

*命令：_VIEWBASE*

*指定模型源［模型空间(M)/文件(F)］<模型空间>：_M*

*选择对象或［整个模型(E)］<整个模型>：找到 1 个*　　　　（选择模型空间的立体图）

*选择对象或［整个模型(E)］<整个模型>：*　　　　（按<Enter>键）

*输入要置为当前的新的或现有布局名称或［?］<布局 1>：*　　　　（按<Enter>键）

*正在重生成布局。*

*类型 = 基础和投影　隐藏线 = 可见线和隐藏线(I)　比例 = 1∶10*

*指定基础视图的位置或［类型(T)/选择(E)/方向(O)/隐藏线(H)/比例(S)/可见性(V)］<类型>：*　　（光标在前视的位置上单击，按<Enter>键后再在其他视图位置上单击即可）

*选择选项［选择(E)/方向(O)/隐藏线(H)/比例(S)/可见性(V)/移动(M)/退出(X)］<退出>：*

*指定投影视图的位置或 <退出>：*

执行上述操作后，可以生成长对正、高平齐、宽相等的基础视图，如图 7-33 所示。若在轴测图中有虚线，可以双击轴测图，单击【外观】面板的【隐藏线】按钮，选择【可见线】命令即可。其他视图的改变方法类似。

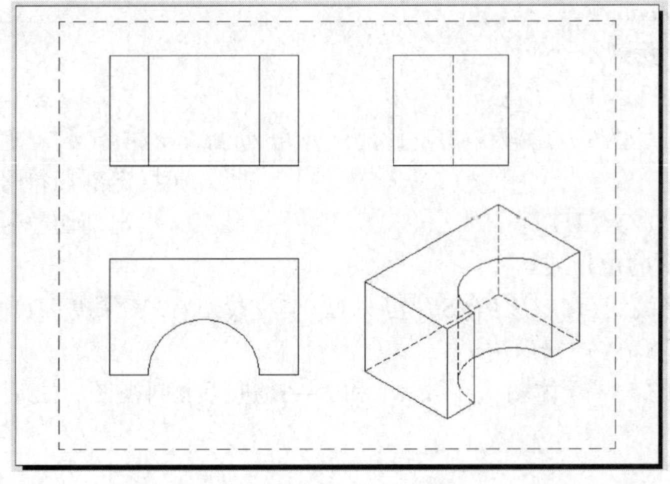

图 7-33　创建基础视图

（2）转换基础视图　在创建基础视图过程中，会出现【工程视图创建】选项卡，单击【方向】面板中的相应视图按钮即可改变基础视图的显示方式，如图 7-34 所示。

（3）基础视图的位置　如果移动前视图，其他两个视图也跟着改变位置，且一直保持长对正、高平齐、宽相等。如果在特殊情况下不想保持以上对正方式，则按<Shift>键再移动相应的视图，再次按<Shift>键又会再次对齐。

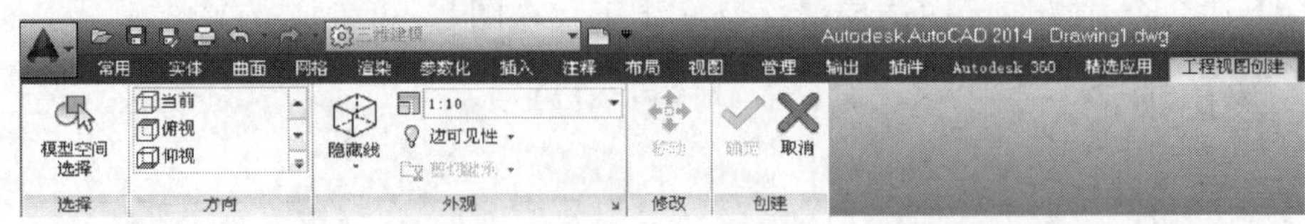


图 7-34　方向面板

（4）图层　在图层特性管理器中可看到自动生成的图层。在图层中可以修改线型、线宽、颜色等，但不能生成中心线，用户如果需要可以在布局空间中自己绘制来添加中心线或轴线。

**2. 从布局空间转化为模型空间**

单击文件菜单将布局输出到模型命令，保存文件，之后，直接打开对象即可。

## 三、剖视图的种类

按剖切范围的大小，剖视图可分为全剖视图、半剖视图和局部剖视图。

**1. 全剖视图**

用剖切面完全地剖开机件所得的剖视图称为全剖视图。全剖视图一般适用于外形比较简单，内部结构比较复杂的机件。操作方法如下：

1）将模型空间中的立体图，转换为布局空间中相应的基础视图。

2）单击【布局】选项卡→【创建视图】面板→【截面】下拉按钮→【全剖】按钮。

执行上述操作可以从工程视图生成全截面视图，命令行提示如下：

*命令：_viewsection*

*选择俯视图：找到 1 个*

*隐藏线 = 可见线(V) 比例 = 1：10*　　　　（来自俯视图）

*指定起点或［类型(T)/隐藏线(H)/比例(S)/可见性(V)/注释(A)/图案填充(C)］<类型>：*

*指定起点：*　　　　（指定剖切符号的起点）

*指定端点或［放弃(U)］：*　　　　（指定剖切符号的端点）

*指定截面视图的位置或：*

*选择选项［隐藏线(H)/比例(S)/可见性(V)/投影(P)/深度(D)/注释(A)/图案填充(C)/移动(M)/退出(X)］<退出>：*

对图 7-35 中的 F33 立体图，在 *A—A* 和 *B—B* 进行全剖视图，之后成功创建截面视图，如图 7-35 所示。

**2. 半剖视图**

当机件具有对称平面时，在垂直于对称平面的投影面上投射所得的图形，可以以对称中心线为界，一半画成剖视，另一半画成视图，这种图形称为半剖视图。半剖视图既表达机件内部结构，又保留外部形状，常用来表达内外形状都要兼顾的对称机件。操作方法如下：

1）将模型空间中的立体图，转换为布局空间中相应的基础视图。

2）单击【布局】选项卡→【创建视图】面板→【截面】下拉按钮→【半剖】按

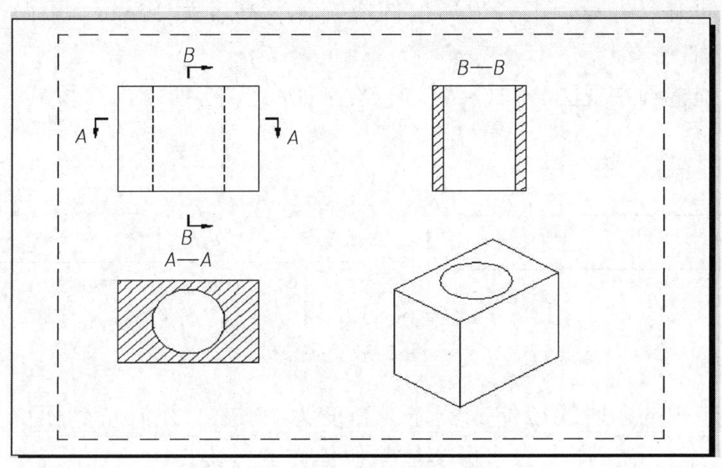

图 7-35 全剖视图

钮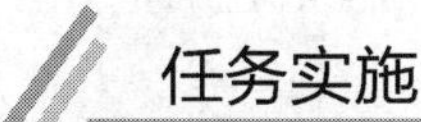。

执行上述操作可以从工程视图生成半截面视图。操作步骤与全剖视图类似，故命令行提示过程略。

## 任务实施

### 一、准备工作

1）上课前仔细阅读本任务的内容。

2）将建模工具栏和实体编辑工具栏调出。

3）复习正多边形、拉伸、布尔运算等操作。

### 二、建模分析

本任务会用到前面所讲述的视图的调整方法和三维镜像等操作。另外，本任务中所包含的正十二棱柱和正八棱柱及中间连接的不规则形状由拉伸命令来完成，实体完成后再以基础视图显示。

### 三、操作步骤

1）在俯视图中分别绘制一个正十二边形和正八边形，边长均为 10mm，如图 7-36a 所示。再利用对象捕捉追踪把两个正多边形中心点重合，最后结果如图 7-36b 所示。

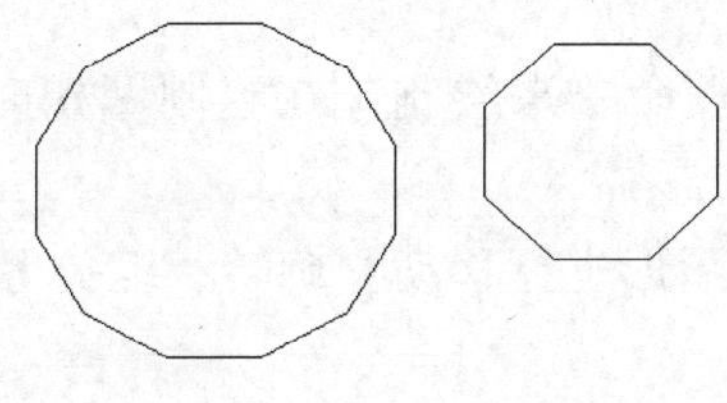

a)　　b)

图 7-36 正多边形

2）利用拉伸命令将两个正多边形拉伸成实体，高度为10mm，求两个拉伸实体的差集并调整到西南等轴测图上。

3）把视图调整到左视图，总高为15，绘制如图7-37所示的多段线。

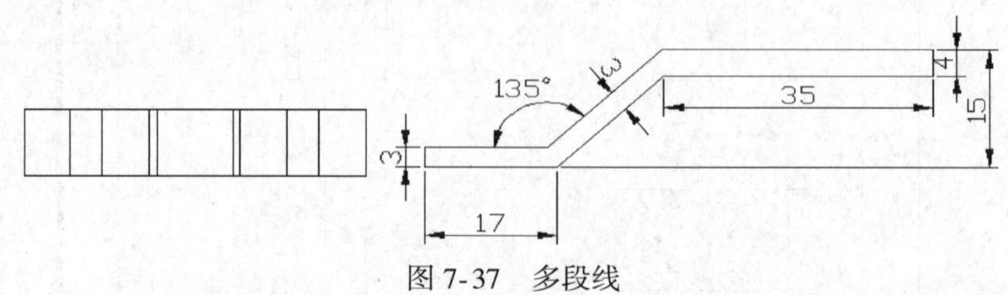


图7-37　多段线

4）把第3步中的多段线拉伸成实体，高度为10mm，并调整到西南等轴测视图，再利用移动命令将图形对齐，求十二边形实体与拉伸体的并集。

5）新建用户坐标系，利用三点调整坐标系，将*XOY*面放在顶面上，在*XY*平面绘制多段线，起点为（3，3，0），按逆时针方向画图，并调整位置，再将其拉伸成凹槽实体，拉伸高度为-2mm，如图7-38a所示。

6）求并集后的拉伸体与凹槽体的差集，最后求镜像后所有实体的并集。采用三维镜像命令将上述所有实体镜像到另一边，最后求镜像后所有实体的并集，如图7-38b所示。

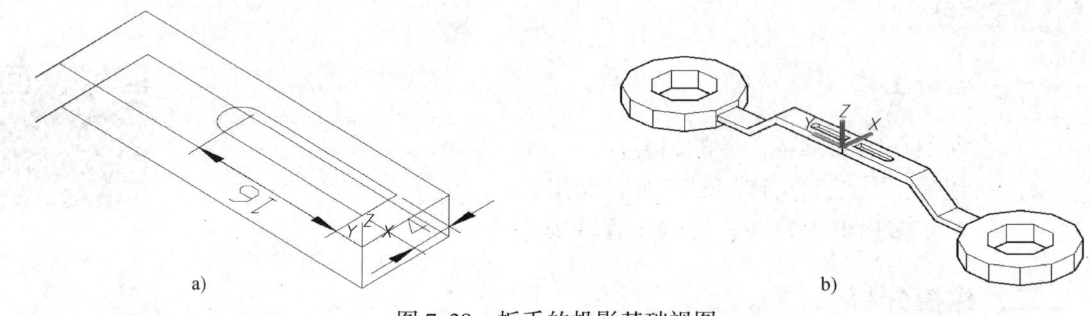


图7-38　扳手的投影基础视图

7）投影视图。在三维建模空间中，单击【布局】选项卡→【创建视图】面板，之后单击【基点】按钮中的【从模型空间】，然后，分别单击相应的视图位置，即可创建来自模型空间的基础视图。将前视图删除，留下左视图和俯视图，调整缩放比例为0.5，并将其旋转90°，轴测图缩放比例为0.8。双击相应的视图后，单击【隐藏线】命令中的【可见线】按钮，将看不见的线隐藏，并用移动命令，将其移动到合适的位置。

## 四、操作提示

1）在操作过程中，绘制多边形时要用边（E）命令来绘制。在绘制凹槽时要转换坐标系的位置并将其创建成面域。

2）在基础视图创建过程中，可以对各视图的图形进行移动、旋转、缩放等操作。

## 五、结束任务

通过这次学习，检查自己是否掌握了本任务要求学习的内容，特别是投影的基础视图操作及坐标系的应用。对自己的绘图学习进行评价，以便能很好地掌握所学的知识。

## 拓展提高

### 一、阶梯剖视图

用两个或两个以上互相平行的剖切平面完全地剖开机件所得的剖视图，称为阶梯剖视。当机件外形简单时，其上有较多的内部结构，且它们的轴线不在同一平面内，这时，可用阶梯剖的全剖视图。操作方法如下：

1）将模型空间中的立体图，转换为布局空间中相应的基础视图。

2）单击【布局】选项卡→【创建视图】面板→【截面】下拉按钮→【偏移】按钮 偏移。

执行上述操作可以从工程视图生成偏移截面视图。

### 二、旋转剖视图

当用一个剖切平面不能通过机件的各内部结构，而机件在整体上又具有回转轴时，可用两个相交的剖切平面剖开机件，然后，将剖面的倾斜部分旋转到与基本投影面平行，然后进行投影，这样得到的视图称为旋转剖视图。

1）将模型空间中的立体图，转换为布局空间中相应的基础视图。

2）单击【布局】选项卡→【创建视图】面板→【截面】下拉按钮→【对齐】按钮 对齐。

执行上述操作可以从工程视图生成对齐的截面视图。

## 实战演练

设置合适的绘图环境，按尺寸绘制图 7-39 所示的泵盖立体图，并在布局 1 中进行投影

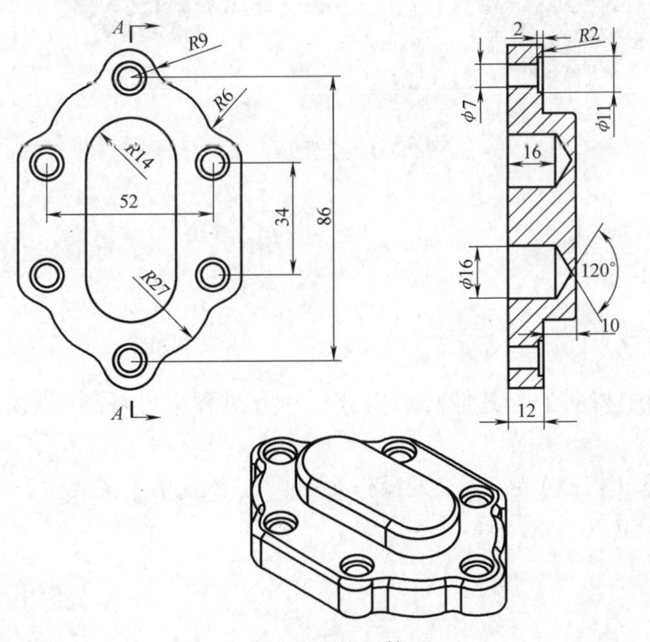

图 7-39　泵盖立体图

基础视图的设置，并进行左视图全剖视图的设置。

## 任务六　千斤顶的绘制

### 学习目标

❖掌握运用直线、旋转、移动、复制、剖切、旋转面和布尔运算等命令绘制千斤顶的方法。

❖掌握装配图的绘制，以提高识图能力和绘图能力。

❖掌握组合装配图的方法。

### 任务描述

千斤顶是一种用刚性顶举件作为工作装置，通过顶部托座或底部托爪在行程内顶升重物的轻小起重设备。千斤顶主要使用在厂矿、交通运输等部门，用于车辆修理及其他起重、支撑等工作。其结构轻巧坚固、灵活可靠，一人即可携带和操作。本任务是根据所学的 Auto CAD 基本知识及建模技巧绘制千斤顶实体装配图，如图 7-40 所示。

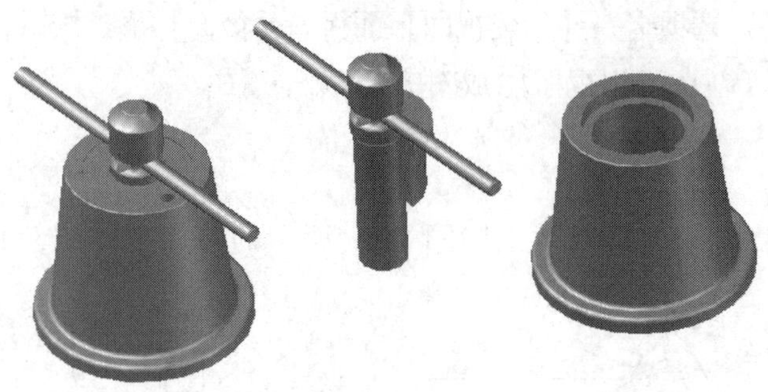

图 7-40　千斤顶

### 知识链接

#### 一、三维对齐命令

在二维或三维空间中将对象与其他对象对齐，对齐过程中可复制原图形。

**1. 操作方法**

（1）菜单栏　选择【修改】→【三维操作】→【三维对齐】命令。

（2）命令行　3DALIGN。

**2. 操作步骤**

*命令:3DALIGN*

*选择对象：找到 1 个*

*选择对象：*

*指定源平面和方向 . . .*

*指定基点或［复制(C)］：*

*指定第二个点或［继续(C)］<C>：*

*指定第三个点或［继续(C)］<C>：*

*指定目标平面和方向 . . .*

*指定第一个目标点：*

*指定第二个目标点或［退出(X)］<X>：*

*指定第三个目标点或［退出(X)］<X>：*

**3. 选项说明**

1）复制（C）：对齐后复制原对象。

2）继续（C）：继续下面操作。

3）退出（X）：退出命令。

## 二、面域命令

**1. 操作方法**

（1）菜单栏　选择【绘图】→【面域】命令。

（2）工具栏　单击【绘图】工具栏中的【面域】按钮。

（3）命令行　REGION。

**2. 操作步骤**

*命令：_region*

*选择对象：指定对角点：找到 4 个*

*选择对象：*

*已提取 1 个环。*

*已创建 1 个面域。*

## 任务实施

## 一、准备工作

1）上课前仔细阅读本任务的内容。

2）将建模工具栏和实体编辑工具栏调出。

3）复习圆柱体的绘制、旋转、拉伸、布尔运算等操作。

## 二、建模分析

本任务中包含圆柱的绘制，拉伸、旋转等操作。掌握识读截面图形成的二维图形，根据二维图形旋转成三维实体。掌握读识零件图的方法，根据零件图来计算尺寸，利用合适的尺寸绘制千斤顶的零件图，再将其组合成装配图。

## 三、操作步骤

### 1. 底座的绘制

将视图转化为前视图。

1）绘制轮廓线。根据图 7-41 所示的尺寸，用直线绘制图 7-42 所示的底座截面二维轮廓图形。

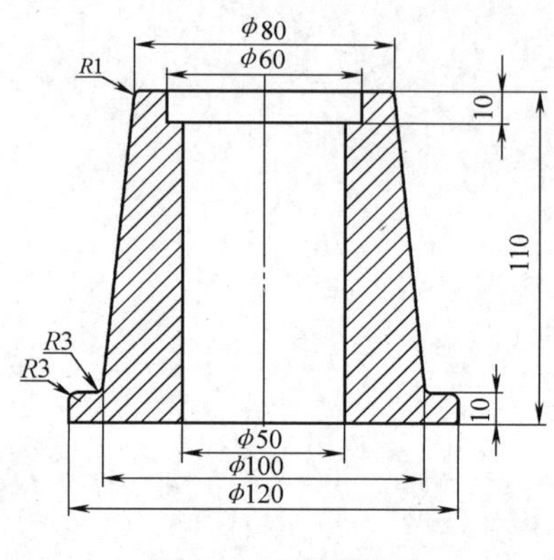


图 7-41 底座尺寸

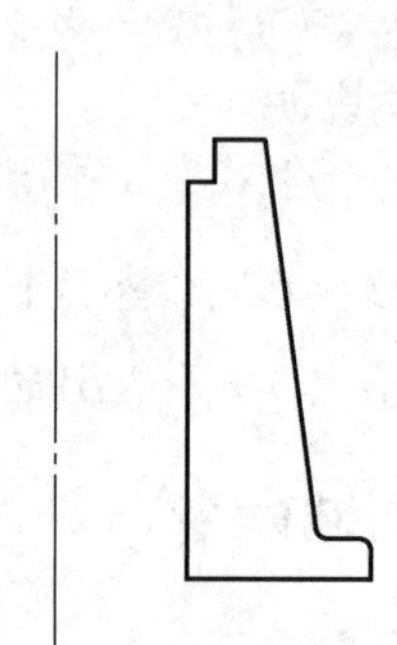

图 7-42 底座二维截面图形

2）旋转。将二维截面图形创建成面域，然后单击【建模】工具栏的【旋转】按钮，将二维截面图形绕旋转轴旋转 360°。

### 2. 螺套的绘制

1）绘制轮廓线。根据图 7-43 所示的尺寸，用直线绘制图 7-44 所示的螺套二维截面轮廓线。

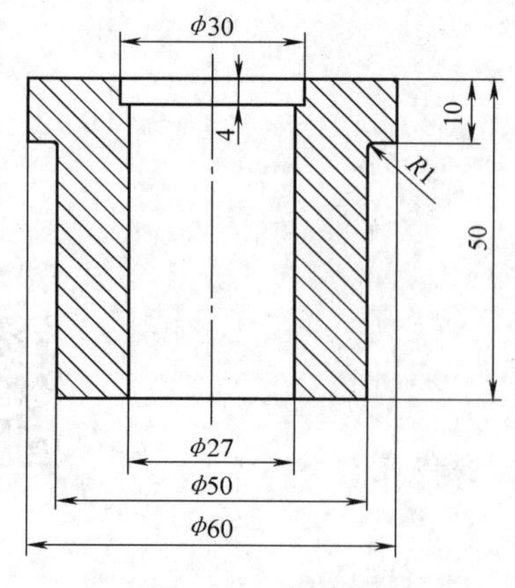


图 7-43 螺套尺寸

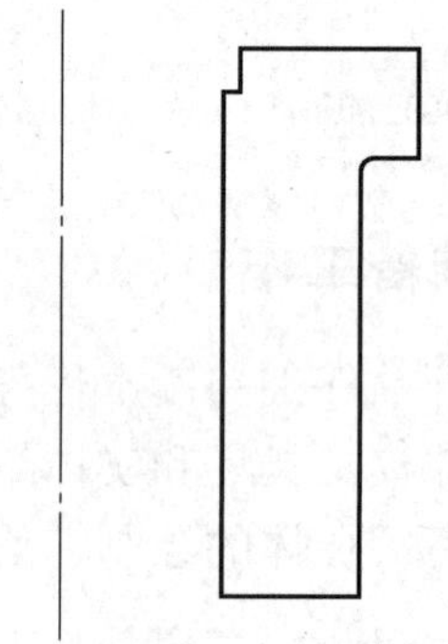

图 7-44 螺套二维截面轮廓线

2）旋转。将螺套二维截面图形创建成面域，然后单击【建模】工具栏的【旋转】按钮，将二维截面图形绕旋转轴旋转 360°。

### 3. 绘制螺杆

1）绘制轮廓线。根据图 7-45 所示的尺寸用直线绘制图螺杆二维截面轮廓线。

2）旋转。将螺套二维截面图形创建成面域，然后单击【建模】工具栏的【旋转】按钮，将二维截面图形绕旋转轴旋转 360°。

### 4. 绘制绞杆

在前视图中单击任意点，并以此点为圆心，绘制半径为 5mm，高为 190mm 的圆柱体。

### 5. 移动

将视图转换为西南等轴测，将 UCS 坐标原点移到底座的底面圆心上，单击【修改】工具栏的【移动】按钮。捕捉螺套的顶面圆心点为基点将其移动到底座顶面圆心点上；同理，捕捉螺杆底面圆心为基点将其移动到原点上，如图 7-46 所示。

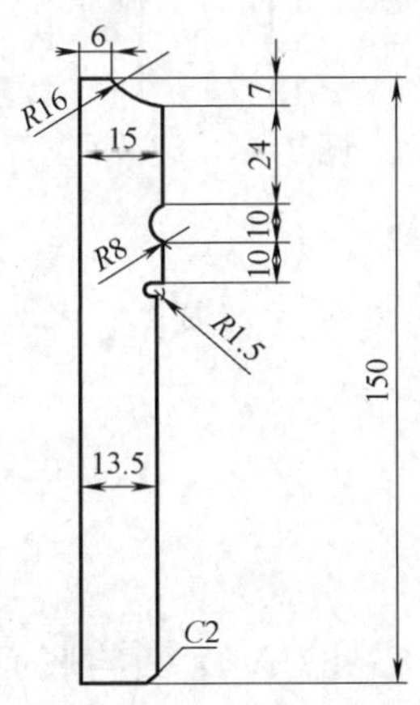


图 7-45　螺杆尺寸

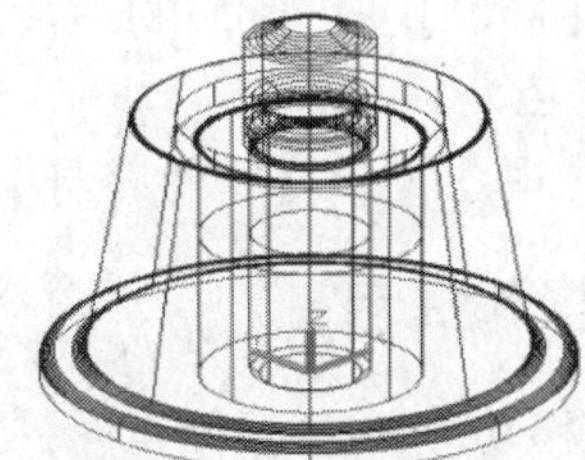

图 7-46　移动螺套和螺杆

### 6. 移动

1）同理，捕捉圆柱的底面圆心为基点，将其移动至原点。

2）单击【修改】工具栏的【移动】按钮，捕捉螺杆上的点（0，0，104）为基点，移动到（0，0，110）。同理，捕捉圆柱上的点（0，95，0）为基点，移动到（0，0，120）。

### 7. 复制

1）将圆柱铰杆原位复制并将一个以（0，0，120）为基点旋转 90°，求螺杆与圆柱铰杆的差集。同理再绘制一个圆柱铰杆放在螺杆孔中即可。

2）将底座、螺套、螺杆各复制一个。

### 8. 剖切

选择【修改】→【三维操作】→【剖切】命令，命令行提示如下：

*命令：_slice*

*选择要剖切的对象：找到 1 个*　　　　（选中螺套）

*选择要剖切的对象：*

*指定切面的起点或［平面对象(O)/曲面(S)/Z 轴(Z)/视图(V)/XY(XY)/YZ(YZ)/ZX(ZX)/三点(3)］<三点>：YZ*

*指定 YZ 平面上的点 <0,0,0>：*　　　　（单击螺套上平行于 YZ 平面上一点）

*在所需的侧面上指定点或［保留两个侧面（B）］<保留两个侧面>：*

9. 旋转面

单击【实体编辑】工具栏的【旋转面】按钮，将图7-47所示螺套左边平面以中心轴为轴旋转30°，然后，将图7-48所示右边平面以螺套最外边棱边为轴旋转10°即可。

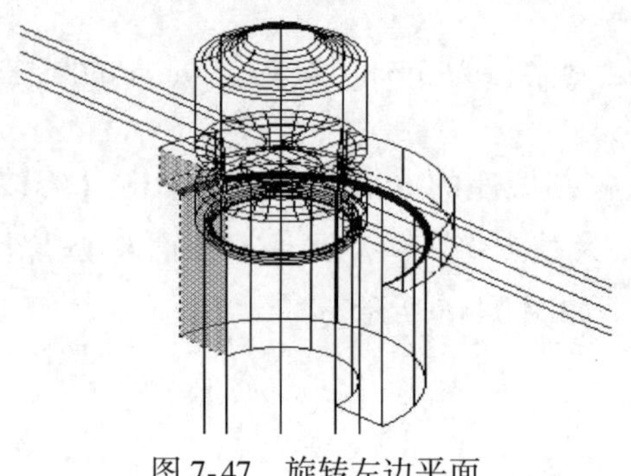

图7-47　旋转左边平面

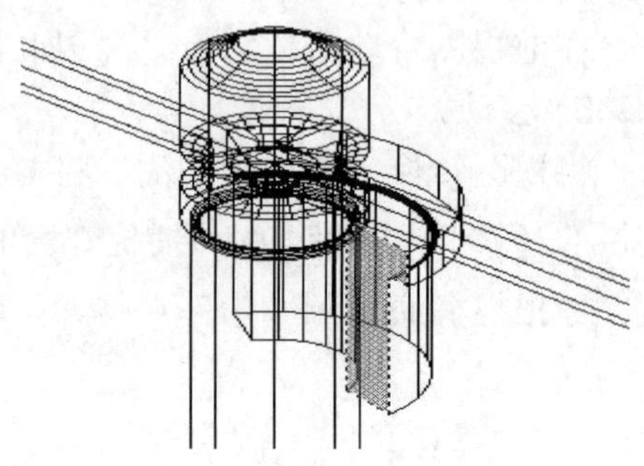

图7-48　旋转右边平面

10. 圆角

选择【修改】→【圆角】命令，将圆柱铰杆、螺杆等部位进行圆角，半径为1mm。

11. 着色

选择【视图】→【视觉视样】→【着色】命令。

## 四、操作提示

1）在移动UCS坐标原点时，也可以移到底座顶面圆心处，*XOY*面与底面或顶面平行，这时基点和移动点的坐标将有所不同。

2）绘制铰杆时，因在不同视图中绘制会方向不同，因此，基点也会坐标不同。

3）装配图形时可以采用移动命令，也可采用对齐命令或三维对齐命令完成。

## 五、结束任务

检查自己是否掌握了本任务要求学习的内容，特别是装配图的识图与绘制。对自己的绘图学习进行评价，以便能很好地掌握所学的知识。

# 拓展提高

## 一、创建相机

选择【视图】→【创建相机】命令，命令行提示如下：

*命令：_camera*

*当前相机设置：高度=0 焦距=50mm*

*指定相机位置：*

*指定目标位置：*

*输入选项［？/名称(N)/位置(LO)/高度(H)/坐标(T)/镜头(LE)/剪裁(C)/视图(V)/退出(X)］<退出>：*

## 二、运动路径动画

单击【视图】→【运动路径动画】，打开【运动路径动画】对话框，在对话框中先设置相机链接点或路径，再设置目标链接点或路径，还可设置动画的帧频、帧数、持续视觉、分辨率、动画输出格式等。路径可以自己绘制如直线，圆等。当设置完动画选项后，单击【预览】按钮，将打开【动画预览】窗口，可以预览动画播放效果。

## 实战演练

绘制图 7-49 所示的喷头装配图，尺寸自定。

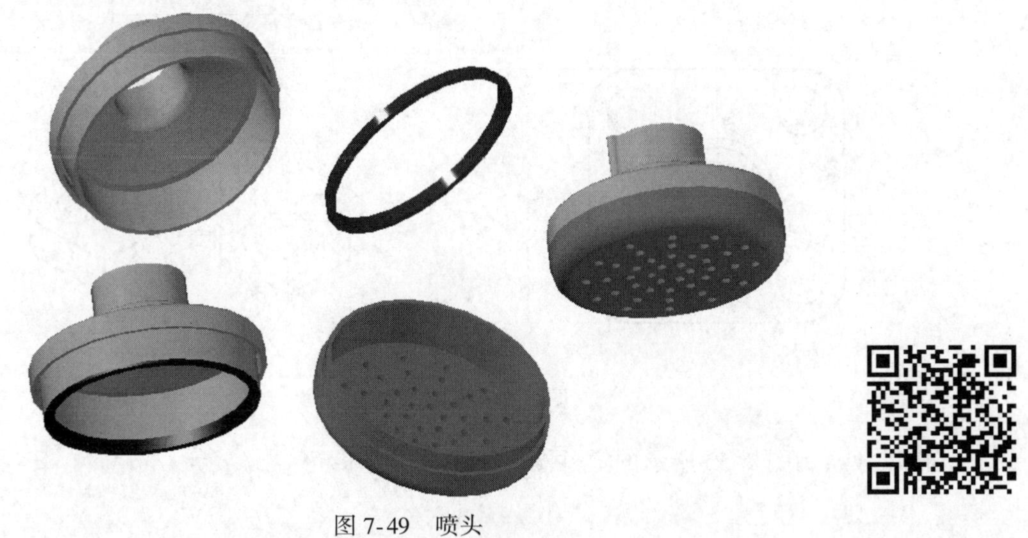

图 7-49　喷头

## 综合训练七

1. 建立合适的图形空间，绘制如图 7-50 所示的桌子，尺寸自定，并在四个视口中显示图形俯视、前视、左视和西南等轴测。

图 7-50　综合训练 1

2. 绘制如图 7-51 所示的零件阀盖，并在布局中进行半剖视图的设置。

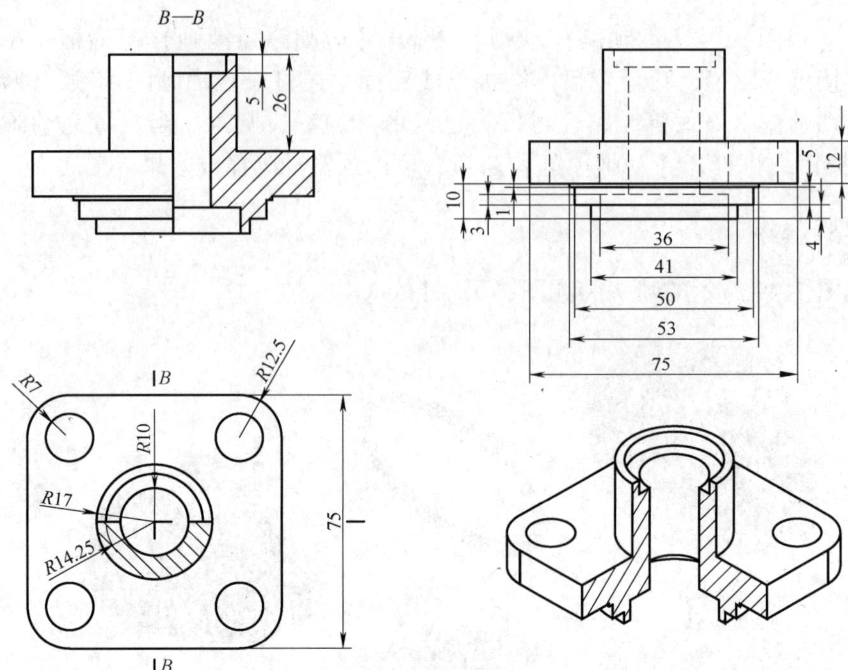


图 7-51　综合训练 2

3. 按尺寸绘制图 7-52 所示的零件图，画出立体图即可。

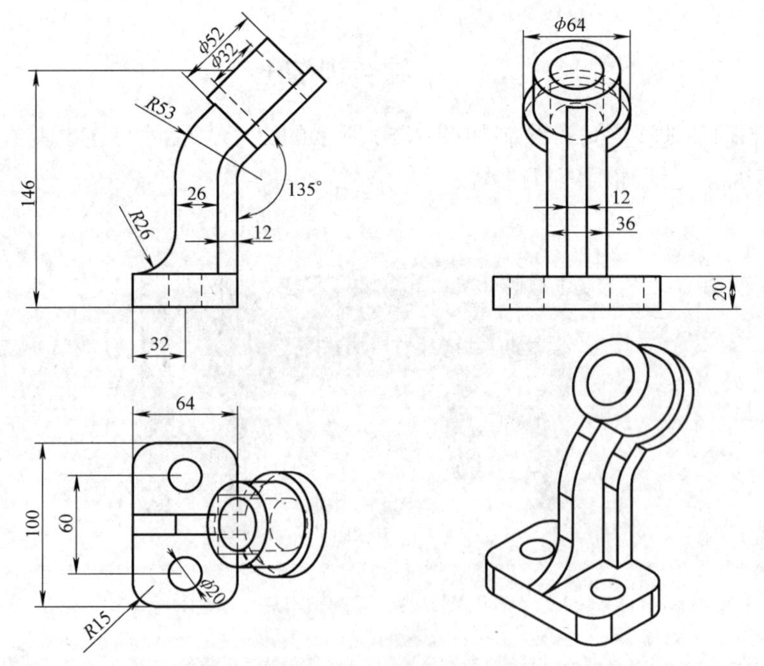


图 7-52　综合训练 3

4. 绘制图 7-53 所示的两个弯管，尺寸自定。

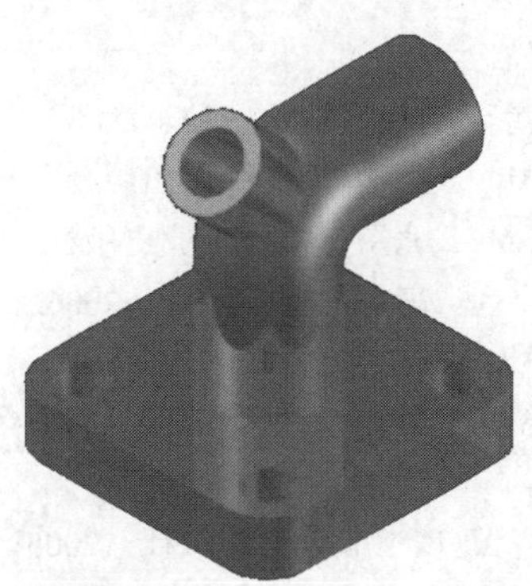

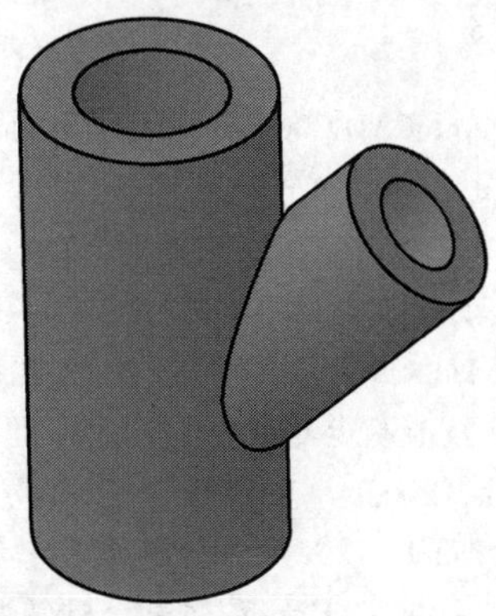

图 7-53　综合训练 4

# 参 考 文 献


[1] 周建国 . AutoCAD 2008 机械设计实例精讲［M］. 北京：人民邮电出版社，2008.

[2] 李杰 . AutoCAD 2007 机械绘图实战从入门到精通［M］. 北京：人民邮电出版社，2008.

[3] 蒋晓 . 中文 AutoCAD 2006 机械设计实例培训教程［M］. 北京：机械工业出版社，2006.

[4] 赵国增 . 计算机绘图 AutoCAD 2004 习题集［M］. 北京：高等教育出版社，2006.

[5] 刘斌仿 . AutoCAD 实用教程［M］. 北京：地质出版社，2006.

[6] 国家职业技能鉴定专家委员会计算机专业委员会 . AutoCAD 2002 试题汇编［M］. 北京：北京希望电子出版社，2003.

[7] 武马群 . AutoCAD 2002 中文版实用教程［M］. 北京：北京工业大学出版社，2005.

[8] 国家职业技能鉴定专家委员会计算机专业委员会 . AutoCAD2002/2004 试题汇编（高级绘图员级）［M］. 北京：北京希望电子出版社，2004.

[9] 吕润 . AutoCAD 2010-机械制图实训　上机指导［M］. 上海：华东师范大学出版社，2012.

[10] CAD/CAM/CAE 技术联盟 . AutoCAD 2012 中文版从入门到精通（实例版）［M］. 北京：清华大学出版社，2012.

[11] 龙飞 . 中文版 AutoCAD 2013 机械设计从入门到精通［M］. 北京：化学工业出版社，2013.